教育部高等学校材料类专业教学指导委员会规划教材

国家级一流本科专业建设成果教材

高分子科学概论

张玉梅 王彦 张玥 编著

INTRODUCTION TO POLYMER SCIENCE

U0196254

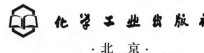

化学工业出版社

·北京·

内容简介

《高分子科学概论》对高分子化学、高分子物理和高分子材料的知识要点进行了系统介绍，侧重于高分子物理和高分子化学的基本概念和理论，包括高分子的基本概念、高分子各级结构形态、高分子的合成与化学反应、高分子的运动特点和各级转变以及高分子材料的典型特性；在此基础上，以高分子材料的"结构-性能-应用"为线索，运用合成高分子材料、生物合成高分子材料和高分子复合材料三大类材料中的典型实例，建立起"结构决定性能、性能决定应用"的基本理念，进一步讲解高分子科学中的相关知识点，期望能够做到举一反三，力求夯实学科基础，培养读者对高分子科学的学习兴趣，并学会解决与高分子相关问题的方法，为进一步的专业学习、研究和工作打下基础。

本书可作为高等本科、高职高专院校非高分子类专业（包括材料、化学化工、纺织服装、轻工、环境、机电、物理类等专业）学生的教材，也可供相关专业的科技工作者阅读参考。

图书在版编目（CIP）数据

高分子科学概论/张玉梅，王彦，张玥编著. —北京：化学工业出版社，2024.3
ISBN 978-7-122-44587-2

Ⅰ.①高… Ⅱ.①张… ②王… ③张… Ⅲ.①高分子材料-概论 Ⅳ.①TB324

中国国家版本馆 CIP 数据核字（2023）第 243335 号

责任编辑：陶艳玲　　　　　　文字编辑：段曰超　师明远
责任校对：杜杏然　　　　　　装帧设计：史利平

出版发行：化学工业出版社
　　　　　（北京市东城区青年湖南街 13 号　邮政编码 100011）
印　　刷：三河市航远印刷有限公司
装　　订：三河市宇新装订厂
787mm×1092mm　1/16　印张 12¼　字数 283 千字
2024 年 3 月北京第 1 版第 1 次印刷

购书咨询：010-64518888　　　售后服务：010-64518899
网　　址：http://www.cip.com.cn

前 言

　　随着材料科学和技术的飞速发展，高分子材料已成为现代社会生活中不可或缺的材料，在各行各业中发挥着至关重要的作用。许多非高分子类专业的学生、研究人员和生产技术人员，在学习和工作中也经常涉及与高分子科学相关的专业知识。因此，针对非高分子类专业（包括材料、化学化工、纺织服装、轻工、环境、机电、物理类等专业）学生的学习特点，此类教材需对高分子化学、高分子物理和高分子材料的知识要点进行系统介绍，力求使学生在短时间内全面掌握高分子科学的基本概念、机理和规律，培养学生对高分子科学的学习兴趣，并学会解决与高分子相关问题的方法，为进一步的专业学习、研究和工作打下基础。

　　国内外有关高分子专业的教材很多，如高分子物理、高分子化学、高分子材料成型加工方向，有很多非常经典的教材，适合高分子类专业的学生，内容兼顾广度和深度，但需要的学时很多，不适合于非高分子类专业学生在短时间内的学习。国内外适合于非高分子类专业学生的教材，从内容上可以分为三大类：第一类是以"高分子科学"为主要内容，即主要包括高分子物理和高分子化学的内容，未涉及高分子材料加工、复合材料的内容；第二类是以"高分子材料"为主要内容，即侧重于按高分子材料种类进行分述，在高分子物理和高分子化学方面的内容较为浅显；第三类是高分子科学内容与高分子材料内容并重，一般为"高分子科学与工程"，这类教材往往内容多，难度大，更适合于高分子类专业人员阅读。

　　部分有一定化学基础且在后续的专业课程学习中需要用到与高分子物理、高分子化学的基本知识以及与各种高分子材料相关概念的非高分子类专业的学生，需要全面学习高分子科学的知识点，作为后续专业课学习的基础。

　　基于上述，本书综合了高分子物理、高分子化学、高分子材料的关键性内容，编写时侧重于高分子物理和高分子化学的基本概念和理论，结合典型的高分子材料知识，引导读者理解和运用相关概念和理论；根据高分子科学的发展，编入最新的科学方法和进展，强化了与资源环保相关的内容，包括生物质高分子材料、高分子材料回收利用等，并对发展中已经拓展的规律或者已验证不够确切的经验进行更新。书中相关学术和技术术语采用中英文双语，便于读者在学习之后阅读相关拓展资料。

本书共 8 章。第 1 章高分子科学简介、第 6 章高分子运动、第 7 章高分子材料特性，由张玉梅编写；第 2 章高分子结构形态和第 8 章高分子材料分类简介，由张玉梅和张玥共同编写；第 3 章链式聚合反应，由王彦和张玥编写；第 4 章逐步聚合和第 5 章聚合物的化学反应，由王彦编写。

限于编者水平，书中可能存在的纰漏和不足请读者批评指正。

编著者
2023 年 8 月

目 录

第 **3** 章 　链式聚合反应

第 **4** 章 　逐步聚合

第5章　聚合物的化学反应

第 6 章 　高分子运动

第 7 章 　高分子材料特性

第 **8** 章 // 高分子材料分类简介

参考文献

第 1 章

高分子科学简介

1.1 高分子的认识与发展

　　纵观整个人类社会的发展史，高分子材料无处不在。动物蛋白、植物纤维素，这些都是天然的高分子材料，生活中我们常见的塑料、橡胶、纤维、薄膜、涂料、胶黏剂等，也都是高分子材料。

　　人类直接利用天然高分子材料的历史可以追溯到远古时代，并在直接利用的过程中，发明了造纸、练丝、鞣革、制漆、制胶等对天然高分子材料进行加工利用的方法。到了 19 世纪中后期，随着近代科学的发展，化学已经发展成为一门独立的学科，人类可以利用化学反应获得新的物质，许多天然的高分子材料也作为反应的原料得以利用。1839 年，美国商人 C. N. Goodyear 偶然发现，当在天然橡胶中加入硫黄加热之后，变成了形态稳定且有弹性的物质。1846 年，瑞士化学家 C. F. Schonbein 发现将纤维素溶解在硝酸和硫酸的混合溶液中，洗去多余的酸，产物易于燃烧，这就是后来的火胶棉原料，可用于制备火药。1872 年，德国化学家 A. von Baeyer 首先发现酚和醛在酸的存在下可以得到黏稠的树脂状产物，但认为没有用处而未开展进一步的研究。1905—1907 年，美国科学家 L. Baekeland 对酚醛树脂进行了系统研究，并于 1909 年申请了"加压加热"固化制备酚醛树脂的专利。20 世纪初期，通过化学反应获得了合成树脂、合成橡胶等，酚醛树脂成为第一种真正意义上以小分子有机化合物为原料制备的高分子树脂。尽管类似的有应用价值的产品不断涌现，但那时并没有"高分子"的概念，当时普遍认为这些物质都是通过有机化学反应获得的新的化合物。这些物质并不像简单的有机化合物那样有固定的熔点、沸点和分子量，而会呈现出如溶液的丁达尔效应等特性，化学家们将此归结为小分子通过"次价"力结合形成的胶体现象，认为纤维素是葡萄糖的缔合体，天然橡胶是异戊二烯的集合体。

　　直到 1920 年，德国化学家 H. Staudinger 发表了一篇"论聚合"的论文，他从研究甲醛和丙二烯的反应出发，认为所得产物不是小分子的缔合形成的胶体，而是由相同化学结构的单体通过化学键连接在一起的，这是一种聚合反应。随后 Staudinger 于 1922 年提出了高分子的概念。虽然高分子理论受到了当时胶体学说的普遍反对，但随着越来越多的实验现象证实了高分子与小分子胶体的本质区别，关键证据在于，1926 年瑞典化学家 T. Svedberg 用超高速离心机成功地测量了血红蛋白的平衡沉降，证明蛋白质的分子量确实是从几万到几百万，高分子的概念才逐步得到了科学界的认可。1932年，Staudinger总结了自己的高分子理论，出版了专著《高分子有机化合物》，成为高分子科学诞生的标志。Staudinger作为高分子科学的奠基人，于1953年获得诺贝尔化学奖。

自此，正式开启了高分子科学发展的新纪元，并有力促进了高分子技术和工业的发展。有了高分子理论的指导，合成了一系列的高分子材料，如尼龙、聚乙烯、聚酯、聚四氟乙烯等，并相继实现了商业化生产；这些重要的发现同样为高分子科学的发展提供了支撑。有关高分子科学早期发展中的重要事件如表1-1所示。

表1-1 高分子科学早期发展历程中的重要事件

时间	事件
1907—1909年	美国Bakelite公司实现酚醛树脂的工业化，该树脂是第一种完全人工合成的高分子材料
1920年	德国化学家Staudinger提出"聚合"和高分子的概念
1925年	聚醋酸乙烯酯（PVA）工业化
1926年	瑞典化学家T. Svedberg用超高速离心法证明蛋白质的分子量从几万到几百万
1928年	聚甲基丙烯酸甲酯（PMMA）和聚乙烯醇（PVA）问世
1930年	发明聚苯乙烯、丁钠橡胶、丁苯橡胶
1932年	德国化学家Staudinger的巨著《高分子有机化合物》出版
1935年	美国杜邦公司的Wallace H. Carothers合成出聚己二酰己二胺，即尼龙66，1938年实现工业化生产，世界上第一种合成纤维正式诞生
1939年	低密度聚乙烯（LDPE）即高压聚乙烯问世
1940年	英国化学家T. R. Whinfield合成出聚对苯二甲酸乙二醇酯（PET）
1943年	聚四氟乙烯（PTFE）问世
1948年	维尼纶（聚乙烯醇缩醛纤维）问世
1950年	聚丙烯腈（PAN，腈纶）问世
1953年	德国化学家K. Ziegler和意大利化学家G. Natta各自独立地采用络合催化剂合成高密度聚乙烯（HDPE，低压聚乙烯）以及聚丙烯，并于1955年实现工业化
1955年	人工合成聚异戊二烯、顺丁橡胶
1971年	美国化学家S. L. K Wolek发明芳纶纤维材料（Kevlar）

发展至今，高分子材料已与金属材料、无机非金属材料并列为人类不可或缺的三大材料。人体及其他生物体，本身就由大量的高分子组成，如蛋白质、DNA、酶等；人的衣食住行，也离不开高分子。不仅如此，高分子材料在电子信息、航空航天、海洋工程、医疗健康等现代高科技领域也展现出关键作用。

根据近几年统计数据估算，包括塑料、化纤、橡胶、涂料和胶黏剂在内的高分子材料，全球产量超过5.8亿吨，其中塑料达到3.8亿吨，化纤达到7000多万吨，涂料达到8500万吨，橡胶约为1600万吨，胶黏剂约为3000万吨。

1.2 高分子的定义与分类

1.2.1 高分子的定义

高分子（macromolecule）是由大量的原子通过共价键结合起来，具有很高分子量的化合物，又称聚合物（polymer）。严格来说，"高分子"与"聚合物"有所区别，聚合物是指许多具有相同结构的单元通过化学键连接而成的大分子，主要用于描述合成高分子；而"高分子"既包含了"聚合物"，又包含了像蛋白质、煤等这些起源于多种结构单元的大分子（giant molecule）。在实际应用中，这种严格而细致的区分方法并不常用，因此本书中仍然将"高分子"和"聚合物"二者视为同义词。

与小分子相比，高分子分子量很大，且一般不固定，通常用平均分子量来表示。只有某些具有特定分子结构和功能的生物大分子，如蛋白质和核酸，通常才具有确定的结构单元数和确定的分子量。

1.2.2 高分子的分类

高分子的分类方法有多种，可以按来源、主链结构、单体组成、分子形状、用途等进行分类，如图 1-1 所示。这里简单介绍一下高分子按来源和用途的分类，而与高分子结构形态相关的分类方法将在第 2 章详细介绍。

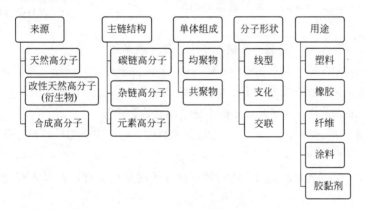

图 1-1　高分子分类

（1）按来源分类

按高分子材料的来源一般分为天然高分子材料和合成高分子材料，天然高分子是指由植物、动物或者微生物合成的高分子，如图 1-1 所示的改性天然高分子（衍生物），通常归在天然高分子之列，但在性能上不同于天然高分子，且需要通过高分子的化学反应制备，相关制备方法和机理将在第 5 章介绍；合成高分子是由小分子单体通过聚合反应合成的，聚合反应的类型很多，将在第 3 章和第 4 章详细讲解。

近年来，有关生物源（或生物质）高分子（biological macromolecules）的说法或概念，包括了天然高分子、天然高分子的衍生物、微生物发酵法制备的高分子，或者是由生物来源的单体通过聚合反应制备的高分子。

（2）按用途分类

高分子材料根据最终用途，通常分为五大类：塑料（plastic）、橡胶（rubber）、纤维（fiber 或 fibre）、涂料（coating）、胶黏剂（adhesive）。当然，随着高分子材料品种和应用范围的扩展，也把上述五类高分子材料称为通用高分子材料（general polymer），以区别于具有特殊功能或者特殊性能的高分子材料，比如功能高分子材料（functional polymer）、高性能高分子材料（high-performance polymer）等。

1.3 高分子的基本结构与命名

1.3.1 高分子的基本结构

高分子特有的"长链"结构，通常可以用图 1-2 进行示意，不同的高分子有着某些共同的结构特征。

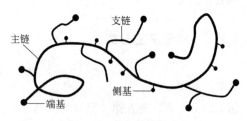

图 1-2 高分子链结构

① 主链（backbone） 以化学键结合的原子集合，构成高分子骨架结构。

② 端基（terminal group） 分子链端部的原子或基团。

③ 侧基（side group） 连接在主链原子上的原子或基团。

④ 支链（side chain） 又称侧链（side chain），区分于侧基，同样是连接在主链上，但具有重复单元结构特征（将在支化高分子中详述）。

⑤ 单体（monomer） 合成高分子的小分子原料称为单体。

⑥ 单体单元（monomer unit，mer） 与单体的化学组成完全相同，只是化学结构不同的结构单元。

⑦ 结构单元（structural unit） 由一种单体分子通过聚合反应而进入聚合物重复单元的那一部分。

⑧ （结构）重复单元（repeating unit） 大分子链上化学组成和结构均可重复的最小单位，也称为"链节"（注意：这里所定义的重复单元只考虑化学结构的可重复性，而未考虑构型和构象的可重复性）。

⑨ （平均）聚合度 [（average）degree of polymerization] 聚合物中结构重复单元的数目。由两个重复单元组成的化合物称为二聚体（dimer），其聚合度为 2；由三个重复单元组成的化合物称为三聚体（trimer），其聚合度为 3；以此类推。一般来说，聚合度介于几至几十的聚合物称为齐聚物或低聚物（oligomer），聚合物的许多性质随聚合度的变化而变化，但通常当聚合度大于 100 时其性质随聚合度的变化就很小了。

对于只由一种单体聚合，而且在聚合反应（大多数链式聚合）过程中没有发生元素组成的变化时，生成的高分子单体单元、结构单元与重复单元相同，如聚氯乙烯：

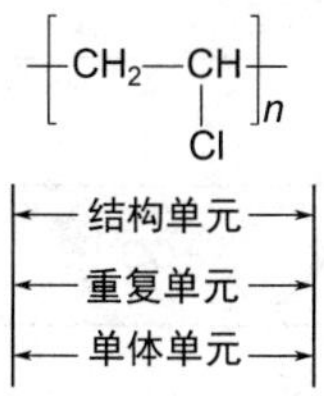

$$\left[CH_2-CH\atop\quad|\atop\quad Cl\right]_n$$

结构单元
重复单元
单体单元

虽然只由一种单体聚合而成，但在聚合反应（大多数逐步聚合）过程中发生了元素组成的变化，则生成的高分子并没有单体单元，其结构单元与重复单元相同，如聚苯硫醚：

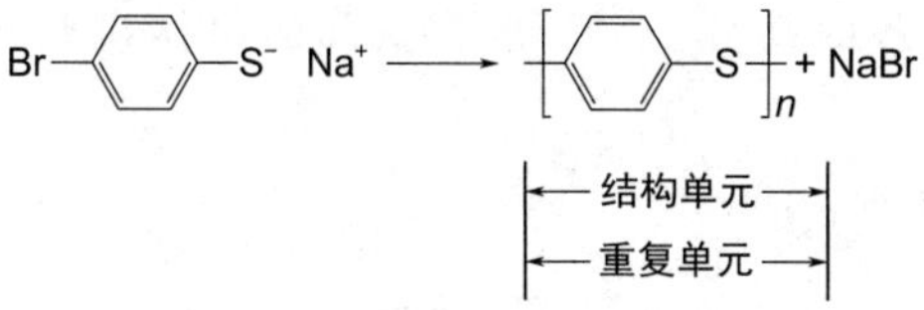

$$Br-\bigcirc-S^-\ Na^+ \longrightarrow \left[\bigcirc-S\right]_n + NaBr$$

结构单元
重复单元

如果高分子由两种单体或两种以上单体缩聚而成，则重复单元由不同的结构单元组成。例如，尼龙66并没有单体单元，而是由两个不同的结构单元组成一个重复单元：

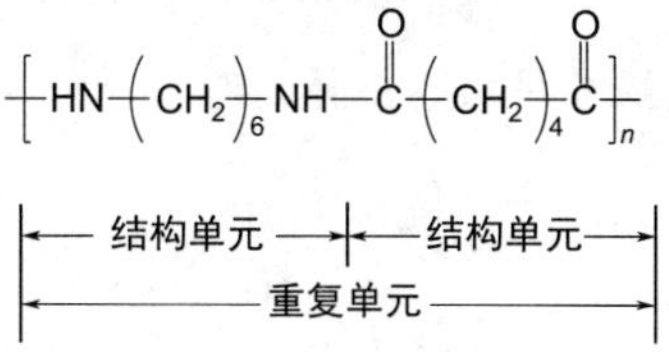

$$\left[HN-(CH_2)_6-NH-\overset{O}{\overset{\|}{C}}-(CH_2)_4-\overset{O}{\overset{\|}{C}}\right]_n$$

结构单元 结构单元
重复单元

1.3.2 高分子的命名

1.3.2.1 系统命名法

1973年，国际纯粹与应用化学联合会（IUPAC）提出以重复单元为基础的系统命名法，首先确定重复单元结构，然后按规定排好重复单元中次级单元的顺序（规定主链上带取代基的碳原子写在前，含原子最少的基团先写），再给重复单元命名（按小分子有机化合物的 IUPAC 命名规则），最后给重复单元的命名加括弧（括弧必不可少），并冠以前级"聚"。一些常见聚合物的系统命名列于表 1-2。系统命名法的优点是严谨，但比较冗长烦琐，在实际应用中并不广泛，一般只用于新的聚合物命名或者是专业学术交流使用。

表 1-2　常见聚合物系统命名

聚合物俗名	结构式	IUPAC 命名
聚氯乙烯	$\left[CH_2-CH\atop\qquad|\atop\qquad Cl\right]_n$	聚(1-氯代亚乙基)
聚 1,2-丁烯	$\left[CH=CH-CH_2-CH_2\right]_n$	聚(1-亚丁烯基)
聚己二酰己二胺	$\left[NH(CH_2)_6NHCO(CH_2)_4CO\right]_n$	聚(亚氨基六亚甲基亚氨基己二酰)

续表

聚合物俗名	结构式	IUPAC 命名
聚己内酰胺	$\left[\!-NHCO(CH_2)_5-\!\right]_n$	聚[亚氨基(1-氧代)六亚甲基]
聚对苯二甲酸乙二醇酯	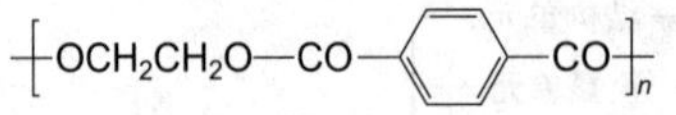	聚(氧化乙烯氧化对苯二甲酰)

1.3.2.2 通俗命名法

通俗命名法或习惯命名法并没有统一规定，主要是沿用习惯用法，大致可分为以下几种。

① 对于由一种单体制备的高分子，一般在实际的单体或概念的单体名称前加一前缀“聚”，举例如下。

由苯乙烯制备的聚苯乙烯：

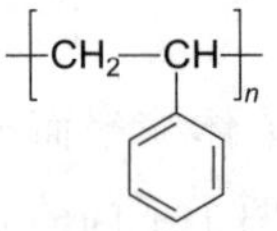

聚乙烯醇，实际上并不是由“乙烯醇”聚合而成，而只是一个假定的或者说概念上的单体，习惯上命名为聚乙烯醇（乙烯醇是假想单体）。

$$\left[\!-CH_2-\underset{\displaystyle OH}{\underset{|}{CH}}-\!\right]_n$$

通俗命名法一般是根据来源命名，虽然简便，但不严格，有时还会引起混乱，如$\left[\!-O-CH_2-CH_2-\!\right]_n$称为聚环氧乙烷便不太确切，目前它虽然主要来自环氧乙烷开环聚合，但通过其他单体如乙二醇、氰乙醇、氯甲醚等聚合也能获得，因此也有聚乙二醇等的称呼。若按系统命名法称聚（氧化乙烯），就可避免这种混乱。

② 对于由两种单体缩聚而成的均聚物，则按照其重复单元的结构式命名，然后再加一前缀“聚”，举例如下。

由对苯二甲酸和乙二醇缩聚而成的聚对苯二甲酸乙二醇酯：

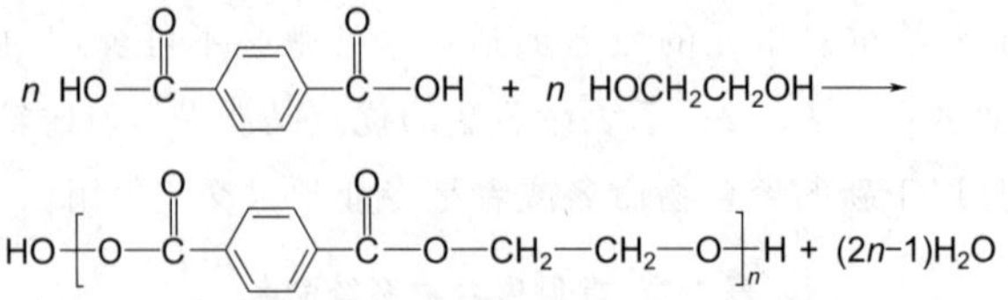

由己二酸和己二胺缩聚而成的聚己二酰己二胺：

$$n\,H_2N(CH_2)_6NH_2 + n\,HOOC(CH_2)_4COOH \longrightarrow H\left[\!-NH(CH_2)_6NH\overset{\displaystyle O}{\overset{\|}{C}}(CH_2)_4\overset{\displaystyle O}{\overset{\|}{C}}-\!\right]_n OH + (2n-1)H_2O$$

③ 根据所合成高分子的特征，在两种单体名称或简称后面加上“树脂”“橡胶”等后缀，如苯酚和甲醛合成的“酚醛树脂”，甘油和邻苯二甲酸合成的“醇酸树脂”，丁二烯和丙烯腈合成的“丁腈橡胶”。

④ 一类有共同特征基团的高分子，如聚酰胺（—NHCO—）、聚酯（—OCO—）、聚氨酯（—NHCOO—）、聚醚（—O—）、聚砜（—SO$_2$—）、聚酰亚胺（—CO—NR—CO—）、聚硅氧烷（—SiR$_2$—O—）等，指的都是一类聚合物，而非单种聚合物。

⑤ 共聚物的命名比较复杂，一般是两种单体或简称之间加"-"，之后加上共聚物，如乙烯和乙酸乙烯酯的共聚物叫作"乙烯-乙酸乙烯酯共聚物"。涉及不同共聚方式的共聚物命名，将在共聚反应部分再做介绍。

⑥ 译名、商品名或俗名。如对脂肪族聚酰胺根据其商品名的译名称作尼龙（nylon），而由其制备的纤维在我国称作锦纶。很多俗名如有机玻璃（聚甲基丙烯酸甲酯）、电木（酚醛树脂）、涤纶（聚对苯二甲酸乙二醇酯纤维）、腈纶（聚丙烯腈纤维）等被广泛接受使用。

思考题

1-1 高分子与小分子胶体的本质区别是什么？

1-2 当时支撑 Staudiner 高分子概念的重要证据有哪些？

1-3 画草图示意高分子的主链、端基、侧基、支链。

1-4 写出下列高分子的重复单元结构式，并用系统命名法对其命名。
①聚异戊二烯；②聚甲基丙烯酸甲酯；③聚环氧乙烷；④尼龙 66。

1-5 写出下列高分子的结构式，并标识单体单元、重复单元、聚合度。
①聚丙烯；②聚对苯二甲酸丁二醇酯；③聚氯乙烯；④酚醛树脂。

第 2 章

高分子结构形态

　　高分子的分子量很大且分子量大小不均一，其分子链的空间结构、分子间作用的复杂性和多样性远远超过了小分子化合物。学习高分子复杂的结构形态，对于理解高分子材料的性能和应用、设计、控制高分子的成型工艺有重要指导作用。

2.1 高分子结构形态特点

　　组成高分子不同尺寸的结构单元在空间的排列方式造成其结构形态存在多层次、多尺度的特点。从分子内结构和分子间结构这两个层面，可以把高分子的结构形态区分为链结构和聚集态结构，如图 2-1。

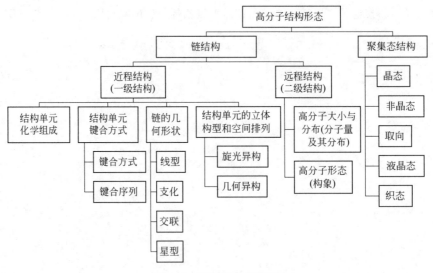

图 2-1　高分子结构形态

　　链结构可以理解为高分子的分子内结构，是反映高分子各种基本特性的最主要结构层次，又分为近程结构和远程结构。近程结构主要为高分子的构造和构型，属于化学结构的范畴，又称一级结构，可以理解为与链节有关的结构。远程结构指单个高分子的大小和其在空间所存在的各种形状，包括分子的大小与形态、链的柔顺性及分子在各种环境中所采取的构象，又称二级结构，可以理解为与整条链有关的结构。

聚集态结构可以理解为高分子的分子间结构，是指高分子链间因排列方式不同而形成的结构形态，包括晶态结构、非晶态结构、取向结构、液晶态结构及织态结构，又称为三级结构。前四种聚集态结构是描述高分子聚集体中分子之间的堆砌方式；织态结构则是描述不同种类高分子间或者高分子与添加剂间的排列或堆砌结构。对于同种链结构的高分子，聚集态结构是影响材料性能的主要结构。

2.2 高分子的链结构

2.2.1 高分子链的近程结构

高分子链的近程结构包括构造和构型两个方面。构造（constitution）是指链中原子的种类和排列，主链、端基、侧基（取代基）的种类，单体单元的排列顺序，支链的类型和长度等化学结构信息；构型（configuration）是指某一原子的取代基在空间的排列。

2.2.1.1 结构单元的化学组成

结构单元的化学组成对高分子的化学和物理性能起到主导作用。根据组成高分子链结构的元素，将高分子可分为以下几类。

（1）碳链高分子

主链全部由碳原子以共价键相连接，如：

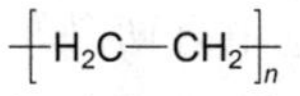

$$\begin{array}{cc} \left[H_2C-CH_2 \right]_n & \left[H_2C-CH \atop CN \right]_n \\ \text{聚乙烯} & \text{聚丙烯腈} \end{array}$$

（2）杂链高分子

主链除了碳原子外，还有其他原子如氧、氮、硫等，并以共价键连接，如：

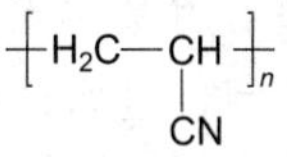

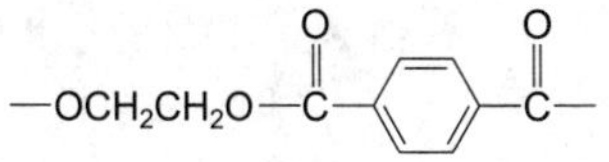

$$\begin{array}{ccc} \text{—OCH}_2\text{CH}_2\text{O—CO—} \bigcirc \text{—CO—} & \text{—NH(CH}_2)_5\text{CO—} & \\ \text{聚酯} & \text{聚酰胺} & \text{聚酰亚胺} \end{array}$$

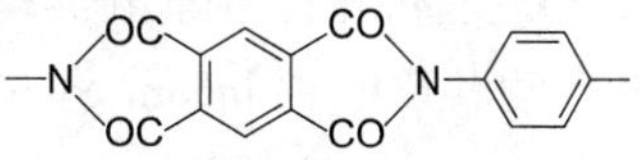

（3）元素高分子

主链不含碳原子，而是由 Si、B、P、Al、Ti 等元素组成，对于完全没有碳原子的称为元素无机高分子，如：

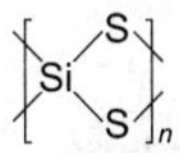

$$\left[{S \atop Si} {S \atop S} \right]_n$$

聚二硫化硅

而主链上没有碳原子但侧基上有碳原子的称为元素有机高分子，如：

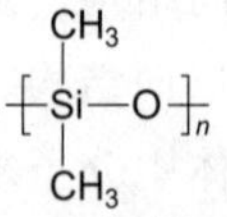

$$\left[\begin{array}{c} CH_3 \\ Si-O \\ CH_3 \end{array}\right]_n$$

聚二甲基硅氧烷

2.2.1.2　结构单元的键接方式

高分子根据合成的机理可以分为逐步聚合和链式聚合（将在后续章节详述），对于涉及特有官能团的逐步反应，结构单元的键接方式通常都是确定的，不存在键接方式的区分；但在链式反应过程中，对于非对称的结构单元，可能会出现两种键接方式，一种是头-尾（head-tail）键接，另一种是头-头（head-head）（或者尾-尾）键接。这种由于结构单元的键接方式不同产生的异构体称为顺序异构体（sequence isomer）（图 2-2）。对于烯类高分子，由于侧基空间位阻效应、不同碳原子亲电性不同等，通常头-尾键接方式占据主导地位。

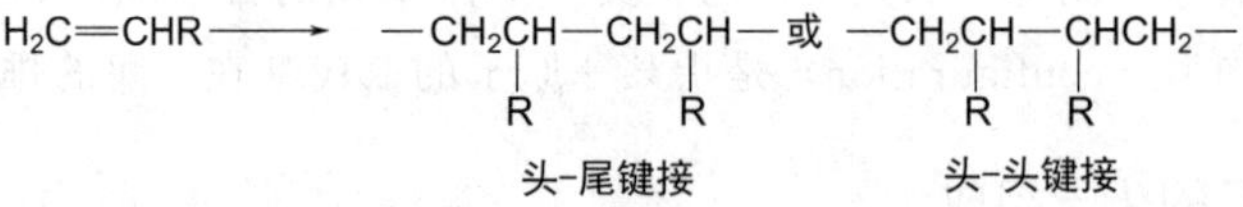

$$H_2C\!=\!CHR \longrightarrow -CH_2CH-CH_2CH- \ \text{或} \ -CH_2CH-CHCH_2- $$
$$\qquad\qquad\qquad\quad R\qquad\quad R\qquad\qquad R\quad R$$

头-尾键接　　　　头-头键接

图 2-2　因结构单元的键接方式产生的顺序异构体

2.2.1.3　共聚物的序列结构

由两种或两种以上单体共同参与反应所形成的含有两种或两种以上结构单元的聚合物，称作共聚物（copolymer）。共聚合这一名称多用于链式聚合反应，如自由基共聚、离子共聚；在逐步聚合反应中，也有共聚反应的实例，但如果缩聚反应中有两种单体参与反应的只形成一种重复单元的聚合物，此时不能采用共聚物这一词。根据共聚物大分子链中结构单元的排列次序，可以分为四类，如图 2-3 所示。

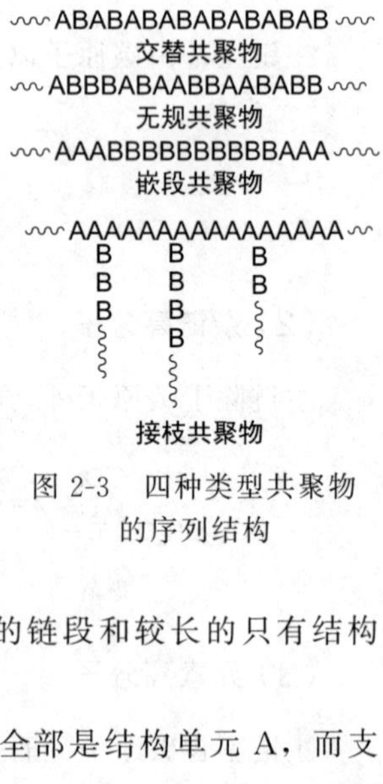

~~~ABABABABABABABAB~~~
交替共聚物
~~~ABBBABAABBAABABB~~~
无规共聚物
~~~AAABBBBBBBBBBBAAA~~~
嵌段共聚物

~~~AAAAAAAAAAAAAAAA~~~
接枝共聚物

图 2-3　四种类型共聚物的序列结构

① 交替共聚物（alternating copolymer）　共聚物中两结构单元 A 和 B 严格交替相间，两者在共聚物中的摩尔分数约为 50%。

② 无规共聚物（random copolymer）　共聚物中两结构单元 A 和 B 随机出现，其中 A 和 B 自身连续的单元数不等。

③ 嵌段共聚物（block copolymer）　由较长的只有结构单元 A 的链段和较长的只有结构单元 B 的链段构成。

④ 接枝共聚物（graft copolymer）　形状上像支化高分子，主链全部是结构单元 A，而支链全部是结构单元 B。

2.2.1.4　高分子链的几何形状

高分子链的几何形状，一般分为线型高分子、支化高分子和交联高分子。

① 线型高分子（linear polymer）　大分子链间没有化学键，这类高分子很多，我们常见的纤维用高分子多数为线型高分子，如聚乙烯、聚酯、尼龙等。多数线型高分子具有可熔融、

易溶解、易于加工的特点。

② 支化高分子（branching polymer） 在主链上带有侧链（不是侧基）的高分子，表现为枝型、梳型、星型等，如图 2-4 (a) ～ (c) 所示。支化程度、支链长短对高分子材料的性能影响不同，一般情况下，支化高分子的密度比无支化高分子的小。

③ 交联高分子（crosslinking polymer） 高分子链之间通过化学键连接而成，形成网状结构，如图 2-4 (d) 所示。交联高分子的性能与其交联程度密切相关，交联程度较高的情况下，不能熔融也不能溶解，耐热性得到提高。

   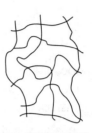

(a) 短链和长链支化高分子　(b) 梳型高分子链　(c) 星型高分子链　(d) 交联高分子网络

图 2-4　几种典型的非线型高分子链示意图

2.2.1.5　高分子构型

构型是指分子中由化学键所固定的原子在空间的几何排列，是对分子中相邻原子间相对位置的描述。这种排列是稳定的，要改变构型必须经过化学键的断裂和重建。根据异构体的结构通常分为旋光异构和几何异构两类。

（1）旋光异构体

饱和碳氢化合物中的碳以 4 个共价键与 4 个原子或基团相连，如果这 4 个原子或基团都不相同，该碳原子称为不对称手性碳（chiral carbon）。这种含手性碳的化合物能够构成互为镜像的两种异构体，表现出不同的旋光性，因而称为旋光异构体（optical isomer）。

例如，左旋乳酸（latic acid，LLA）和右旋乳酸（DLA）如图 2-5。两种乳酸可形成四种不同构型的聚乳酸：PDLA，PLLA，PDLLA 和 meso-PLA。其中，PDLA 和 PLLA 具有旋光性；PDLLA 是 PDLA 和 PLLA 的混合物，是外消旋聚合物；meso-PLA 是 DLA 和 LLA 的（共）聚物，是内消旋聚合物。

虽然不对称烯类单体 $CH_2=CHR$ 并不具有手性，但发生聚合反应后每一个结构单元（—CH_2—CHR—）中均有一个不对称的碳原子，每一个链节就有两种旋光异构体，它们在高分子链中有三种链接方式，如图 2-6 所示。

① 全同立构（isotactic） 高分子全部由一种旋光异构体单元连接而成。

② 间同立构（syndiotactic） 由两种旋光异构体单元交替连接而成。

③ 无规立构（atactic） 由两种旋光异构体完全无规连接。

全同立构和间同立构的聚合物统称等规立构聚合物，全同立构和间同立构结构单元所占总结构单元的质量分数定义为等规度。需要指出的是，由于内消旋和外消旋作用，一般的等规高分子并无旋光性。

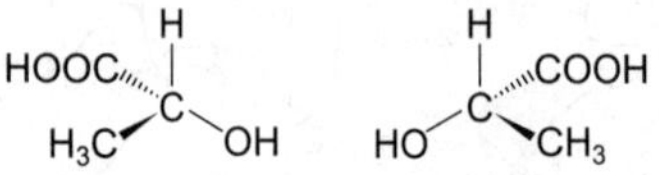

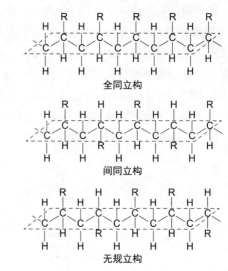

图 2-6　单取代烯类高分子
的旋光异构体（立体构型）

全同立构

间同立构

无规立构

HOOC—...—H₃C...—OH

（a）LLA

HO—...—COOH—CH₃

（b）DLA

图 2-5　乳酸的旋光异构体

（2）几何异构体

主链上有双键的双烯类高分子，取代基不能绕 C═C 旋转，双键上的基团在双键两侧的排列方式不同，产生了顺式和反式构型，称之为几何异构（stereoisomer）。以聚 1,4-丁二烯为例（图 2-7），顺式构型的结构重复周期为 0.91nm，不易结晶，在室温下为弹性很好的橡胶；反式构型的结构重复周期为 0.51nm，比较规整，易于结晶，在室温下是弹性很差的塑料。

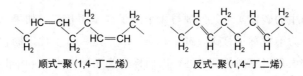

顺式-聚(1,4-丁二烯)　　　　反式-聚(1,4-丁二烯)

图 2-7　聚 1,4-丁二烯的两种几何异构体

2.2.2　高分子链的远程结构

高分子链远程结构包括分子链的大小和形态、链的柔顺性等，又称二级结构。

2.2.2.1　平均分子量和分子量分布

对于小分子化合物，其分子量通常是明确的、均一的数值；高分子的分子量不仅巨大，而且并不具有特定均一的数值。除少数天然高分子（如蛋白质、DNA）外，高分子并不是由单一分子量的化合物组成，而是由一系列具有相同结构单元但不同聚合度的高分子同系物的混合物组成，因此高分子的分子量只能通过统计学平均的方法获得。这种高分子的分子量不均一的特性，称为分子量的多分散性（polydispersity）。由于统计方法的不同，可以有不同的平均分子量表示方法。

假定某一高分子试样中含有若干种分子量不同的分子，该试样的总质量为 w，总物质的量为 n，分子量种类数用 i 表示，第 i 种分子的分子量为 M_i、物质的量为 n_i、质量为 w_i、在整个试样中的质量分数为 W_i、摩尔分数为 N_i，那么根据统计方法的不同可以得到不同的平均分子量。

数均分子量，以数量为统计权重，定义为：

$$\overline{M_n} = \frac{w}{n} = \frac{\sum_i n_i M_i}{\sum_i n_i} = \sum_i N_i M_i \tag{2-1}$$

重均分子量，以质量为统计权重，定义为：

$$\overline{M_w} = \frac{\sum_i n_i M_i^2}{\sum_i n_i M_i} = \frac{\sum_i w_i M_i}{\sum_i w_i} = \sum_i W_i M_i \tag{2-2}$$

z 均分子量，以 z 值为统计权重，定义 $z_i = w_i M_i$，则：

$$\overline{M_z} = \frac{\sum_i z_i M_i}{\sum_i z_i} = \frac{\sum_i w_i M_i^2}{\sum_i w_i M_i} = \frac{\sum_i n_i M_i^3}{\sum_i n_i M_i^2} \tag{2-3}$$

黏均分子量，用溶液黏度测得的平均分子量，定义为：

$$\overline{M_\eta} = \left(\sum_i W_i M_i^\alpha \right)^{1/\alpha} \tag{2-4}$$

这里的指数 α 是指 Mark-Houwink 方程中的指数，即特性黏度 $[\eta]$ 与分子量 M 之间的指数关系 $[\eta] = K M^\alpha$，K 为系数，α 值介于 $0.5 \sim 1$ 之间。

【例 2-1】 假设一种高分子材料由 300 个大分子组成，其中 100 个分子的分子量为 10^4，100 个分子的分子量为 10^5，100 个分子的分子量为 10^6，$\alpha = 0.5$，计算各种平均分子量。

解： $\overline{M_n} = \dfrac{100 \times 10^4 + 100 \times 10^5 + 100 \times 10^6}{100 + 100 + 100} = 3.7 \times 10^5$

$\overline{M_w} = \dfrac{100 \times (10^4)^2 + 100 \times (10^5)^2 + 100 \times (10^6)^2}{100 \times 10^4 + 100 \times 10^5 + 100 \times 10^6} = 9.1 \times 10^5$

$\overline{M_z} = \dfrac{100 \times (10^4)^3 + 100 \times (10^5)^3 + 100 \times (10^6)^3}{100 \times (10^4)^2 + 100 \times (10^5)^2 + 100 \times (10^6)^2} = 9.9 \times 10^5$

$\overline{M_\eta} = \left[\dfrac{100 \times (10^4)^{0.5+1} + 100 \times (10^5)^{0.5+1} + 100 \times (10^6)^{0.5+1}}{100 \times 10^4 + 100 \times 10^5 + 100 \times 10^6} \right]^{1 \div 0.5} = 8.7 \times 10^5$

从计算结果可见，$\overline{M_n} < \overline{M_\eta} < \overline{M_w} < \overline{M_z}$，只有当分子量完全均一时它们才会相等。

平均分子量相同的高分子，分散性不一定相同。通常以多分散系数 d 来表示，即重均分子量与数均分子量之比。当 $d = 1$ 时，表示组成高分子的分子量完全均一，d 值越大说明分子量分布越宽。

$$d = \frac{\overline{M_w}}{\overline{M_n}} \tag{2-5}$$

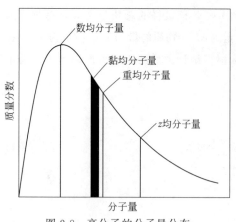

图 2-8　高分子的分子量分布
曲线与平均分子量

实际上，多分散系数 d 所反映的依然是一个平均的概念，不能完全反映出组成高分子的各种分子量的种类和数量；利用分子量分布曲线能够揭示高分子同系物中各个组分的相对含量和分子量的关系，如图 2-8 所示，从中不仅能知道高分子质量的平均大小，还可以知道分子量的分散程度，分布宽说明分子量不均一，反之则说明分子量较均一。

平均分子量和分子量分布的大小并没有好坏之分，而是取决于高分子材料的成型方法和用途。如橡胶的平均分子量较高、分子量分布较宽；纤维的平均分子量较低、分布较窄；塑料一般介于橡胶和纤维之间。

2.2.2.2　高分子链的构象

大多数的高分子主链中，都存在许多的单键如 C—C、C—O 等，而单键是由 σ 电子组成，其电子云分布是轴对称的，因此高分子单键两端的链段是可以绕着这个单键轴旋转的，称为内旋转。因单键内旋转所形成的原子（或基团）在空间的几何排列形态，称为构象（conformation）（又称内旋转异构体）。需要注意的是：构象与构型是有本质区别的，构象通过单键内旋转可以改变，而构型只有通过化学键的破坏和重建才能改变。

单个高分子链由很多单键组成，当单键内旋转过程中没有空间位阻时，每个单键都能自由旋转（图 2-9），高分子在空间的构象也就存在无穷多种可能，结果导致高分子链总体上处于卷曲状态（非伸直状态）。

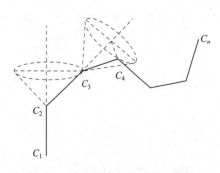

图 2-9　碳链聚合物的单键内旋转

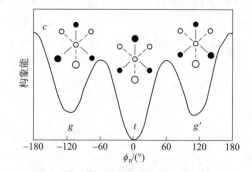

图 2-10　丁烷中 C—C 键的内旋转势能

实际上，受高分子主链极性、相连侧基种类等因素的影响，内旋转完全自由的单键是不存在的。由热力学定律可知，高分子链总是倾向于采取势能最低（或较低）的构象。由图 2-10 可知，以丁烷为例，当两个甲基分别在碳原子两边并相距最远时的构象能量最低，称为反式（*trans*，缩写为 t）构象；当两个甲基重合时能量最高，称为顺式构象（*cis*，缩写为 c）；两个甲基夹角为 60°时，能量相对较低，称为旁式构象（*gauche*，缩写为 g）。显然，只有反式和旁式构象能量较低，大多数分子链更倾向于采取这两种稳定的构象。

由于高分子链中的单键旋转时互相牵制，即一个键转动，要带动附近一段链一起运动，这样每个键不能成为一个独立的运动单元，而是由若干个键组成的一段链作为一个独立的运动单元，称为"链段"（segment）。整个分子链则可以看作是由一些链段组成的，但链段并不是固定由某些键或链节组成，而是在运动中时刻发生着变化。

2.2.2.3　高分子链的柔顺性

高分子链由于内旋转而不断改变构象的性质称为柔顺性（flexibility）（简称柔性）。柔性的相反概念是刚性（rigidity）。高分子主链的内旋转越自由，能够形成的构象数越多，链的柔性越大，或者说刚性越小。因此，高分子链结构是影响其柔顺性的主要因素。

① 主链结构　主链全部由单键组成的高分子一般柔顺性较好。主链上有杂原子时，由于O、N等杂原子周围的原子比C原子上的少，且一般键长和/或键角较大，从而内旋转容易，链更为柔顺。例如，聚乙烯、聚己二酸己二酯和聚二甲基硅氧烷的柔顺性依次增加，后两者分别可用作涂料和橡胶。

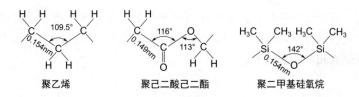

聚乙烯　　　　　聚己二酸己二酯　　　　　聚二甲基硅氧烷

主链结构中含有不能内旋转的芳环、芳杂环、共轭双键时，可旋转的单键数目减少，构象数减小，这类高分子的柔顺性较差，如芳香族聚酰胺、芳香族聚酯、聚碳酸酯、聚酰亚胺、聚乙炔等，都是刚性强、耐热性好的高分子材料。

但主链上含有孤立双键时，情况完全相反，与孤立双键相邻的单键键角更大、双键上的取代基更少，此时的单键内旋转更容易，链的柔顺性更好。如聚异戊二烯、聚丁二烯等都是柔顺性很好的橡胶。

② 侧基　侧基的极性、数目、体积、对称性等都会影响高分子链的柔顺性。侧基极性大或者数目多，相互作用力大，单键内旋转受阻，链柔顺性差；侧基体积大，空间位阻大，内旋转困难，链柔顺性差；对称的侧基可以抵消一部分偶极矩，整个分子链极性减小，柔性增加。另外，如果侧基是柔性的，侧基的增大使分子间距增加，从而使分子间作用力减小，在其影响超过空间位阻的影响时可增加链的柔顺性。

③ 分子链的长度　一般分子链长度增加，构象数目增加，链的柔性增加；但链长超过一定值后，从统计规律来看，链长对分子链的柔顺性影响不大。

④ 分子间相互作用　凡是能够增加分子间作用力的氢键、交联等因素，都会降低高分子链的柔顺性。

⑤ 外界因素　除了分子结构的影响外，温度、外力等外界因素也会影响高分子链的柔顺性。温度越高，链的柔顺性越好；外力作用速度越慢，链的柔顺性越容易显示出来。

2.2.2.4　高分子链柔顺性的衡量

上面都是对高分子链柔顺性的定性描述，对于瞬息万变的高分子构象所导致的链柔顺性差异，可以从统计的角度用所形成的高分子卷曲"线团"的大小来表示其柔顺性。对于线型高分子，可以用"均方末端距"（mean square end-to-end distance）来表示。如图 2-11，高分子链一端到另一端的直线距离称为末端距，用矢量 **h** 表示，由于对不同分子链及同一分子链在不同时刻，其数值和方向都在无规变化，统计起来平均末端距会趋于零，特定义标量"均方末端距"，即末端距平方的平均值。

假定键的夹角是任意的，且不考虑内旋转的位阻，这种链称为自由结合链（freely-jointed chains），从统计的角度可推导出均方末端距为：

$$\overline{h_{f,J}^2} = nl^2 \tag{2-6}$$

式中，n 和 l 分别为分子链的键数和键长。

假设考虑键角 θ，不考虑内旋转的位阻，这种链称为自由旋转链（freely-rotational chains），可推导出均方末端距为：

$$\overline{h_{f,r}^2} = nl^2 \frac{1 + \cos\theta}{1 - \cos\theta} \tag{2-7}$$

实际上理想的自由结合链和自由旋转链是不存在的，在考虑内旋转受阻的情况下，将链段作为运动单元进行统计，对于 n_e 个链段、链段平均长度为 l_e 的等效自由结合链，其均方末端距与自由结合链有相同的表达形式：

$$\overline{h^2} = n_e l_e^2 \tag{2-8}$$

对于支化高分子，一条分子链有超过两个端基，上述的均方末端距就没有物理意义了。可定义另一个参数"均方旋转半径"（mean square gyration radius）来表示支化高分子的尺寸，如图 2-12，定义为从分子质量中心（重心）到分子中各链段 m_i 的距离 s_i 的平方平均值：

$$\overline{s^2} = \frac{1}{n} \sum_i \overline{s_i^2} \tag{2-9}$$

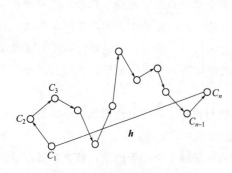

图 2-11　高分子链的末端距

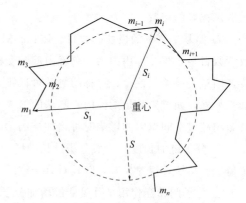

图 2-12　高分子链的旋转半径

2.3　高分子的聚集态结构

高分子的聚集态结构是指高分子链之间的排列和堆积结构，也称超分子结构，是决定高分子本体性质的主要结构层次。典型的高分子材料由无序（如非晶态）和有序（如结晶态）区构成，结晶和非晶态结构是高分子常见的聚集态结构，另外，还包括液晶态、取向以及不同高分子共混体系的织态结构，这一章我们只介绍高分子的非晶、结晶、取向和液晶态结构，有关织态结构将在第 8 章介绍。

2.3.1 高分子的非晶态

对高分子而言，非晶态（又称无定形态，amorphous state）是一种普遍存在的聚集形态，有一些高分子是完全非晶态的结构，如俗称有机玻璃的聚甲基丙烯酸甲酯（PMMA），即使对于有结晶能力的高分子，因链缠结、支化、交联等多种结构因素的影响，也很难达到完全结晶的形态，一般表现为非晶区与晶区共存的形态。

普遍认为，高分子在非晶态下，分子链处于无规线团状态，符合高分子结构研究早期提出的"无规线团模型"：分子链呈无规线团状，组成线团的分子可任意贯穿和无规缠结，链段的堆积不存在任何有序结构，整个聚集态结构是均相的，如图 2-13 所示。随着高分子材料的发展和认识的深入，在非晶态高分子中又发现了一定程度的局部有序的证据，从而提出了"两相球粒模型"（图 2-14），包括粒子相（分子平行排列）和粒间相（无规线团及连接链等）两部分，这样的聚集态结构可以说微观结构上是不均匀的，但在宏观结构上还是均匀的，呈现出透明的光学特性。

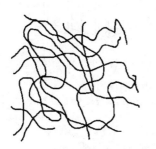
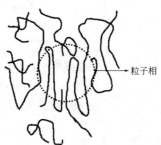

图 2-13　无规线团模型　　　　图 2-14　两相球粒模型

2.3.2 高分子的结晶态

晶体（crystal）指的是物质内部的质点（原子、分子或离子）在三维空间呈周期性重复排列的结构状态，小分子晶体具有三维空间长程有序的特点。对于分子链长且易于内旋转的高分子来说，其晶态结构则更为复杂。主要表现：①大多数高分子结晶不完善，往往结晶与非晶共存；②所形成的晶粒尺寸一般较小，晶粒内部具有三维有序结构，但呈周期性排列的质点不是原子或整个分子，而是结构（重复）单元；③同一种高分子，在不同结晶条件下会呈现出多种晶形或者不同的结晶形态。这种结晶态特点决定了大多数结晶高分子表现出不透明的光学特性。

2.3.2.1 高分子的结晶形态

（1）高分子单晶

线型高分子在极稀溶液中缓慢生长可以形成厚度为 10nm 左右、大小在几微米至几十微米的晶体，呈现高度规则的三维有序单晶（single crystal）结构，如图 2-15 和图 2-16 所示，高分子链采取规则的折叠方式排入晶格。

图 2-15　菱形聚乙烯单晶的透射电子显微镜照片（左上角为电子衍射图）

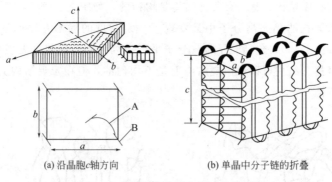

(a) 沿晶胞c轴方向　　　　　　(b) 单晶中分子链的折叠

图 2-16　聚乙烯单晶中分子的排列
A—该平面的方向发生变化；B—分子链的锯齿形平面

（2）高分子球晶

球晶（spherulite）是高分子结晶的一种最常见形态。当具有结晶能力的聚合物从浓溶液中析出或从熔体冷却结晶时，在无应力或流动的情况下，都倾向于生成球晶，通常直径在 $0.5 \sim 100 \mu m$ 之间，大的甚至可达厘米数量级，很容易在光学显微镜下观察到，且在偏光显微镜下，高分子球晶呈现特有的黑十字（maltese cross）消光现象，如图 2-17 所示，这是由球晶的光学各向异性（双折射）和球形对称性造成的。另外，形成球晶的晶片沿半径增长时进行螺旋扭曲，还能在偏光显微镜下观察到同心圆消光图像，如图 2-18。

图 2-17　从熔体生长的等规聚苯乙烯球晶的偏光显微镜照片

（3）其他结晶形态

当有外力作用或流动的情况下，高分子还可以形成更为复杂的结晶形态，如树枝状晶、

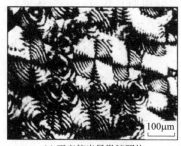
(a) 正交偏光显微镜照片

(b) 扫描电子显微镜照片

图 2-18　聚乙烯的环带球晶

伸直链片晶、纤维晶、串晶等。比如，高分子流体在受到剪切作用时，一部分高分子链伸直排列聚集成分子束。当停止搅拌后，这些分子束成为结晶中心继续向外延伸生成折叠链晶片，即如图 2-19 所示的串晶（shish-kebab）。聚乙烯串晶的扫描电镜照片见图 2-20。

(a)

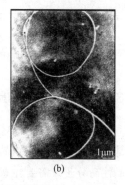
(b)

图 2-19　串晶的结构模型　　　　　图 2-20　聚乙烯串晶的扫描电镜照片

2.3.2.2　高分子结晶态的分子链构象

高分子链段为排入晶格，尽可能采取能量最低的反式（t）或较低的旁式（g，g'）构象，具体的构象会因主链和侧基的结构、极性、体积、位阻等不同而不尽相同。

（1）由全反式构象形成平面锯齿形结构

为了使分子链势能最低，并有利于在晶体中进行紧密而规则地排列，没有取代基或取代基很小的碳链高分子，可以采取能量最低的反式构象（$TTTT$）排入晶格，形成平面锯齿形（也称 $zig\text{-}zag$ 形）。如聚乙烯（PE）采取全反式构象排入晶格，如图 2-21 所示。当取代基较大而影响主链呈全反式构象排列时，则会有旁式构象参与，形成近平面锯齿形（$tgtg'$），如聚氯乙烯（PVC）。

（2）由较多旁式构象形成螺旋结构

侧基较大的高分子，为了减少空间位阻以降低势能，则必须采取较多的旁式构象。如全同聚丙烯（PP），甲基的范德华半径是 0.20nm，如果按锯齿形排布，两个甲基的距离只有 0.25nm，比两个甲基的半径之和小得多，甲基会发生强烈排斥作用。实际上则采取 $tgtg$ 的构象呈螺旋结构排布，如图 2-22 所示，一个螺距（等同周期）含有三个单体单元，记为 3_1。平面锯齿形是螺旋形的特例，记为 2_1。

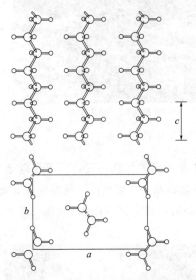

图 2-21　聚乙烯晶胞结构（正交晶系）

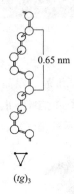

图 2-22　全同聚丙烯的螺旋结构

2.3.2.3　高分子的结晶能力

由于结构的复杂性，即使具有结晶能力的高分子也很难形成 100％ 的结晶，还有相当大一部分的高分子是不结晶或很难结晶的。能够结晶的称为结晶性高分子，不能结晶的称为非结晶性高分子。需要注意的是，结晶性高分子与结晶高分子是有区别的，例如，聚对苯二甲酸乙二醇酯是结晶性高分子，但如果没有适当的结晶条件如从熔体骤冷得到的是透明的非晶态，但不能说它是非结晶性高分子，它仍然是结晶性高分子，只不过处于非晶态；但是像聚苯乙烯，则是非结晶性高分子，永远处于非晶态。

以下对影响高分子结晶能力的结构因素进行详细说明。

（1）链的对称性

高分子的化学结构对称性越好，就越容易结晶。如聚乙烯主链上全部是碳原子，结构对称，最大结晶度可以达到 95％；同样，聚四氟乙烯的分子结构对称性好，也具有很好的结晶能力，单取代的聚氯乙烯最大结晶度（约 7％）远小于双取代的聚偏二氯乙烯（约 75％）：

$$\left[CH_2-CH \atop \qquad\ Cl \right]_n < \left[CH_2-C \atop \qquad Cl \atop \qquad Cl \right]_n$$

主链含有杂原子的高分子，如聚甲醛、聚酯、聚醚、聚酰胺、聚砜等，虽然对称性有所降低，但仍属对称结构，都具有不同程度的结晶能力。

若是共聚破坏了链的规整性也会影响结晶，所以无规共聚物通常不能结晶，例如，能够结晶的聚乙烯和聚丙烯，其无规共聚物（共聚比超过 25％ 的乙丙橡胶）则不能结晶。

（2）链的规整性

主链含有不对称碳原子的高分子，若是具有空间构型的规整性，则仍可结晶，否则不能结晶。如全同立构的聚丙烯比间同立构的聚丙烯更容易结晶，而无规立构的聚丙烯不能结晶。

对于二烯类聚合物，由于存在顺反异构，若是几何构型不规则，则不能结晶。全顺式或全反式都具有结晶能力，但全反式的对称性比顺式好，所以反式的更容易结晶。

此外，分子链的支化、交联都会降低高分子的结晶能力。分子间作用力、柔顺性对高分子结晶能力的影响并没有统一的规律，视具体的化学结构和几何结构而论。

既然结晶性高分子也很难达到 100% 的结晶能力，因此通常称之为"半结晶"结构，用结晶度来衡量高分子的结晶能力。结晶度（crystallinity）定义为试样中结晶部分所占的质量分数或体积分数。

$$X_c^m = \frac{m_c}{m_c + m_a} \times 100\% \tag{2-10}$$

$$X_c^v = \frac{V_c}{V_c + V_a} \times 100\% \tag{2-11}$$

式中，X 为结晶度；下标 c 表示结晶（cryatal）部分；下标 a 表示非晶（amorphous）部分（或称无定形部分）。

高分子结晶度的测试方法有很多种，常见的如密度法、X 射线衍射法、差示扫描量热法（只适用于有熔点的高分子）。以密度法为例，计算式如下：

$$X_c^m = \frac{\rho_c(\rho - \rho_a)}{\rho(\rho_c - \rho_a)} \times 100\% \tag{2-12}$$

$$X_c^v = \frac{\rho - \rho_a}{\rho_c - \rho_a} \times 100\% \tag{2-13}$$

式中，ρ、ρ_c、ρ_a 分别为待测样品、完全结晶和完全非晶样品的密度。

结晶度大小影响高分子材料的性能，包括力学性能、光学性能、热性能等；当然除了结晶度，结晶形态、结晶尺寸等也会影响材料的性能，这将在高分子材料性能部分再做介绍。

2.3.2.4 高分子的结晶动力学

在了解高分子结晶形态、结晶能力的基础上，学习高分子的结晶动力学，可以更好地理解高分子链结构和外界条件对结晶过程和结晶速度的影响，达到通过结晶过程去控制结晶形态和结晶度的目的。

（1）结晶速率

高分子的结晶过程与小分子类似，包括晶核的形成和晶粒的生长两个步骤，因此，结晶速率包括成核速率、生长速率以及由它们共同决定的总结晶速率。利用热台偏光显微镜、膨胀计、光学解偏振、差示扫描量热仪（DSC）等可以获得结晶程度与时间的关系曲线，从而获得相关的结晶动力学参数以衡量结晶速率的大小。如图 2-23，利用结晶过程产生的体积收缩原理，读取膨胀计起始高度 h_0，最终达到平衡时高度 h_∞ 和时间 t 时的高度 h_t，获得某一温度下的等温结晶曲线。由于到达平衡时间较长，存在测试误差，故以体积收缩达到整个过程的一半所需时间——半结晶期（$t_{1/2}$）作为实验温度下的结晶速率参数。当然，对于通过实验获得的数据，也可以通过各种结晶动力学方程进一步推算结晶速率常数、活化能等，用于理解结晶机理或者用于动力学计算，在此不详述。

（2）影响结晶动力学的因素

① 温度　对于特定的高分子，温度是影响结晶速率的最主要因素，如图 2-24 所示。高分子的结晶温度介于玻璃化转变温度 T_g（将在第 6 章讲解）与熔点 T_m 之间，并在某一温度 $T_{c,max}$ 结晶速率出现极大值，这一温度通常称为结晶温度（crystallization temperature）。对于大多数高分子，结晶速率最大的温度为平衡熔点 T_m^0 的 0.80～0.85 倍，即

$$T_{c,max} \approx (0.8 \sim 0.85)T_m^0 \tag{2-14}$$

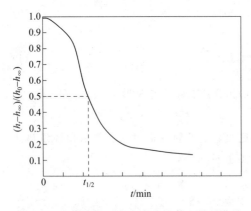

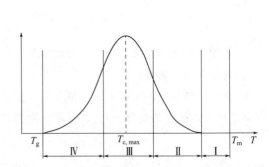

图 2-23　膨胀计法测定的高分子等温结晶曲线　　　图 2-24　高分子结晶速率与温度的关系曲线

② 分子链结构　与影响结晶能力的结构因素相近，分子链的结构越简单、柔顺性越大，则结晶速率就越大。

③ 分子量　同一种化学结构的高分子，随着分子量的增大，由于熔体黏度增大，链段运动速度降低，结晶速率降低。

④ 添加剂　在高分子中添加小分子或者无机物，会影响结晶速率甚至结晶形态。一般情况下，可溶性的添加剂可看作一种稀释剂，会减缓结晶进程。而不溶性的添加剂，如果是完全惰性的通常对结晶速率并无影响；而能够被高分子熔体所润湿的添加剂，通常会成为高分子结晶成核剂，促进结晶。

⑤ 压力或应力　增加压力或施加应力，通常能够促进高分子的结晶。

2.3.2.5　高分子结晶的熔融

高分子的结晶和熔融与小分子一样，都是一级相转变。不同的是，小分子的熔融一般发生在很窄的温度区间，高分子的熔融温度区间较宽，这个熔融温度范围称为熔限（melting range）。这是因为高分子的结晶形态和完善程度存在差别，升温时尺寸较小、不太完善的晶体首先熔融，尺寸较大、比较完善的晶体则在较高的温度下才能熔融，对比结果如图 2-25 所示。

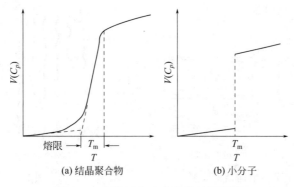

图 2-25　高分子和小分子的熔融温度

可见，影响高分子熔融温度的因素包括：

① 高分子链结构　凡是影响链柔顺性的因素都会影响熔点的大小，大分子链刚性大，熔融温度高。

② 分子间作用力　分子间作用力大，高分子的熔点高。例如，主链中含有酰胺（—CONH—），酰亚胺（—CONCO—），氨基甲酸酯（—NHCOO—），脲（—NH—CO—NH—）等，这些基团都易在分子间形成氢键，从而使分子间的作用力大幅度增加，熔点明显提高。

③ 结晶度和结晶完整性　对于同一种高分子，结晶度、晶片厚度或者晶粒尺寸增大，熔点升高。

④ 分子量　对于一种化学结构的高分子，熔点随分子量的增大而增大，直到某一临界分子量（即可忽略分子链"末端"的影响）时，此后则与分子量无关，实际上分子量对熔融温度的影响是有限的。

⑤ 杂质　在结晶高分子中加入稀释剂（如增塑剂或溶剂）或者增加共聚单元，都能使熔点降低。

⑥ 测试方法和条件　测定熔点过程中，升温速率增大，测得的熔点偏高。

2.3.3　高分子的取向

大分子链、链段、晶片或微纤在外力（如拉伸应力或剪切应力）作用下，可以沿着外场方向有序排列，这种有序的平行排列称为取向（orientation），所形成的聚集态结构称为取向结构。取向结构和结晶结构不同，取向结构是一维或二维有序结构，而结晶结构是三维有序结构。

2.3.3.1　高分子取向分类

高分子取向根据分类方法不同有以下几种。

① 按维度区分，可分为单轴取向（如纤维）和双轴取向（如薄膜），如图 2-26。

② 按运动单元区分，包括整个分子链的取向和链段的取向，如图 2-27。当然，对于整个材料而言，还包括晶片或微纤等更大尺度单元的取向。

| (a) 单轴取向 | (b) 双轴取向 | (a) 分子取向 | (b) 链段取向 |

图 2-26　高分子取向结构模型　　　　　　图 2-27　高分子取向

2.3.3.2　高分子取向的特点

　　取向在热力学上是一种非平衡态，因而在外力解除或温度升高时会发生解取向，换言之，取向和解取向都不是一种热力学转变过程。但取向会使材料的性能产生很大差异，主要产生材料结构和性能的各向异性，包括光学性能、声学性能、力学性能、热性能、电性能在不同方向上的差异。例如，单轴拉伸的薄膜，沿着拉伸方向发生取向，强度增大，而垂直于拉伸方向的强度降低。利用这一点，既可以进行材料的设计，又可以进行取向程度的测试。

2.3.3.3　高分子取向的表征

　　为了定量比较材料的取向程度，定义取向函数（或者称取向因子）：

$$f = \frac{1}{2}(\overline{3\cos^2\theta} - 1) \tag{2-15}$$

　　式中，θ 是分子链轴向与取向方向之间的夹角。

　　对于理想的单轴取向，$f=1$；对于无规取向（各个方向均匀分布），$f=0$。一般情况下，$1>f>0$。

　　利用材料发生取向时产生的性能变化，可以表征取向程度的大小。最为常用的方法是光学上的双折射法。双折射（Δn）定义为平行于取向方向的折射率 $n_{//}$ 与垂直方向的折射率 $n_\perp$ 之差。虽然可以利用双折射计算取向因子，但由于实验中很难获取完全取向样品的双折射值，所以通常直接用双折射值比较样品取向程度的大小。

　　实际上，所有能够表征材料在不同方向上性能差异的方法都可以用来测定取向程度的大小，包括声速法、X 射线衍射法、小角激光散射（SALS）法、小角 X 射线散射（SAXS）法等。需要注意的是，不同的测试方法所表征的取向单元不同，所得结果的数值和物理意义也不相同，如双折射法表征的是分子链段的取向，声速法表征的是分子链的取向，X 射线衍射法表征的是晶区分子链段的取向，小角激光散射法表征的是尺寸度与可见光波长相近的大分子聚集体的取向，小角 X 射线散射法可以表征晶片、微纤以及材料中分散相的取向。

2.3.4　高分子液晶

　　液晶（liquid crystal）从字面来理解，既具有液态又具有晶态的特征。液态分子无序，能够流动，晶态分子三维有序，不能流动。液晶态介于液态和晶态之间，是自发有序但仍能流动的状态，本质上是一维或二维的"有序流体"。

1888 年，奥地利植物学家 F. Reinitzer 首先发现了苯甲酸胆甾醇酯在熔融过程中特定温度下出现了光学各向异性现象，是形成液晶态的一个重要证据。最早发现的高分子液晶是合成的多肽聚 L-谷氨酸-γ-苄酯（PBLG）在氯仿溶液中自发产生双折射特性的液晶态。

2.3.4.1 液晶的分类

① 按液晶内部的有序状况，可以分为向列型（nematic）、胆甾型（cholesteric）和近晶型（sematic），如图 2-28 所示。向列型液晶中分子为一维有序，分子在一个方向上取向，而与其垂直的方向则是无序的；胆甾型液晶是由分子层叠形成的，每一分子层内分子统一取向，而每一分子层内分子的取向又绕着与分子层垂直的轴逐次扭转形成有周期性的螺旋结构；近晶型液晶也是一种分子层叠结构，但每一分子层内的分子排列没有规则，层间一般有固定的周期性。

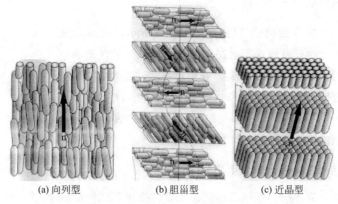

(a) 向列型　　　　(b) 胆甾型　　　　(c) 近晶型

图 2-28　液晶按有序状况分类

② 按液晶的形成方式，可以分为热致性液晶和溶致性液晶。热致性液晶是在一定温度范围内形成的各向异性的熔体。结晶固体升温至熔点，形成不透明的各向异性熔体，继续升温至一定温度才变成各向同性的流体，这一温度称为清亮点。溶致性液晶是在某一种溶剂中超过一定的浓度（临界浓度）和温度下形成的各向异性的溶液。

2.3.4.2 高分子液晶的特点与应用

高分子液晶一般在分子结构上由棒状的刚性或半刚性基本结构单元（液晶基元）单独或与柔性单元共同组成，根据液晶基元位置分为主链型液晶和侧链型液晶。

主链型：

如聚对苯二甲酰对苯二胺（PPTA）：

$$\left[NH-\!\!\bigcirc\!\!-NHCO-\!\!\bigcirc\!\!-CO \right]_n$$

侧链型:

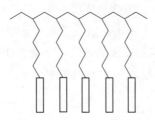

如:

$+CH_2-CH+_n$
$COO-(CH_2)_5-O-$⬡-⬡$-CN$

高分子液晶独特的结构产生了很多特殊的性能，并在制备高性能材料、功能材料方向得到广泛应用。

（1）液晶纺丝制备高性能纤维

高分子液晶具有特殊的流变特性，如图 2-29 所示，在高浓度下仍有较低的黏度，纺丝过程中不必高倍拉伸，液晶分子在流动过程中自发有序排列，形成高取向结构，获得高强度、高模量纤维。最有代表性的溶致性液晶包括聚对苯二甲酰对苯二胺（PPTA）纤维（俗称芳纶 1414）、聚苯并二噁唑（PBO）纤维，代表性的热致性液晶则为聚芳酯纤维。

（2）利用光学各向异性开发光电功能材料

液晶态在光学上的各向异性可以通过偏光显微镜观察到特征的图案，称为（光学）织构（texture），如图 2-30 为三种液晶的典型织构。向列型液晶是纹影织构，近晶型液晶是扇形织构，胆甾型液晶是指纹织构。

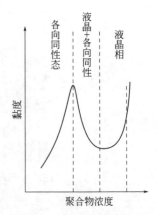

图 2-29　液晶聚合物溶液黏度随浓度的变化

(a) 纹影织构

(b) 扇形织构

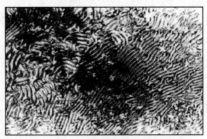

(c) 指纹织构

图 2-30　三种液晶的典型织构

利用液晶的光学各异特性，可以用于显示器、传感器的开发等。多肽、核酸、纤维素、甲壳素等可以形成溶致胆甾型液晶，利用其选择光反射特性，当白光照射胆甾型液晶时，一部分波长的光通过，一部分被反射，这样就可以从反射光中看到彩色，并根据轴向旋转螺距（周期）与温度、压力、电磁场等的变化关系，用于彩色显示、变色温度计等。

2.4 高分子的溶解及其溶液形态

高分子的溶解和溶液特性对于科学研究和实践应用都有重要价值。从理论上，高分子溶液是研究单个高分子链形态结构的最好方法，可以测得高分子的分子量和分布；从应用上，涂料、胶黏剂、膜、纤维等很多高分子材料的加工都离不开溶液状态。

2.4.1 高分子的溶解

2.4.1.1 高分子溶解的特点

高分子结构的复杂性表现为：①分子量大且具有多分散性；②高分子链的形状有线型的、支化的和交联的；③高分子的聚集形态包括非晶态和晶态结构。以上结构特征决定了高分子溶解不同于小分子。高分子与溶剂分子尺寸相差悬殊，两者分子运动速度差别也很大，溶剂分子能够较快渗透进入高分子内部，但高分子向溶剂的扩散却很慢。这决定了高分子的溶解过程分为两步：

① 溶胀（swelling）　体积较小的溶剂分子渗透进入高分子内部，高分子发生体积膨胀。

② 溶解（dissolving）　高分子均匀分散在溶剂中，形成完全溶解的分子分散的均匀体系。

2.4.1.2 高分子溶解热力学

高分子在溶剂中溶解实质上是溶剂分子进入聚合物，破坏高分子间作用力的过程，称为溶剂化。从热力学上，高分子的溶解过程同样可以用热力学第二定律来描述：

$$\Delta F_m = \Delta H_m - T\Delta S_m \tag{2-16}$$

当 Gibbs 自由能 $\Delta F_m < 0$ 时，实现自发溶解。高分子的溶解过程是一个熵增的过程，即混合熵 $\Delta S_m > 0$，因此，ΔF_m 的正负取决于混合热焓 ΔH_m 的大小。对于极性高分子的溶解，一般是放热的，混合热焓 $\Delta H_m < 0$，容易发生自发溶解；对于非极性高分子溶解，一般是吸热的，$\Delta H_m > 0$，往往需要提高温度 T 才能发生。

混合热焓 ΔH_m 的大小，是由高分子与溶剂之间的相互作用决定的。高分子间作用力、溶剂分子间作用力、高分子与溶剂间作用力的相对大小是影响溶解过程的关键内在因素。

高分子的分子间作用力主要是偶极作用产生的范德华力、氢键或者由电荷作用引起的库仑力。分子间作用力大小可以用内聚能来衡量，定义为克服分子间作用力，把 1mol 液体或固体分子移到其分子间的引力范围之外（通常认为气体状态）所需要的能量，通常用单位体积的内聚能——内聚能密度（CED）表示。

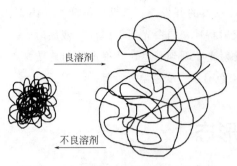

良溶剂

不良溶剂

图 2-31　大分子链在不同溶剂中的形态

小分子的内聚能就是汽化能，易于测量；但高分子不能发生汽化，内聚能大小是通过溶液黏度法或交联高分子的溶胀度法间接测定的，利用已知溶剂的内聚能密度（或者用溶度参数 δ，即内聚能密度的平方根）进行标定。黏度法，就是用一系列不同溶度参数的溶剂溶解待测高分子，分别测定溶液的黏度，当溶液黏度最大时，认为高分子的溶度参数与溶剂的溶度参数相等，此时，大分子链在该溶剂中充分舒展，如图 2-31。对于交联高分子，同样是用一系列不同溶度参数的溶剂去溶胀待测高分子，平衡溶胀度最大的溶剂的溶度参数即作为待测高分子的溶度参数。

高分子在溶剂作用下的溶解，实质上就是溶剂与分子的相互作用力足够破坏高分子间的相互作用，因此，高分子溶解选择溶剂的基本原则是：

① 溶度参数相近　高分子的溶度参数与溶剂的溶度参数越接近越好。

② 相似相溶　高分子的极性和结构与溶剂相似，极性溶剂能够溶解极性高分子，非极性溶剂能够溶解非极性高分子。

对于非极性的结晶高分子与非极性溶剂，即使溶度参数相近，也必须在接近 T_m（熔点）的温度下使结晶熔融之后才能溶解，这在前面已有论述。

2.4.1.3　影响高分子溶解的结构因素

① 分子量　高分子溶解度的大小与分子量密切相关，在相同的溶剂中，通常分子量越大，溶解度越小。

② 交联度　交联高分子中的交联部分在溶剂中只能发生溶胀，溶胀体积达到平衡后不再继续增大，不能够发生溶解，所以交联度增大，溶解度减小，利用溶胀平衡可以测定交联度。

③ 结晶度　结晶对高分子溶解的影响比较复杂，与结晶程度、溶剂极性、温度等都有关系。在相同溶解条件下，结晶度增大，溶解困难，溶解度减小。

2.4.2　高分子在溶液中的形态

完全溶解的高分子溶液是热力学稳定的体系，但其热力学性质与理想溶液有较大偏差，这是因为：

① 理想溶液的两组分分子尺寸相近，混合后体积不变。但高分子的体积远大于溶剂分子，不符合理想溶液的条件。

② 理想溶液的分子间作用能相等，$\Delta H_m = 0$；高分子之间、溶剂分子之间、高分子与溶剂分子之间的作用力不相等，$\Delta H_m \neq 0$。

③ 高分子溶解时，由聚集态分散到溶液中形成单个分子链，构象数增加，混合熵大大增加，即 $\Delta S_m > \Delta S_m^i$。

由此可见，一般情况下，高分子在溶液中呈现无序的卷缩状态，称为"无规线团"。但高分子在溶液中的具体聚集形态与高分子结构、溶剂种类、溶液浓度、温度等有直接关系。

典型的线型高分子在不同浓度溶液中的形态示意如图 2-32。在稀溶液中，单根分子链由溶剂包围，形成相互孤立的线团，线团相互分离，线团之间的相互作用可以忽略，高分子链段的分布是不均一的，研究高分子稀溶液中的形态是理解高分子的溶解机理、选择高分子溶剂的重要手段；当溶液浓度增大到某种程度后，高分子线团互相靠近、接触，但没有显著的相互作用，直到线团密堆积，此时的浓度称为临界交叠浓度（又称接触浓度）c^*，此时的溶液称为半稀溶液；浓度继续增大，高分子线团互相穿插交叠，溶液中链段的分布趋于均一，这种溶液称为亚浓溶液；溶液浓度进一步提高，高分子线团相互穿插交叠、缠结，甚至产生微观不均匀的聚集，这就是浓溶液。亚浓溶液和浓溶液相关的溶剂种类、溶解度、溶液黏度等则是高分子产品制备不可缺少的工艺要求。

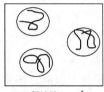 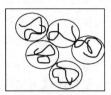  

(a) 稀溶液($c<c^*$)　　(b) 半稀溶液($c=c^*$)　　(c) 亚浓溶液($c>c^*$)　　(d) 浓溶液($c\gg c^*$)

图 2-32　线型高分子在不同浓度溶液中的形态

2.4.3　平均分子量及其分布的测试方法

在 2.2.2.1 节已介绍了高分子的平均分子量及其分布的概念和统计方法。高分子的分子量及其分布的测定通常都是基于高分子的稀溶液，在此介绍几种常用的有代表的测试方法。

（1）端基分析法

如果高分子的化学结构明确，而且链端带有可以用化学或物理方法分析的基团，则只要测得一定质量样品中端基的数目，就可以计算样品的数均分子量（端基分析法，end-group analysis）。这里所说的化学或物理方法，可以是化学滴定的方法，也可以是红外光谱、核磁共振等能够定量表征端基数目的方法。

例如，尼龙 6 的结构中一头是氨基，一头是羧基，因此可以用碱滴定羧基，也可以用酸滴定氨基：

$$H_2N(CH_2)_5CO \left[NH(CH_2)_5CO \right]_n NH(CH_2)_5COOH$$

数均分子量计算式如下：

$$\overline{M_n} = \frac{m}{n_t} \tag{2-17}$$

式中，m 为试样质量；n_t 为被滴定端基的物质的量。

如果试样中有 x 个端基，公式为

$$\overline{M_n} = \frac{m}{n_t/x} \tag{2-18}$$

因此，对于支化高分子，如果用其他方法测定了数均分子量，则可以反过来应用式（2-

18）求得支化点的数目（等于 $x-2$，即扣除 2 个正常的端基）。

端基分析法是一种绝对方法，它只适用于分子量小于 2×10^4 的聚合物，当分子量太大时，端基数很少，测定精度变差。

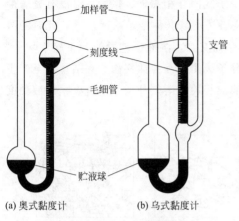

图 2-33　高分子溶液黏度测定中
常用的两种毛细管黏度计

（2）黏度法

黏度法（viscosity）是目前测定高分子分子量最常用的方法，其设备简单，操作便利，测量结果重复性好。

黏度法测定分子量的基本原理是：高分子稀溶液尽管浓度很低，但其黏度依然与分子量有关，因此可以利用这一特性测定高分子的分子量。测定方法是：配制一定浓度的高分子稀溶液，选定合适直径的毛细管（如图 2-33 所示），在一定温度下满足单个高分子线团以无扰状态通过毛细管，测定稀溶液的相对黏度，计算稀溶液特性黏度，根据特性黏度与分子量的关系推算高分子的黏均分子量。

由于在同一黏度计中黏度正比于流出时间，所以有以下关系式。

相对黏度（relative viscosity）：

$$\eta_r = \eta / \eta_0 = t / t_0 \tag{2-19}$$

增比黏度（specific viscosity）：

$$\eta_{sp} = \eta_r - 1 = (t - t_0) / t_0 \tag{2-20}$$

而高分子溶液的黏度与浓度间的关系为

$$\frac{\eta_{sp}}{c} = [\eta] + k [\eta]^2 c \tag{2-21}$$

η_{sp}/c 为比浓黏度（reduced viscosity）；$(\ln \eta_r)/c$ 为比浓对数黏度（inherent viscosity）；$[\eta]$ 为特性黏度（intrinsic viscosity，旧称极限黏度），特性黏度是浓度趋于零时的比浓黏度或比浓对数黏度，即

$$[\eta] = (\eta_{sp}/c)_{c \longrightarrow 0} = (\ln \eta_r / c)_{c \longrightarrow 0} \tag{2-22}$$

利用 Mark-Houwink 方程计算平均分子量：

$$[\eta] = K M^a \tag{2-23}$$

式中，K 为黏度常数，与高分子在溶液中的形状和链的两个特性参数（链段长度、结构单元长度）有关。

对于线型的柔性高分子，a 值一般在 $0.5 \sim 1.0$ 之间，当柔性分子在良溶剂中，a 大，接近 0.8；在 θ 溶剂中，$a = 0.5$；在不良溶剂中，$a < 0.5$。

由于 K 和 a 值的确定需靠其他方法配合，所以黏度法只是一种相对方法。黏度法的分子

量测定范围为 $(2\times10^4)\sim(1\times10^6)$。黏度法测得的分子量是一种特殊的统计平均值，称为黏均分子量。

（3）光散射法

对于高分子溶液，散射光强度除与溶液浓度有关外，还与高分子的分子量有关，分子量越大，散射光强度越大，因此光散射法（light scattering，LS）可以用来测定高分子的分子量。

当高分子稀溶液符合瑞利（Rayleigh）散射时，散射强度与高分子溶液浓度和分子团尺寸符合以下关系式：

$$\frac{1+\cos^2\theta}{2}\times\frac{K_c}{R_\theta}=\frac{1}{M}(1+\frac{8\pi^2}{9}\times\frac{\overline{h}^2}{\lambda'^2}\sin^2\frac{\theta}{2})+2A_2c \tag{2-24}$$

式中，θ 为散射角，即入射光与散射光之间的夹角；R_θ 为瑞利比，定义为 $r^2\dfrac{I(\theta)}{I_0}$；$r$ 为检测到散射体的距离；I_0 为入射光强；$I(\theta)$ 为散射光强度；c 为溶液的浓度；M 为分子量；$\overline{h}^2$ 为均方末端距；λ' 为空气中光的波长；A_2 为第二位力系数；K_c 为常数。

由于式中包含两个变量，即 c 和 θ，只有当 c 和 θ 都外推到零时才能求出分子量，同时还可从曲线斜率求得均方末端距和 A_2。

齐姆（Zimm）作图法将这种双外推合并展现在一张图上，使结果更清晰（图 2-34）。作图时，横坐标取 $\sin^2(\theta/2)+qc$，q 为任意常数。图 2-34 中取 $q=0.1$，这样做是为了使实验点在图上分布比较合理，取 0.1 是因为 $\sin^2(\theta/2)$ 和 c 在数值上相差一个数量级。

光散射法是一种绝对方法，测得的是重均分子量，测定的分子量范围为 $(1\times10^4)\sim(1\times10^7)$。分子量太小，光散射强度低，测试误差偏大。

（4）凝胶色谱法

凝胶色谱（gel permeation chromatography，GPC）是液相色谱的一种，它是利用高分子溶液通过由特种多孔性填料组成的柱子，在柱子上按照分子大小进行分离的方法。GPC 的原理比较复杂，一般认为体积排除是其主要原理。当被分析的样品进入由多孔凝胶填充的色谱柱，体积较小的高分子不仅能够进入较大的孔，也能进入较小的孔；较大的高分子则只能进入较大的孔；而比孔还要大的高分子则只能留在填料颗粒之间的空隙。然后采用溶剂进行淋洗，大的分子先被淋洗出来，小的分子较晚被淋洗出来，大小不同的高分子得以分离。淋出体积与分子量大小相关，淋出体积越小，分子量越大。分离后的高分子按分子量从大到小被连续淋洗出来，经检测获得如图 2-35 所示的 GPC 曲线。

根据 GPC 分离原理，保留体积（或淋出体积）V_e 与分子量之间存在线性关系：

$$\lg M=A-BV_e \tag{2-25}$$

式中，A 和 B 为常数。

首先测定一组已知分子量的单分子或窄分布样品（标样）的 GPC 曲线（图 2-36），然后根据式（2-25）作图，建立 $\lg M$ 与 V_e 的关系，获得校准曲线（工作曲线），于是高分子的 GPC 原始谱图（图 2-37）的横坐标 V_e 就可以换算成分子量 M。

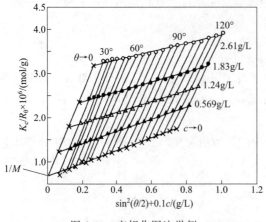

图 2-34　齐姆作图法举例
（聚苯乙烯的苯溶液，35℃，$\lambda = 488$nm）

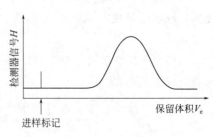

图 2-35　典型高分子的 GPC 谱图

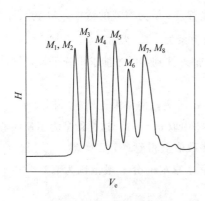

图 2-36　已知分子量的窄
分布样品的 GPC 谱图

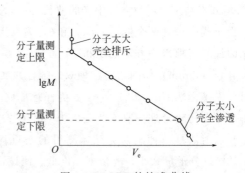

图 2-37　GPC 的校准曲线

GPC 法既可以用来测定数均分子量、重均分子量及分子量分布，又可以用来对多分散的高分子进行分级，获得窄分布的高分子试样。

思考题

2-1　说明高分子的结构形态特点。

2-2　画图示意线型、支化、交联高分子的结构。

2-3　什么是高分子链的构象？

2-4　什么是高分子链段？

2-5　高分子的柔顺性是如何产生的？影响高分子链柔顺性的因素有哪些？

2-6　解释高分子均方末端距和均方旋转半径的概念。

2-7　试述高分子的晶态结构、非晶态结构特点。

2-8　影响高分子结晶能力的因素有哪些？

2-9　试述高分子结晶度、结晶温度、熔点的概念，测试方法有哪些？

2-10　试述高分子取向的概念和种类，测试方法有哪些？

2-11　什么是液晶态？液晶有哪些种类？高分子液晶的特性有哪些？

2-12　为什么高分子的熔程比较宽？影响高分子熔点的因素有哪些？

2-13　高分子溶解的特点是什么？

2-14　选择高分子溶剂的原则是什么？

2-15　说出几种有代表性的测定高分子平均分子量的方法和基本原理，并说明测定的是哪一种平均分子量。

第 3 章

链式聚合反应

3.1 概述

合成高分子的聚合反应，可以从不同角度进行分类。早期根据化学反应的类型分为加成聚合（加聚，addition polymerization）反应和缩合聚合（缩聚，condensation polymerization）反应。20 世纪 50 年代以来，一般根据聚合反应的 机理和动力学分为链式聚合（chain polymerization）和逐步聚合（step polymerization）。而根据聚合反应实施方法和条件，又可以分为本体聚合、溶液聚合、悬浮聚合、乳液聚合等。

在此，我们按照最常见的链式聚合和逐步聚合两大类进行介绍。

3.1.1 链式聚合的一般特征

链式聚合又称连锁聚合，整个聚合过程主要由链引发（chain initiation）、链增长（chain propagation）、链终止（chain termination）三个基元反应组成，有时还伴随链转移（chain transfer）反应的发生。在链式聚合过程中，各个基元反应中必须有活性中心（自由基或离子）的参与，各个基元反应的动力学特征有较大的差异，链引发是形成活性中心 R· 的反应，单体 M 只能与活性中心反应生成新的活性中心 $RM_x·$（$x=0\sim n$），单体之间不能反应，随着活性中心的终止，反应也停止。链引发反应的活性中心 R· 有多种形成方式，通常由特殊的化合物（如引发剂）生成，因而有引发剂 I 参与的链式聚合各基元反应可以简示如下：

链引发 $I \longrightarrow R·$

            $R· + M \longrightarrow RM·$

链增长 $RM· + M \longrightarrow RM_2·$

            $RM_2· + M \longrightarrow RM_3·$

链终止 $RM_{n-1}· + M \longrightarrow RM_n·$

            $RM_n· \longrightarrow$ 死聚合物

引发剂可以发生均裂也可以发生异裂，即

均裂 $R· | ·R \longrightarrow 2R·$

异裂 $A | :B \longrightarrow A^{\oplus} + :B^{\ominus}$

当引发剂发生均裂时，共价键的电子分属两个基团，形成带独电子且呈电中性的自由基；

当引发剂发生异裂时，共价键的电子归属于某一基团，形成阴离子，而另一缺电子基团则成为阳离子。自由基、阴离子、阳离子均可引发单体聚合，因此根据引发聚合活性中心的不同可将链式聚合进一步分为自由基聚合、阴离子聚合及阳离子聚合。此外，配位聚合中单体分子依靠过渡金属催化剂形成活性中心发生的聚合，也属于链式聚合。

在链式聚合的反应过程中，活性中心与单体加成生成新的反应活性中心，如此反复，生成长链聚合物。一旦引发，聚合物分子链增长速率极快，平均每个大分子的生成时间很短，且聚合物分子量与时间无关（活性聚合除外），单体转化率随时间的增加而增大。反应体系始终是由单体、聚合产物和微量引发剂及含活性中心的增长链所组成。

除活性中心外，链式聚合的聚合机理也与单体的结构有关，因此明确选择单体的标准对聚合反应类型的确定具有重要意义。下面首先介绍链式聚合的单体。

3.1.2　链式聚合的单体

能进行链式聚合的单体有很多，大致可以分为三类：含有 C＝C 的单烯类和共轭双烯类单体、羰基化合物和杂环化合物。其中，前两类单体最为重要。由于单体结构不同，单体对自由基、阴离子、阳离子的聚合类型是有选择性的。

羰基化合物和杂环化合物的极性较强，如醛、酮中的羰基 π 键异裂后，具有类似离子的特性，可发生阴离子或阳离子聚合，不能进行自由基聚合，只适于离子型聚合。

$$-C=O \longleftrightarrow -\overset{+}{C}-\overset{-}{\overset{..}{O}}:$$

$$\cdot \overset{|}{C}-\overset{|}{C} \cdot \longleftrightarrow \overset{|}{C}=\overset{|}{C} \longleftrightarrow \overset{+}{\overset{|}{C}}-\overset{|}{C}:$$

烯类单体的碳-碳 π 键与羰基不同，既可均裂，也可异裂，故可以进行自由基聚合或离子聚合（阴离子聚合、阳离子聚合）。其聚合能力的差异和聚合机理的不同主要取决于双键碳原子上取代基的种类、数量和位置，也就是取代基的电子效应（诱导效应、共轭效应）和空间位阻效应。例如，氯乙烯只能进行自由基聚合，异丁烯只能进行阳离子聚合，甲基丙烯酸甲酯可以进行自由基和阴离子聚合，而苯乙烯的自由基聚合、阳离子聚合和阴离子聚合均可进行。以下对有关原理一一介绍。

3.1.2.1　单体取代基的诱导效应

烯烃单体的诱导效应是由取代基的推电子或吸电子能力引起的。乙烯只能进行自由基聚合或配位聚合，这是因为乙烯分子结构对称，偶极矩为零，聚合能力比相应的不对称结构单体低，所以，只有高温高压下才能进行自由基聚合，或在特殊引发剂作用下进行配位聚合。

若在乙烯分子中引入一个取代基后成为不对称结构，可使单体聚合能力提高。乙烯基单体取代基的诱导效应和共轭效应能改变双键的电子云密度，对所形成的活性种的稳定性有影响，从而决定着对自由基、阳离子或阴离子聚合的选择性。

① 烯类单体双键的碳原子上带有供电基团，如烷氧基、烷基、苯基、乙烯基、—SR、—NR$_2$ 等，会使双键的电子云密度增加，有利于阳离子的进攻和结合。

$$CH_2 =\!\!= CH \longleftarrow X$$

同时，供电基团可使阳离子增长种共振稳定，例如乙烯基醚聚合时，烷氧基使正电荷离域在碳-氧两原子上，使碳阳离子稳定。

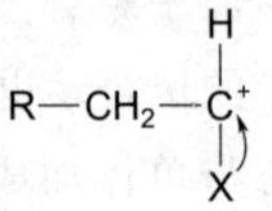

$$R-CH_2-\overset{\overset{\displaystyle H}{|}}{\underset{\underset{\displaystyle X}{|}}{C}}{}^+$$

由以上因素可知，带供电基团的乙烯基单体易于阳离子聚合。但是对于烷基取代烯烃单体，由于烷基的供电性及共轭效应均较弱，因此不易发生阳离子聚合而倾向于自由基聚合。需注意的是丙烯单体，由于丙烯形成的烯丙自由基的强共轭效应，易发生分子间电子转移而形成稳定的自由基，因此也不能进行自由基聚合。1,1-双烷基取代可增强供电性而进行阳离子聚合，如异丁烯。

② 烯类单体的双键碳原子上带有硝基、腈基和羰基（醛、酮、酸、酯）等吸电子基团时，将使双键电子云密度降低，并使阴离子增长种共轭稳定，因此有利于阴离子聚合。

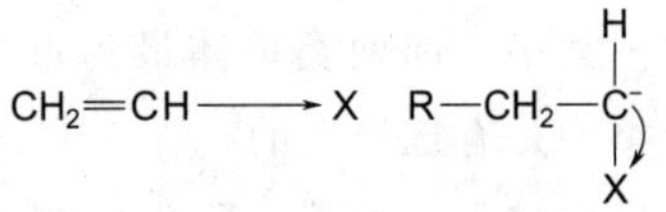

$$CH_2=CH \longrightarrow X \quad R-CH_2-\overset{\overset{\displaystyle H}{|}}{\underset{\underset{\displaystyle X}{|}}{C}}{}^-$$

腈基对阴离子的稳定作用是使负电荷离域在碳-氮两原子上：

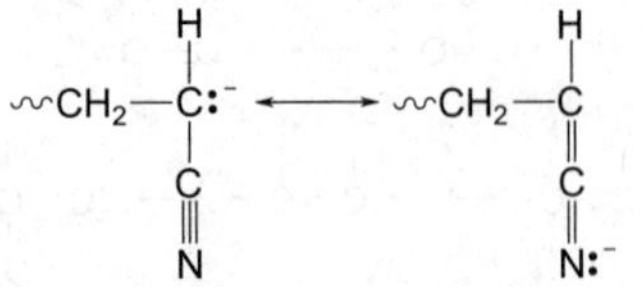

$$\sim\sim CH_2-\overset{\overset{\displaystyle H}{|}}{\underset{\underset{\displaystyle C}{|}}{C}}{:}^- \quad \longleftrightarrow \quad \sim\sim CH_2-\overset{\overset{\displaystyle H}{|}}{\underset{\underset{\displaystyle N:^-}{||}}{C}}$$

取代基吸电子能力的强弱决定了单体可进行的聚合方式：含强吸电子基团，如 $CH_2=CHNO_2$，或含两个吸电子取代基的 1,1-双取代烯烃，如 $CH_2=C(CN)_2$，只能进行阴离子聚合；取代基吸电子性适中时，单体可进行阴离子聚合及自由基聚合，如 $CH_2=CH-CN$，$CH_2=CCl_2$，$CH_2=CH-COOR$，$CH_2=C(CH_3)COOCH_3$ 等；当取代基吸电子性较弱时，如 $CH_2=CHCl$，则只能进行自由基聚合。

③ 具有共轭体系的烯类单体，由于 π 电子云流动性大，易诱导极化，电子云流向可随进攻试剂性质的不同而改变，可进行多种机理的聚合反应，如苯乙烯、丁二烯等。

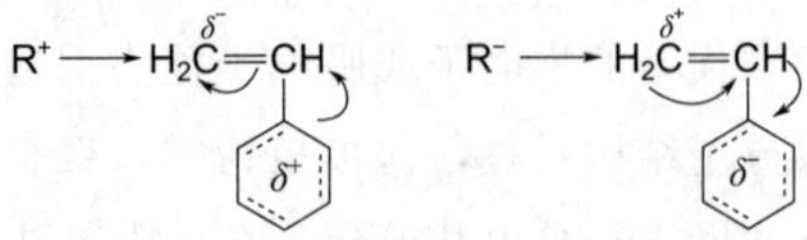

依据单烯 $CH_2=CHX$ 中取代基 X 电负性次序和聚合倾向的关系排列如图 3-1。

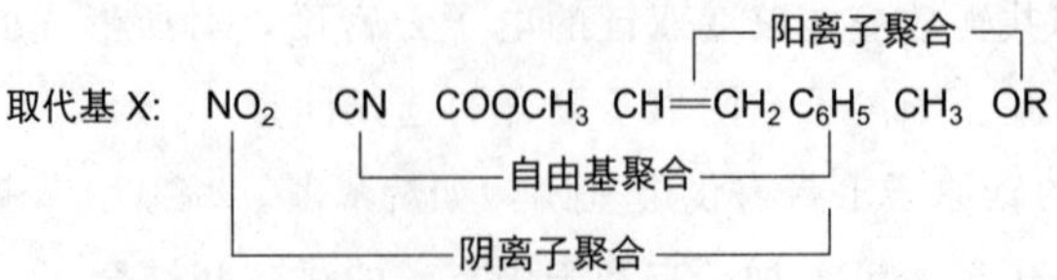

图 3-1 诱导效应对单体聚合类型的影响

3.1.2.2 取代基的空间位阻效应

空间位阻效应主要指分子中某些原子或基团彼此接近而引起的空间阻碍作用。由取代基的数量、位置或体积等引起的空间位阻效应对单体的聚合能力影响显著，但是不改变单体的聚合方式。

① 一取代烯烃类单体 $CH_2\!=\!CHX$　其取代基 X 的大小并不影响聚合反应的发生，例如乙烯基咔唑：

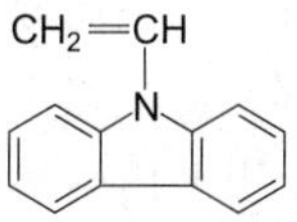

虽然取代基体积较大，但也能进行聚合反应。

② 1,1-二取代烯类单体　对于 1,1-二取代烯类单体 $CH_2\!=\!CXY$，虽然有两个取代基，体积增大，聚合时可产生较大空间障碍，但一般都能按取代基的性质进行相应机理的聚合，并且由于结构上的更不对称，极化程度增加，反而更容易聚合。单体的聚合能力和聚合类型与取代基给（或吸）电子性强弱有关，具体可分为以下几种情况：

a. 取代基吸电子能力较弱，如偏氯乙烯中的氯，两个氯吸电子作用的叠加，使单体更易聚合。

b. 取代基吸电子能力强，如偏二腈乙烯，两个腈基强吸电子作用使双键上电荷密度降低太多，从而使双键失去了与自由基加成的能力，只能阴离子聚合，而难自由基聚合。

c. 两个取代基都是给电子性，如异丁烯中的两个甲基，给电子作用的叠加，使异丁烯不能发生自由基聚合，而易于阳离子聚合。

d. 两个取代基中，一个是弱给电子性，另一个是强吸电子性，如甲基丙烯酸酯类，这类单体易发生自由基聚合反应。

但若取代基体积较大时，聚合不能进行。例如，1,1-二苯基乙烯只能形成二聚体：

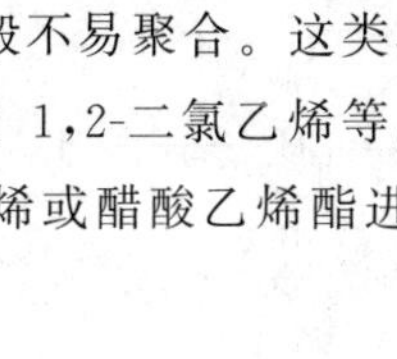

③ 1,2-二取代的烯类单体　对于 1,2-二取代的烯类单体 $XCH\!=\!CHY$，由于结构对称，极化程度低，加上空间位阻效应，一般不易聚合。这类单体一般难以均聚或只能形成二聚体或与其他烯类单体共聚，如马来酸酐、1,2-二氯乙烯等。虽然这类单体不易均聚，但有些单体很易共聚，如马来酸酐可以与苯乙烯或醋酸乙烯酯进行共聚，所得聚合物为交替共聚物，是悬浮聚合良好的分散剂。

④ 三取代和四取代乙烯　三取代和四取代乙烯由于空间位阻很大，一般都不能聚合，只有氟代乙烯是个特例，由于氟的原子半径较小（仅大于氢），不论氟代的数量和位置如何，均易聚合。

3.2　自由基聚合反应

自由基聚合（free radical polymerization）在高分子化学中占有极其重要的地位，是开发最早且研究最为透彻的一种聚合反应历程。60%以上的聚合物是通过自由基聚合得到的，如低密度聚乙烯、聚苯乙烯、聚氯乙烯、聚甲基丙烯酸甲酯、聚丙烯腈、聚醋酸乙烯、丁苯橡胶、丁腈橡胶、氯丁橡胶等。

凡是带有孤电子的原子、分子、离子或基团，都叫自由基。通过共价键均裂形成自由基，有两种可能途径：一种是通过含有弱键的不稳定分子的分解（如热、光或高能辐射），另一种是通过共价键的氧化-还原断裂。

3.2.1　自由基聚合反应机理

3.2.1.1　链引发

实现自由基聚合反应的首要条件是在聚合体系中产生自由基活性种，最常用的方法是在聚合体系中加入活化能较低的引发剂（initiator），其次是使用热、光和高能辐射等方法导致单体分解。大多数的自由基聚合反应都有引发剂的参与，引发时有下列两步反应：

① 引发剂 I 分解，形成初级自由基（primary radical），如常用的引发剂偶氮二异丁腈（azodiisobutyronitrile，AIBN）在加热的条件下发生均裂，生成初级自由基：

$$\underset{\substack{CH_3 \\ | \\ H_3C-C-N=N-C-CH_3 \\ | \qquad | \\ CN \qquad CN}}{\overset{CH_3}{}} \longrightarrow 2\ H_3C-\overset{CH_3}{\underset{CN}{C}}\cdot + N_2$$

该步反应的特点为：吸热反应，活化能高，约 $105\sim150kJ/mol$，反应速率小，分解速率常数约为 $10^{-6}\sim10^{-4}s^{-1}$。

② 初级自由基与单体加成，形成单体自由基，如上步生成的初级自由基与苯乙烯单体反应生成苯乙烯单体自由基：

$$H_3C-\overset{CH_3}{\underset{CN}{C}}\cdot + CH_2{=}CH{-}C_6H_5 \longrightarrow H_3C-\overset{CH_3}{\underset{CN}{C}}{-}CH_2{-}\overset{}{C}H{-}C_6H_5\cdot$$

该步反应为放热反应，活化能低，约 $20\sim34kJ/mol$，反应速率大，增长速率常数约 $10^2\sim10^4\ L/(mol\cdot s)$。

链引发必须包含这一步，因为一些副反应可以使初级自由基失活，并不参与单体自由基的形成，也就无法继续链增长。

3.2.1.2 链增长

在链引发阶段形成的单体自由基不断地和单体分子结合生成链自由基的过程，实际上是加成反应，如生成的苯乙烯单体自由基继续与苯乙烯单体加成：

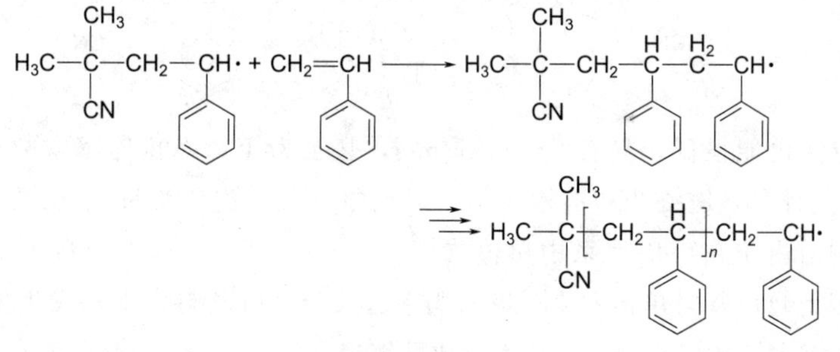

该步反应特征为放热反应，烯类单体聚合热约 $55\sim95kJ/mol$；增长活化能低，约 $20\sim34kJ/mol$，增长速率极高，增长速率常数约 $10^2\sim10^4\ L/(mol\cdot s)$，在 0.01 至几秒内，就可以使聚合度达到数千，甚至上万。

3.2.1.3 链终止

在一定条件下，链自由基失去活性形成稳定聚合物分子的反应称为链终止反应。终止反应有偶合终止和歧化终止两种方式。

两条链自由基的独电子相互结合成共价键的终止反应为偶合终止。偶合终止使得两个增长链变成一个"死"的聚合物链，终止后分子链的数目减少一半，聚合度则增加一倍。若以引发剂引发聚合，则"死"聚合物链的两个末端皆为引发剂残基。如苯乙烯链自由基发生偶合终止：

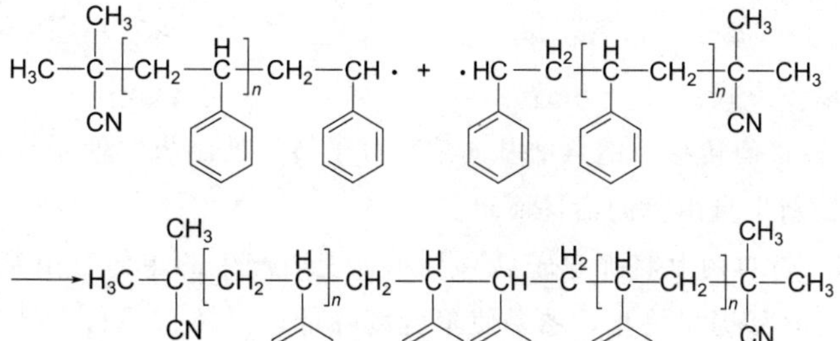

某链自由基夺取另一链自由基相邻碳原子上的氢原子或其他原子的终止反应为歧化终止。歧化终止前后分子链的数目和平均聚合度均未发生变化，每一个"死"聚合物只有一个引发剂残基作为末端。

终止方式的比例与单体种类及聚合条件相关，单体含有较活泼的质子则容易发生歧化终止，温度升高则歧化终止比例有所增加。例如，苯乙烯进行自由基聚合时，由于偶合终止的活化能较低，因此低温聚合有利于偶合终止，聚苯乙烯以偶合终止为主；当升高聚合温度后，歧化终止增多。

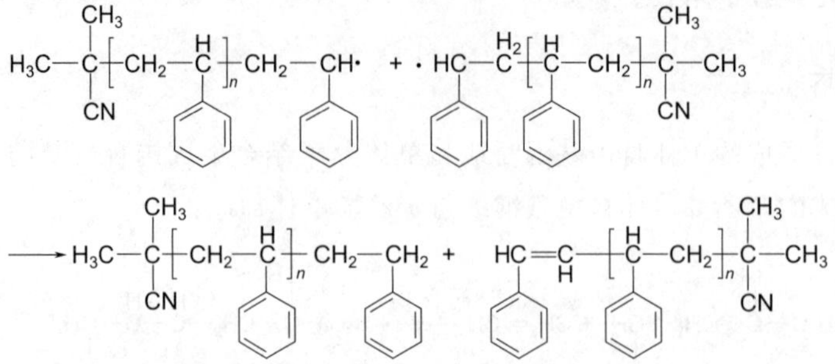

链终止反应活化能很低，只有 8～21kJ/mol，甚至为零；终止速率常数极高，约 10^4～10^6 L/(mol·s)。此外，链终止和链增长是一对竞争反应，主要受反应速率常数和反应物质浓度大小的影响。由于在反应体系中单体浓度（1～10mol/L）远大于自由基浓度（10^{-9}～10^{-7} mol/L），因此自由基与单体发生反应的概率远大于自由基与自由基发生反应的概率，使得链增长速率要远大于链终止速率，从而形成长链聚合物。

在链引发、链增长和链终止三步基元反应中，链引发速率最小，因此控制链引发速率为控制整个自由基聚合速率的关键。

3.2.1.4　链转移

在自由基聚合过程中，链自由基可以从其他分子上夺取一个原子而终止成为稳定的大分子，并使失去原子的分子又成为一个新的自由基，再引发单体继续新的链增长，使聚合反应继续下去。这种使链自由基发生自由基转移的物质称为链转移剂。如苯乙烯链自由基与链转移剂发生链转移反应：

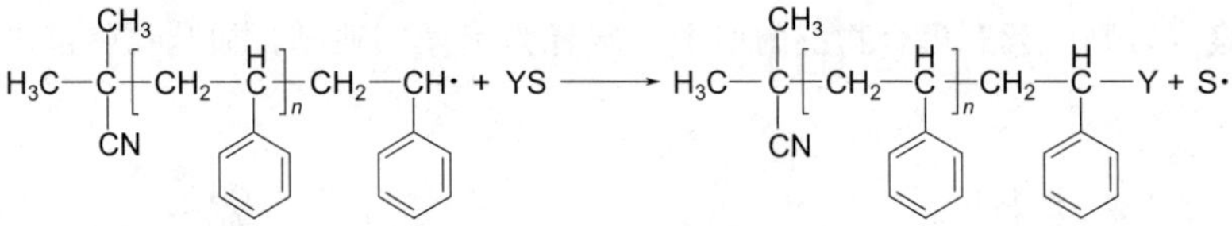

链转移反应有以下形式。

① 向溶剂或链转移剂转移　链自由基向溶剂分子转移的结果，使聚合度降低，聚合速率不变或稍有降低，视新生自由基的活性而定。

② 向单体转移　链自由基将孤电子转移到单体上，产生的单体自由基开始新的链增长，而链自由基本身因链转移提早终止，结果使聚合度降低，但转移后自由基数目并未减少，活性也未减弱，故聚合速率并不降低。向单体转移的速率与单体结构有关。如氯乙烯单体因 C—Cl 键能较弱而易于发生向单体的链转移。

③ 向引发剂转移（也称为引发剂的诱导分解）　链自由基向引发剂转移，自由基数目并无增减，只是损失了一个引发剂分子。结果是反应体系中自由基浓度不变，聚合物分子量降低，引发剂效率下降。

以上所有链自由基向低分子物质转移的结果，都使聚合物的分子量降低；若新生自由基的活性不衰减，则不降低聚合速率。

④ 向大分子转移　链自由基可能从已经终止的"死"大分子上夺取原子而转移。向大分

子转移一般发生在叔氢原子或氯原子上，结果使叔碳原子上带有独电子，形成大自由基，又进行链增长，形成支链高分子；或相互偶合成交联高分子。单体转化率高，聚合物浓度大时，容易发生这种转移。如：

支化：

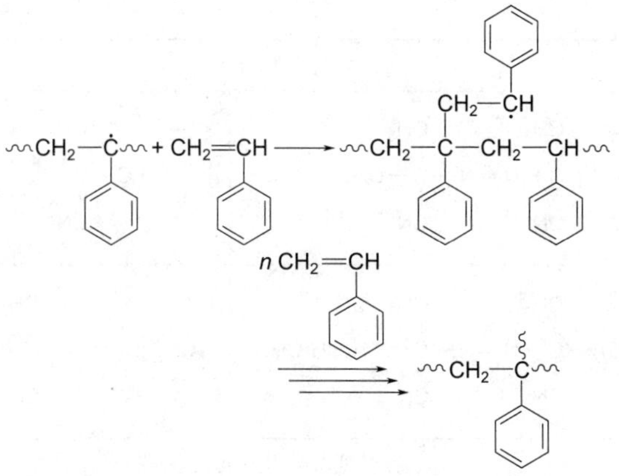

交联：

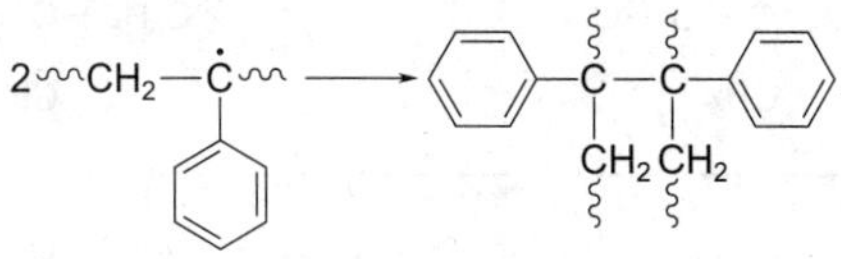

3.2.2 链引发反应

链引发是聚合反应的第一步基元反应，是控制整个聚合速率的关键，同时也是影响分子量的主要因素，因此，有必要对引发剂的分解动力学、引发剂效率及选择原则进一步了解。

3.2.2.1 引发剂种类

引发剂的分子结构上具有弱键，容易分解成自由基并使单体聚合，其弱键的离解能一般要求为 $100 \sim 170 \mathrm{kJ/mol}$。常用的引发剂有偶氮类引发剂、有机过氧类引发剂、无机过氧类引发剂和氧化-还原引发体系等。常用引发剂见表 3-1。

（1）偶氮类引发剂

此类引发剂的代表物为 AIBN。AIBN 一般在 $45 \sim 65 ℃$ 下使用，属于低活性引发剂。其特点是分解反应几乎全部为一级反应，只形成一种自由基，无诱导分解，分解时有 N_2 逸出。它分解后形成的异丁腈自由基是碳自由基，缺乏脱氢能力，故不能作接枝聚合的引发剂。

（2）有机过氧类引发剂

有机过氧类引发剂种类很多，发展最快的是高活性引发剂过氧化二碳酸酯类。代表物过氧化二苯甲酰（dibenzoyl peroxide，BPO）为最常用的过氧化类引发剂。BPO 中 O—O 键部分的电子云密度大而相互排斥，容易断裂，通常在 $60 \sim 80 ℃$ 分解。BPO 按两步分解。第一步均裂成苯甲酸基自由基，有单体存在时引发聚合；无单体存在时则进一步分解成苯基自由基，

并析出 CO_2，但分解不完全。

表 3-1　常用引发剂的结构式和分解活化能

引发剂种类	英文缩写	结构式	初级自由基	分解活化能/(kJ/mol)	温度/℃ $t_{1/2}=$ 1h	温度/℃ $t_{1/2}=$ 10h
偶氮类引发剂						
偶氮二异丁腈	AIBN	$H_3C-\underset{\underset{CN}{\vert}}{\overset{\overset{CH_3}{\vert}}{C}}-N=N-\underset{\underset{CN}{\vert}}{\overset{\overset{CH_3}{\vert}}{C}}-CH_3$	$H_3C-\underset{\underset{CN}{\vert}}{\overset{\overset{CH_3}{\vert}}{C}}\cdot$	128.4	79	59
偶氮二异庚腈	ABVN	$H_2CHC(H_3C)_2-\underset{\underset{CN}{\vert}}{\overset{\overset{CH_3}{\vert}}{C}}-N=N-\underset{\underset{CN}{\vert}}{\overset{\overset{CH_3}{\vert}}{C}}-CH_2CH(CH_3)_2$	$(CH_3)_2CHCH_2-\underset{\underset{CN}{\vert}}{\overset{\overset{CH_3}{\vert}}{C}}\cdot$	121.3	64	47
有机过氧类引发剂						
异丙苯过氧化氢	CHP	$C_6H_5-\underset{\underset{CH_3}{\vert}}{\overset{\overset{CH_3}{\vert}}{C}}-O-OH$	$C_6H_5-\underset{\underset{CH_3}{\vert}}{\overset{\overset{CH_3}{\vert}}{C}}-O\cdot$	170	193	159
过氧化二苯甲酰	BPO	$C_6H_5-\overset{\overset{O}{\Vert}}{C}-O-O-\overset{\overset{O}{\Vert}}{C}-C_6H_5$	$C_6H_5-\overset{\overset{O}{\Vert}}{C}-O\cdot$	124.3	92	71
过氧化十二酰	LPO	$H_2C(H_2C)_9H_3C-\overset{\overset{O}{\Vert}}{C}-O-O-\overset{\overset{O}{\Vert}}{C}-CH_2(CH_2)_9CH_3$	$H_2C(H_2C)_9H_3C-\overset{\overset{O}{\Vert}}{C}-O\cdot$	127.2	80	62
无机过氧类引发剂						
过硫酸钾		$KO-\overset{\overset{O}{\Vert}}{\underset{\underset{O}{\Vert}}{S}}-O-O-\overset{\overset{O}{\Vert}}{\underset{\underset{O}{\Vert}}{S}}-OK$	$KO-\overset{\overset{O}{\Vert}}{\underset{\underset{O}{\Vert}}{S}}-O\cdot$	140.2		

（3）无机过氧类引发剂

无机过硫酸盐，如过硫酸钾（$K_2S_2O_8$）和（NH_4)$_2S_2O_8$，这类引发剂能溶于水，多用于乳液聚合和水溶液聚合。分解产物 $SO_4^-\cdot$ 既是离子，又是自由基，称为自由基离子。

（4）氧化-还原引发体系

很多氧化-还原反应可以产生自由基，用来引发聚合。这类引发剂称为氧化-还原引发体系。通过氧化-还原反应可使自由基的反应活化能降低，所以，其优点是可以在低温下引发聚合，并且获得较高的引发剂分解速率及聚合速率，缺点是引发效率低。活化能较低（约 40～60kJ/mol），可在较低温度（0～50℃）下引发聚合，具有较快的聚合速率，多用于乳液聚合。

a.水溶性氧化-还原引发体系　氧化剂有过氧化氢、过硫酸盐、氢过氧化物等；还原剂有无机还原剂（Fe^{2+}、Cu^+、$NaHSO_3$、NaS_2O_3 等）和有机还原剂（醇、胺、草酸等）。

$$HO—OH + Fe^{2+} \longrightarrow OH^- + HO \cdot + Fe^{3+}$$

$$S_2O_8^{2-} + Fe^{2+} \longrightarrow SO_4^{2-} + SO_4^- \cdot + Fe^{3+}$$

$$RO—OH + Fe^{2+} \longrightarrow OH^- + RO \cdot + Fe^{3+}$$

若还原剂过量，将进一步与自由基反应，活性消失：

$$HO \cdot + Fe^{2+} \longrightarrow HO^- + Fe^{3+}$$

b. 油溶性氧化-还原引发体系　氧化剂包括氢过氧化物、过氧化二烷基、过氧化二酰基（难溶于水的有机过氧化物）；还原剂为叔胺、环烷酸盐、硫醇、有机金属化合物〔$Al(C_2H_5)_3$、$B(C_2H_5)_3$ 等〕。如 BPO 与 N,N-二甲基苯胺引发体系较单纯的 BPO 引发剂具有大得多的分解速率常数。

3.2.2.2　引发剂分解动力学

链引发反应速率主要由引发剂分解速率所控制，因此必须了解引发剂分解速率与其浓度、时间、温度之间的关系。引发剂分解动力学研究引发剂浓度与时间、温度间的定量关系，分解速率常数及半衰期。

（1）分解速率常数

引发剂分解属于一级反应，分解速率 R_d 与引发剂浓度 [I] 的一次方成正比，微分式如下：

$$R_d = -\frac{d[I]}{dt} = k_d[I] \tag{3-1}$$

式中，k_d 为分解速率常数，s^{-1}；[I] 为引发剂浓度，mol/L。

（2）半衰期

对于一级反应，常用半衰期来衡量反应速率大小，即引发剂的活性。半衰期指引发剂分解至起始浓度一半所需的时间，以 $t_{1/2}$ 表示，单位通常为 h^{-1}。

将式（3-1）积分，得引发剂浓度随时间变化的定量关系：

$$\ln \frac{[I]}{[I]_0} = -k_d t \tag{3-2}$$

式中，$[I]_0$ 和 [I] 分别是引发剂的起始浓度和时间为 t 时的引发剂浓度，mol/L。

令 $[I] = [I]_0/2$，代入式（3-2）得：

$$t_{1/2} = \frac{\ln 2}{k_d} = \frac{0.693}{k_d} \tag{3-3}$$

上式表明半衰期仅与分解速率常数有关，与引发剂起始浓度无关。分解速率常数越大，半衰期越短，引发剂活性越高；反之，分解速率越小，半衰期越长，引发剂活性越小。

（3）引发剂效率

引发剂分解后，多数情况下只有部分用来引发单体聚合，还有一部分引发剂由于诱导分解和/或笼蔽效应伴随的副反应而损耗，因此，需引入引发剂效率的概念。引发剂效率（f）指参与引发聚合的引发剂占引发剂分解或消耗总量的分率。

① 诱导分解　由于自由基很活泼，在聚合体系中，有可能与引发剂发生反应，尤其是过氧化合物引发剂。这类自由基向引发剂的转移反应，称为诱导分解。

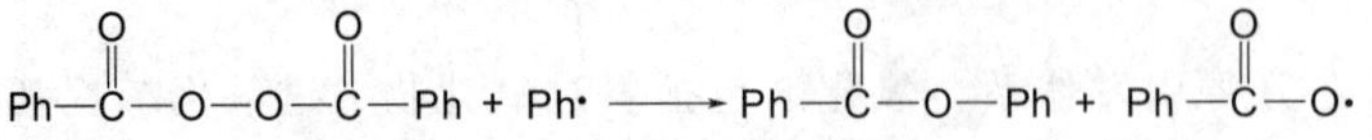

自由基向引发剂转移的结果是原自由基生成一个稳定分子，另产生了一个新的自由基，自由基数没有增减，但白白消耗一引发剂分子，使得引发剂效率降低。

② 笼蔽效应及其伴随的副反应　笼蔽效应指引发剂分解产生的初级自由基再结合，形成稳定分子，使引发剂效率降低的现象。由于聚合体系中引发剂浓度很低，当有溶剂存在时，引发剂分解产生的一对自由基可以看作处于溶剂分子的包围，像在"笼子"里一样，而笼子内单体浓度很低，只有当自由基扩散并冲出"笼子"后，才能引发单体聚合。自由基的平均寿命很短，约 $10^{-11} \sim 10^{-9}$ s，如来不及从"笼子"里扩散出来，则"笼子"里的自由基之间再结合，形成稳定分子，徒然消耗引发剂。如果体系中不存在溶剂，只有单体和引发剂，引发剂分解产生的一对初级自由基处于单体"笼子"包围中，若初级自由基在扩散到足够远的距离之前再结合，形成稳定分子，其结果同样降低引发剂效率。

AIBN 分解产生的异丁腈自由基的再结合反应：

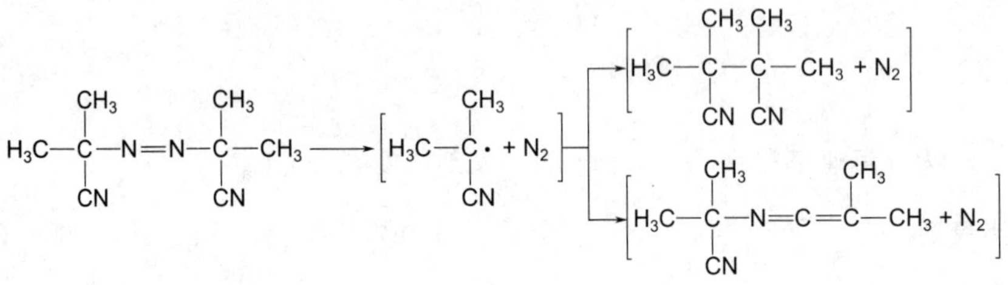

引发剂效率是一个经验参数，与引发剂本身、单体活性及浓度、溶剂、温度等因素有关，包括：

a. 引发剂本身的影响　偶氮类引发剂（如 AIBN）一般无诱导分解，而过氧类引发剂（如 BPO）易发生诱导分解。

b. 单体活性及浓度的影响　若单体的活性较低，对自由基的捕捉能力较弱，为诱导分解创造条件，则引发剂效率低。当单体浓度（$10^{-1} \sim 10$ mol/L）比自由基浓度（$10^{-9} \sim 10^{-7}$ mol/L）大得多时，引发剂自由基一旦逸出笼外，与单体的反应将占优势；但当单体浓度较低时，f 值随单体浓度的增加而迅速增大，达到定值。

c. 溶剂的影响　有溶剂存在时，可能发生向溶剂的链转移反应而使 f 值降低；溶剂黏度增大时，f 值降低。

3.2.2.3 引发剂的合理选择

除了考虑原料来源、运输、储存安全、毒性外，还要考虑以下几点。

a.首先根据聚合方法选择引发剂的溶解性类型。本体、悬浮和溶液聚合选用油溶性引发剂，如偶氮类和过氧类油溶性有机引发剂，也可以选择油溶性的氧化还原引发体系；乳液聚合和水溶液聚合选用过硫酸盐一类水溶性引发剂或氧化-还原引发体系。

b.根据聚合温度选择活化能或半衰期适当的引发剂，使自由基形成速率和聚合速率适中。在实际聚合研究和工业生产中，一般应选择半衰期与聚合时间同数量级或相当的引发剂。

c.在选用引发剂时，还需考虑引发剂对聚合物有无影响，有无毒性，使用储存时是否安全等问题。如：过氧类引发剂合成的聚合物容易变色而不能用于有机玻璃等光学高分子材料的合成；偶氮类引发剂稳定性好，储存、运输、使用均比较安全，但是有毒而不能用于医药、食品有关的聚合物合成。

d.引发剂的用量一般通过试验确定。引发剂的用量大约为单体质量（或物质的量）的 $0.1\% \sim 2\%$。

3.2.2.4 其他引发方式

（1）热引发聚合

不加引发剂，有些烯类单体在热的作用下进行聚合，称为热引发聚合。苯乙烯的热聚合已工业化，但尚不成熟。由于可能存在热聚合反应，市售烯类单体一般要加阻聚剂；纯化后的单体要置于冰箱中保存。

（2）光引发聚合

过氧化物和偶氮化合物可以热分解产生自由基，也可以在光照条件下分解产生自由基，成为光引发剂。除过氧化物和偶氮化合物外，二硫化物、安息香酸和二苯基乙二酮等也是常用的光引发剂。

$$RSSR \xrightarrow{h\nu} 2RS\cdot$$

二硫化物

$$Ph-\underset{O}{\overset{O}{C}}-\underset{O}{\overset{O}{C}}-Ph \xrightarrow{h\nu} 2\ Ph-\underset{O}{\overset{O}{C}}\cdot$$

二苯基乙二酮

$$Ph-\underset{O}{\overset{O}{C}}-\underset{OH}{\overset{}{C}}H-Ph \xrightarrow{h\nu} Ph-\underset{O}{\overset{O}{C}}\cdot + \cdot\underset{OH}{\overset{}{C}}H-Ph$$

安息香酸

此外，一些含有光敏基团的单体，如丙烯酰胺、丙烯腈、丙烯酸（酯）、苯乙烯等，能直接受光照进行聚合。其机理一般认为是单体吸收一定波长的光量子后成为激发态，再分解成自由基引发聚合。

（3）辐射聚合

以高能辐射线，如 α 射线、β 射线、γ 射线、X 射线等引发单体聚合，称为辐射聚合。

3.2.3 自由基聚合动力学

自由基聚合动力学主要描述反应速率和聚合物分子量与引发剂浓度、单体浓度、聚合温度等变量之间的关系。有关高分子分子量的概念和测试方法已在第 2 章有介绍，在此首先讲解一下聚合速率的概念和测试方法。

自由基聚合中，转变为聚合物的单体占单体总量的百分率即为转化率，而聚合速率指单位时间内消耗的单体量或生成的聚合物量，单位时间内的单体转化率越高，则聚合速率越大。能测定未反应单体量或生成聚合物量的方法，均可被用来测定聚合速率。

（1）直接法

加入沉淀剂使聚合物沉淀，或蒸馏出单体，使聚合反应终止，然后经分离、精制、干燥、称重等程序，求出聚合物的质量。

（2）间接法

测定聚合过程中比体积、黏度、折射率、吸收光谱等物理性质的变化，间接求出聚合物量，从而可得到聚合速率。最常用的是比体积的测定——膨胀计法。

膨胀计法：随着聚合反应发生，分子间形成了共价键。虽然从 π 键转变为 σ 键，键长有所增加，但比未成键前，单体分子间距离要短得多。因此，随聚合反应进行，体系体积出现收缩。当一定量单体聚合时，实验证明体系体积收缩与单体转化率成正比，所以测定不同聚合时间的体积，可以推算聚合速率。

3.2.3.1 自由基聚合过程

自由基聚合过程一般存在诱导期、初期、中期和后期。苯乙烯、甲基丙烯酸甲酯等单体在本体聚合时的单体转化率-时间曲线一般呈 S 形，如图 3-2 所示，不同时期聚合速率的特征：

诱导期：体系中存在一些具有阻聚或缓聚作用的杂质，初级自由基和这些杂质反应而终止，表观上无聚合物形成，聚合速率为零。如除净阻聚杂质，可以做到无诱导期。

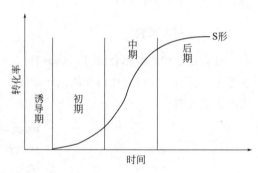

图 3-2　转化率-时间曲线

初期：单体开始正常聚合时期，通常将转化率在 5％～10％以下（聚合研究时）或 10％～20％（工业上）以下的阶段称作初期；在这一阶段，转化率与时间近似呈线性关系，聚合以恒速进行，因此，这一阶段适合进行聚合微观动力学和机理的研究。

中期：在转化率达 10％～20％以后，聚合速率逐渐增加，出现了自动加速现象，直至转化率达 50％～70％，聚合速率才逐渐减慢。这一阶段称为中期。

后期：自动加速现象出现后，聚合速率逐渐减慢，直至结束，转化率可达 90％～100％。

3.2.3.2 自由基聚合过程

聚合动力学主要研究初期（通常转化率在 5％～10％以下）聚合速率与引发剂浓度、单体浓度、温度等参数间的定量关系。链引发、链增长和链终止对总聚合速率均有所贡献，链转移反应一般不影响聚合速率。

引发剂分解成初级自由基，初级自由基同单体加成形成单体自由基。由于引发剂分解为吸热反应，活化能高，生成单体自由基的反应为放热反应，活化能低，单体自由基的生成速率远大于引发剂分解速率，因此，引发速率一般仅决定于初级自由基的生成速率，而与单体浓度无关。

在聚合动力学推导过程中，通常需要做以下四个假设：

① 在链增长过程中，假设链自由基的活性与链长基本无关，各步速率常数相等，即等活性理论；

② 在链终止过程中，忽略链转移反应，终止方式为双基终止，即链转移无影响假设；

③ 假设在聚合过程中，链增长的过程并不改变自由基的浓度，链引发和链终止这两个相反的过程在某一时刻达到平衡，体系处于"稳定状态"，或者说引发速率和终止速率相等，构成动态平衡，即做稳态处理；

④ 在自由基聚合的三步主要基元反应中，链引发和链增长这两步都消耗单体，对于高分子聚合度很大，用于引发的单体远远少于增长消耗的单体，可以忽略不计，聚合总速率就等于链增长速率。

通过以上四个假设，经过推导，可得总聚合速率的普适方程（适合于引发剂、光、热和辐射等不同作用引发的聚合反应）：

$$R_p = k[M][I]^{1/2} \tag{3-4}$$

式中，k 为总速率常数；$[M]$ 和 $[I]$ 分别为单体和引发剂浓度。

可以看到，一般情况下，聚合总速率随单体浓度以及引发剂浓度的变化而变化，且聚合速率与单体浓度呈一级关系。而影响聚合速率常数的因素包括温度和压力，一般来说，聚合速率常数 k_p 随温度升高而增大。但温度升高也可使聚合反应的逆反应——解聚反应的速率增大，并且其增大速率比 k_p 更快。此外，在一定温度下，反应速率常数与压力 P 也有一定的关系。一般聚合反应多为体积减小的反应，因此 k_p 随 P 的增大而增大。其次，体系的 P 增大还会导致体系黏度的增大，从而产生自动加速作用，使聚合反应速率和产物分子量都增大。

从式（3-4）可看出，聚合总速率与引发剂浓度平方根、单体浓度一次方根成正比，因此，随聚合速率增加，单体浓度和引发剂浓度下降，聚合总速率理应降低；但达到一定转化率（如 15%～20%）后，聚合体系出现自动加速现象，直到后期，聚合速率才逐渐减慢（图3-3）。

自动加速现象指当转化率达到一定值时，因体系黏度增加而引起的聚合速率迅速增大的现象，又称为凝胶效应。自动加速现象产生的原因可用链终止反应受扩散控制所致来解释。

链自由基的双基终止过程可分为三步：①链自由基的平移；②链段重排，使活性中心靠近；③双基相互反应而使链终止。当转化率达到一定值后（如 15%～20%），链段重排受到障碍，活性末端甚至可能被包埋，双基终止困难，终止速率常数 k_t 显著下降，转化率达40%～50%时，k_t 可降低至原先 1/100 以下；而在这一阶段转化率下，体系黏度对单体的扩散影响较小，增长速率常数 k_p 变化不大，因此，自动加速显著，且分子量也同时迅速增加。

随着转化率继续增大，体系黏度增加，单体浓度下降，体系黏度对单体的活动影响显著，增长反应也受到扩散控制，这时不仅 k_t 继续下降，k_p 也开始变小，聚合总速率降低，甚至聚合反应停止；通过升高温度，可使聚合趋向更完全。

链自由基卷曲、包埋的程度以及聚合速率的大小受聚合物在单体或溶剂中溶解性能的好坏的影响。通常，自动加速现象在良溶剂中较少出现，在非溶剂（沉淀剂）中出现得早、显著，在不良溶剂中自动加速现象介于以上两种情况（图3-4）。

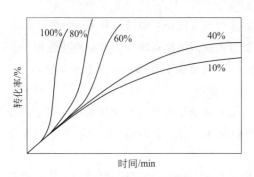

图 3-3　MMA 溶液聚合的
转化率-时间曲线（曲线上
数字表示 MMA 的浓度）

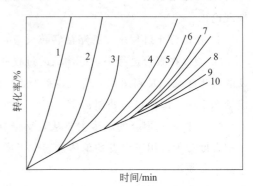

图 3-4　溶剂对 MMA 聚合时自动
加速效应的影响（1～3 采用非溶剂；
4～7 采用不良溶剂；8～10 采用良溶剂）

3.2.4　分子量

分子量是表征聚合物的重要指标，聚合速率和分子量随引发剂浓度、聚合温度等因素的改变而变化的规律相反。例如，增加引发剂的浓度以及提高聚合温度通常会提高聚合速率，但是将导致分子量的下降。

链转移反应也是影响分子量的一个重要因素。自由基聚合过程中，链自由基除了进行链增长反应外，还可从其他分子夺取一个原子而失去活性生成高分子链，失去原子的分子生成一个新的自由基再引发单体聚合。

$$\text{\textasciitilde}M \cdot + X \qquad P + X \cdot$$
$$X \cdot + M \xrightarrow{k_a} M \cdot \xrightarrow{\quad M \quad} \text{聚合}$$

链转移的结果是原来的自由基终止，聚合度下降；新形成的自由基如有足够的活性，可以再引发体系中的单体分子反应，继续链增长。活性链分别向单体、引发剂、溶剂等低分子物质发生链转移时，聚合度降低。

3.2.5　阻聚和缓聚

阻聚剂（inhibitor）指能与链自由基反应生成非自由基或不能引发单体聚合的低活性自由基而使聚合反应完全停止的化合物。

缓聚剂（retarding agents）指能使聚合反应速率减慢的化合物。

当体系中存在阻聚剂时，在聚合反应开始以后（引发剂开始分解），并不能马上引发单体聚合，必须在体系中的阻聚剂全部消耗完后，聚合反应才会正常进行。即从引发剂开始分解到单体开始转化存在一个时间间隔，称诱导期（induction period，t_i）。

阻聚剂会导致聚合反应存在诱导期，但在诱导期过后，不会改变聚合速率。缓聚剂并不会使聚合反应完全停止，不会导致诱导期，只会减慢聚合反应速率。但有些化合物兼有阻聚作用与缓聚作用，即在一定的反应阶段充当阻聚剂，产生诱导期，反应一段时间后其阻聚作用消失，转而成为缓聚剂，使聚合反应速率减慢（图3-5）。

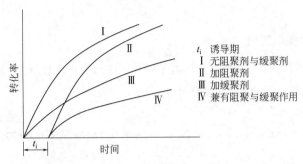

图 3-5　阻聚剂与缓聚剂对自由基聚合的作用

常见的阻聚剂有以下几种类型。

（1）加成型阻聚剂

包括氧、苯醌、芳族硝基化合物等，它们与链自由基快速加成，使之转化为活性低的自由基，从而起到阻聚或缓聚的作用。例如，氧的阻聚作用：

$$R\cdot + O_2 \longrightarrow R-O-O\cdot \quad \text{（低活性）}$$

$$\begin{array}{c} \xrightarrow{RH} \\ R\cdot \end{array} \quad ROOH \xrightarrow{\text{高温}} RO\cdot + \cdot OH$$

$$ROOR \xrightarrow{\text{高温}} 2RO\cdot$$

$$\xrightarrow{\text{引发聚合}}$$

又如，苯醌：

$$\text{~~CH}_2-\overset{\cdot}{\text{C}}\text{HR} + O=\!\!\!\!\bigcirc\!\!\!\!=O \longrightarrow \text{~~} \overset{H_2}{C}-\overset{HR}{C}-O-\bigcirc-O\cdot$$

苯醌

（2）链转移型阻聚剂

如1,1-二苯基-2-三硝基苯肼（DPPH）、苯酚、苯胺等。这些含活泼氢的芳仲胺和酚类，其活泼氢易被自由基夺去，而本身则生成因苯环共振作用稳定化的自由基，该自由基不能引发聚合，而与其他自由基发生终止反应。如芳胺类阻聚剂：

$$M_n\cdot + \overset{H}{\underset{}{\text{naphthyl-N-phenyl}}} \longrightarrow M_nH + \overset{\cdot}{\underset{}{\text{naphthyl-N-phenyl}}}$$

稳定自由基

酚类：

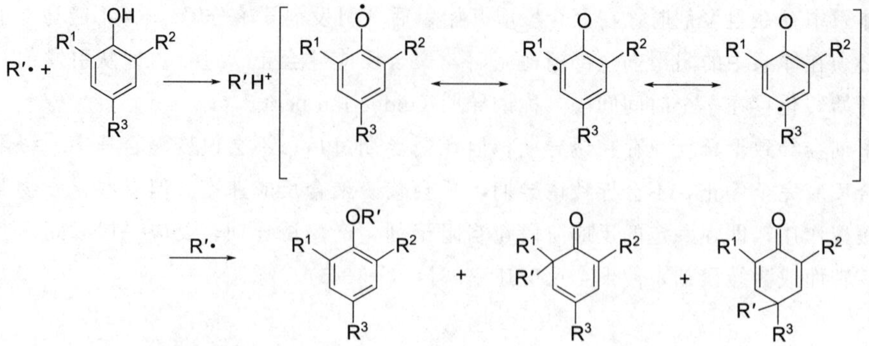

（3）变价金属盐类阻聚剂

一些变价金属盐可与自由基之间发生电子转移反应（氧化还原反应），将自由基转化为非自由基，使之失去活性，阻止或减慢聚合反应。如：

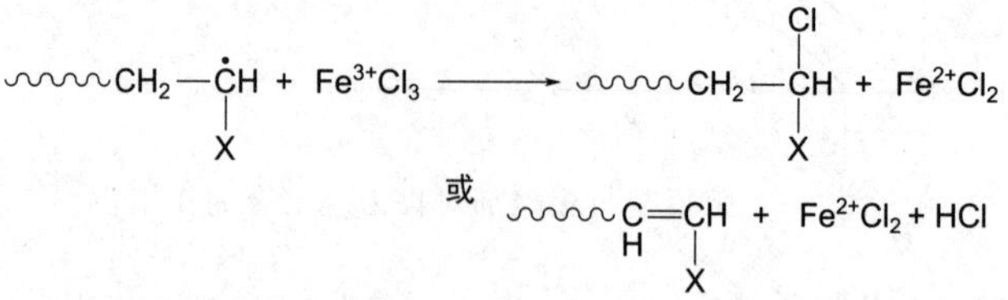

（4）烯丙基单体（$CH_2 = CH—CH_2Y$）的自阻聚作用

在自由基聚合中，烯丙基单体的聚合速率很低，并且往往只能得到低聚物，这是因为自由基与烯丙基单体反应时，存在加成和转移两个竞争反应：

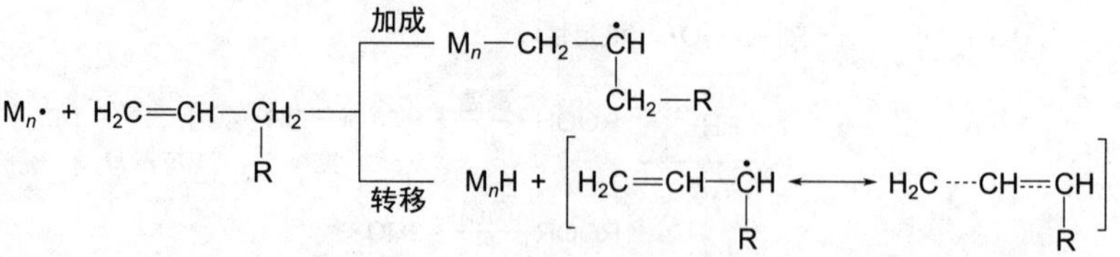

其中，单体活性不高且加成反应生成的链自由基是二级碳自由基，不稳定，不利于加成；链转移生成的烯丙基自由基很稳定，不能引发单体聚合，只能与其他自由基终止，起缓聚或阻聚作用。但是如果双键上有吸电子取代基，如甲基丙烯酸甲酯、丙烯腈等，由于生成的链自由基有酯基和氰基的吸电子作用而稳定化，降低了链转移活性，其次取代基的吸电子作用，使单体双键上的电子云密度降低，更易接受链自由基的进攻，即更易进行加成反应，因而这些单体容易得到高分子量的聚合产物。

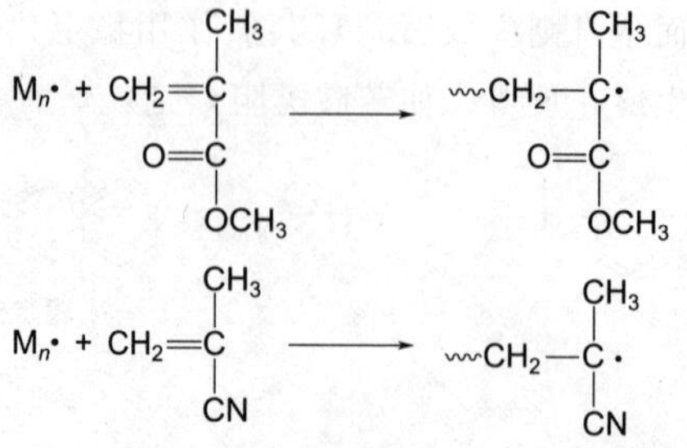

3.3 自由基共聚合

3.3.1 概述

共聚反应是由多种单体参与的、在同一高分子链上形成多种重复结构单元的聚合反应，共聚物则是含有多种重复结构单元的聚合物。共聚合这一名称主要用于链式聚合。共聚物按照组成的单体数可分为二元共聚物、三元共聚物和多元共聚物。共聚反应研究较为成熟且应用最为广泛的是自由基共聚，此外也有少数共聚采用离子共聚和配位共聚等。

共聚物的类型及结构参见 2.2.1.3。共聚物的命名原则是将两单体名称以短横线相连，前面冠以"聚"字，如聚丁二烯-苯乙烯，或称为丁二烯-苯乙烯共聚物。国际命名法中常在两单体之间插入-*co*-、-*alt*-、-*b*-、-*g*-分别代表无规、交替、嵌段、接枝。无规共聚物名称中，放在前面的单体为主单体，后为第二单体；嵌段共聚物名称中的前后单体代表聚合的次序；接枝共聚物名称中，前面的单体为主链，后面的单体为支链，如氯乙烯-*co*-醋酸乙烯酯共聚物、丙烯-*g*-丙烯酸共聚物。

研究共聚合反应在理论和实际应用上都具有重要的意义。通过共聚合，可以增加聚合物的种类，扩大单体的应用范围，如马来酸酐和1,2-二苯基乙烯都不能形成均聚物，但是当以1:1的比例进行交替共聚时，可得到新型聚合物。此外，利用共聚可对现存聚合物进行改性，通过共聚合，改变聚合物结构，可改进聚合物诸多性能，如力学性能、热性能、染色性、表面性质等。

除单体种类及数量外，单体的排列方式同样对共聚物性能有巨大的影响，以苯乙烯-丁二烯共聚物为例，普通聚苯乙烯（PS）是用途广泛的通用塑料，具有良好的电绝缘性、化学稳定性、光学性质以及加工性能，但均聚物性质较脆，抗冲击强度低，实际应用中难以满足需求，因此其大部分作为共聚物使用。

无规共聚：

$$—S—B—B—S—B—S—S—B—B—S—B—\text{：SBR}$$

接枝共聚：

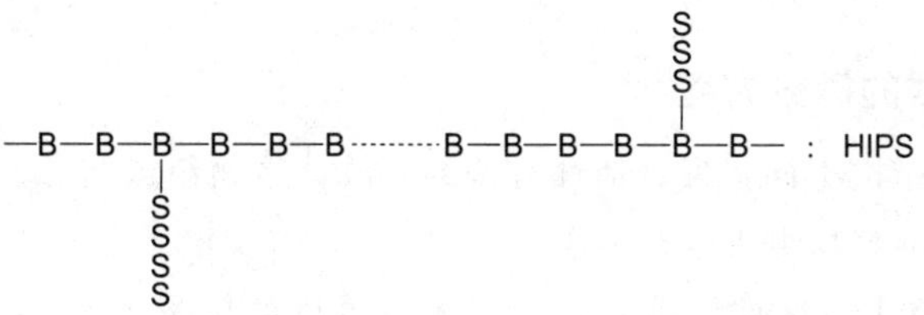

$$
\begin{array}{c}
\begin{matrix}S\\S\\S\end{matrix}\\
—B—B—B—B—B—B\cdots\cdots—B—B—B—B—B—B— \text{ : HIPS}\\
\begin{matrix}S\\S\\S\\S\end{matrix}
\end{array}
$$

嵌段共聚：

$$—S—S—S—B—B—B—S—S—S—S—\text{：SBS热塑性弹性体}$$

式中，S为苯乙烯；B为丁二烯。

在苯乙烯聚合体系中加入聚丁二烯（PB），使苯乙烯在聚丁二烯主链上接枝共聚合，由于 PS 与 PB 不相容，苯乙烯与丁二烯链段分别聚集，产生相分离，形成"海岛"结构（图 3-6）。PB 微相可吸收冲击能，提高了 PS 的抗冲击强度，形成高抗冲聚苯乙烯（high-impact polystyrene，HIPS）。

如将苯乙烯与丁二烯进行乳液自由基共聚，可得到无规共聚物——丁苯橡胶（styrene-butadiene rubber，SBR，合成橡胶的第一大品种）。丁苯橡胶的抗张强度接近于天然橡胶，耐候性能优于天然橡胶，广泛用于制造轮胎、地板、鞋底、衣料织物和电绝缘体。

如苯乙烯与丁二烯合成三元嵌段共聚物（styrene-butadiene-styrene copolymer，SBS），则得到一种新型的热塑性弹性体，具有弹性高、抗张强度高、不易变形、低温性能好等优点，可制成电缆及非轮胎橡胶制品。

将苯乙烯和丙烯腈加入聚丁二烯乳液中进行接枝共聚，可制得三元共聚物 ABS 树脂（图 3-7）。ABS 树脂是综合性能非常优异的工程塑料，其高强度是因为丙烯腈上的腈基有很强的极性，会相互聚集将 ABS 分子链紧密结合在一起。同时，具有橡胶性能的 PB 使 ABS 具有良好的韧性和耐寒性。ABS 广泛应用于汽车、飞机零部件及机电外壳等。

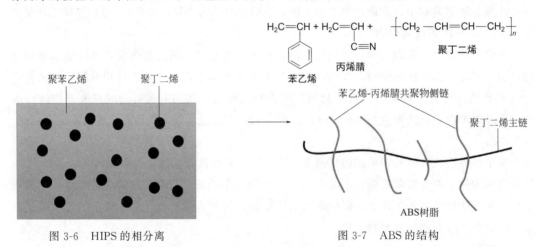

图 3-6　HIPS 的相分离　　　　　　　图 3-7　ABS 的结构

聚甲基丙烯酸甲酯（PMMA）具有良好的光学性质，并且具有较高的抗冲击强度，但其熔融黏度大、流动性差，加工成型较困难。当苯乙烯与之共聚后，可显著改善其流动性能和加工性能，成为用途广泛的塑料。

3.3.2　共聚物组成的微分方程

两种单体的化学结构不同，聚合活性有差异，故共聚物组成与原料单体组成往往不同。聚合中，先后生成的共聚物组成也不一致。

1944 年，Mayo 和 Lewis 推导出共聚物组成与单体的定量关系。二元共聚产物的组成（单体单元的含量）与单体组成及单体相对活性之间的关系可从动力学上进行推导。共聚反应的机理与均聚反应基本相同，同样包括链引发、链增长、链终止和链转移等基元反应。因此，在动力学推导时，需要做与均聚反应相似的假设：

①"等活性假定"。活性中心的反应活性与链的长短无关，也与前末端单体单元无关，仅

取决于末端单体单元。

②聚合产物分子量很大，即单体仅消耗于链增长反应，因此共聚物的组成仅由链增长反应决定。

③无降解反应，即反应为不可逆聚合。

④假设共聚反应是一个稳态过程，即总的活性中心的浓度［$M_1 \cdot + M_2 \cdot$］恒定，［$M_1 \cdot$］和［$M_2 \cdot$］的消耗速率等于［$M_1 \cdot$］和［$M_2 \cdot$］的生成速率，并且 $M_1 \cdot$ 转变为 $M_2 \cdot$ 的速率等于 $M_2 \cdot$ 转变为 $M_1 \cdot$ 的速率。

通过以上假设，经过推导可得共聚合方程：

$$\frac{d[M_1]}{d[M_2]} = \frac{[M_1](r_1[M_1]+[M_2])}{[M_2](r_2[M_2]+[M_1])} \tag{3-5}$$

式中，r_1 为单体 M_1 与活性中心 $M_1 \cdot$ 及 $M_2 \cdot$ 反应的速率常数之比；r_2 为单体 M_2 与活性中心 $M_2 \cdot$ 及 $M_1 \cdot$ 反应的速率常数之比，分别称为 M_1 和 M_2 的竞聚率。

竞聚率表示以活性中心为末端的增长链加成本身单体与加成另一单体的反应能力之比，即表征了单体自聚能力与共聚能力之比，是影响共聚物组成与原料单体混合物组成之间定量关系的重要因素。

$r_1 = 0$，表示 M_1 的均聚反应速率常数为 0，不能进行自聚反应，$M_1 \cdot$ 只能与 M_2 反应。

$r_1 > 1$，表示 $M_1 \cdot$ 优先与 M_1 反应发生链增长。

$r_1 < 1$，表示 $M_1 \cdot$ 优先与 M_2 反应发生链增长。

$r_1 = 1$，表示当两单体浓度相等时，$M_1 \cdot$ 与 M_1 和 M_2 反应发生链增长的概率相等。

$r_1 = \infty$，表示 $M_1 \cdot$ 只会与 M_1 发生均聚反应，不会发生共聚反应。

共聚合方程式（3-5）表明某一瞬间所得共聚产物的组成对竞聚率的依赖关系，叫作共聚物组成微分方程。也可采用摩尔分数表示两单体的投料比，设 f_1、f_2 分别为原料单体 M_1、M_2 的摩尔分数，F_1、F_2 分别为聚合过程中某一瞬间共聚物中两单体单元结构含量的摩尔分数，则

$$f_1 = 1 - f_2 = [M_1]/([M_1]+[M_2])$$
$$F_1 = 1 - F_2 = d[M_1]/(d[M_1]+d[M_2])$$

代入式（3-5），得到以摩尔分数表示的共聚物组成微分方程：

$$F_1 = \frac{r_1 f_1^2 + f_1 f_2}{r_1 f_1^2 + 2f_1 f_2 + r_2 f_2^2} \tag{3-6}$$

3.3.3 影响竞聚率的因素

3.3.3.1 温度、压力

竞聚率 r_1 随温度变化的大小主要取决于 $M_1 \cdot$ 与单体 M_1（E_{11}）以及与单体 M_2（E_{12}）反应的活化能之差的大小，由于 E_{12} 和 E_{11} 本身就小，两者的差值更小，一般小于 10kJ/mol，因此，竞聚率随温度变化较小，对温度变化不敏感；另外，竞聚率对压力的变化也不敏感。

3.3.3.2 反应介质

黏度：在不同黏度的反应介质中，两单体的扩散性质可能不同，从而导致 k_{11} 和 k_{12} 的变化不同而改变 r 值。

pH 值：酸性单体或碱性单体的聚合反应速率与体系 pH 值有关，如丙烯酸与苯乙烯共聚时，丙烯酸会以离解型和非离解型两种反应活性不同的形式平衡存在，pH 值不同会导致平衡状态的改变，r 值也随之改变。

极性：若两种单体极性不同，那么两种单体随溶剂极性改变，其反应活性变化的趋势也会不同，也会使 r 发生改变。

3.3.3.3 单体和自由基的（相对）反应活性

单体对某一自由基反应的活性大小是由单体活性和自由基活性两者共同决定的，因此不同单体对同一种自由基或者是同一种单体对不同自由基具有不同的反应活性。由于单体和自由基的结构即取代基的结构效应不同，所以它们的活性不同，取代基的结构效应对单体和自由基活性的影响主要表现在三个方面。

（1）共轭效应

取代基对自由基反应活性影响的顺序为：Ph，$CH = CH_2 >$ CN，COR $>$ COOH，COOR$>$Cl$>$OCOR，R$>$OR，H。作为参照物的链自由基的活性越低，单体活性变化幅度越大。

取代基对烯烃单体反应活性影响的顺序与上述次序正好相反，取代基对自由基活性的影响比对单体的影响更为显著。有共轭稳定作用取代基的单体与无共轭稳定作用取代基的单体构成的共聚体系，如苯乙烯与乙酸乙烯酯，难以进行共聚。

（2）极性效应和交替共聚

相互极性作用非常强的单体易于发生交替共聚反应，如有强给电子单体（苯乙烯、乙烯基醚）和强吸电子单体（马来酸酐、丙烯腈）共聚。在某些共聚单体对中加入 Lewis（路易酸）酸（$ZnCl_2$，AlR_2Cl）能够明显增强交替共聚倾向。如丙烯腈、丙烯酸甲酯、甲基丙烯酸甲酯和甲基乙烯基酮等缺电子单体与丙烯、异丁烯、氯乙烯和乙酸乙烯酯等富电子单体在无 Lewis 酸存在下交替共聚倾向不高，但是加入路易斯酸后交替共聚倾向增强。温度升高、单体总浓度降低，交替共聚倾向减弱。

（3）空间位阻效应

1,1-二取代单体由于链增长时采用首尾加成方式，单体取代基与链自由基的取代基远离，相对于单取代单体，空间阻碍增加不大，但共轭效应明显增强，因而单体活性增大，如偏二氯乙烯的活性比氯乙烯高 2～10 倍；而 1,2-二取代单体不同，单体与链自由基加成时，两者的取代基靠得很近，位阻效应增大，因而单体活性下降，如 1,2-二氯乙烯的活性是氯乙烯的 1/20～1/2 倍。

3.3.4 共聚产物组成控制

由共聚方程式求得的是瞬间的共聚物组成，随着聚合反应的进行，通常情况下，由于两种单体的聚合反应速率不同，因此，共聚体系中两单体的摩尔比随反应的进行而不断改变，因此，除理想恒比共聚、交替共聚，以及在恒比点投料共聚外，共聚产物的组成也会随反应的进行而不断改变。

如 $r_1 > 1$、$r_2 < 1$ 的共聚体系，随着反应的进行，由于单体 M_1 的消耗速率大于单体 M_2，因此，未反应单体 f_1 随反应进行而逐渐减小，相应地，共聚产物 F_1 也随之减小，因此，假如不加以控制的话，得到的共聚产物的组成不是单一的，存在组成分布的问题。

由于共聚物的性能很大程度上取决于共聚物的组成及其分布，应用上往往希望共聚产物的组成分布尽可能窄，因此在合成时，不仅需要控制共聚物的组成，还必须控制组成分布。通过控制单体转化率，保持单体恒定组成的方式可获得分布较窄的预期组成的共聚物。

3.4 离子聚合

离子聚合按照聚合机理属于链式聚合，与自由基聚合的区别在于活性中心不同。离子聚合的活性种是带电荷的离子或离子对，通常是碳阳离子以及碳阴离子。离子聚合对单体有较高的选择性：带有 1,1-二烷基、烷氧基等推电子基的单体才能进行阳离子聚合；具有腈基、羰基等强吸电子基的单体才能进行阴离子聚合；羰基化合物、杂环化合物大多属离子聚合。由于离子聚合条件苛刻，杂质影响大，聚合重现性差，聚合速率快，需低温聚合，反应条件影响大，影响因素复杂等，离子聚合机理和动力学研究目前尚不如自由基聚合成熟。

3.4.1 阴离子聚合

阴离子聚合（anionic polymerizaiton）的反应通式可表示如下：

$$R^-X^+ + H_2C=CH \xrightarrow{} R-CH_2-CH\cdots X^+ \xrightarrow{\text{单体}} \cdots \xrightarrow{\text{单体}} \text{聚合}$$
$$ | |$$
$$ Y Y$$

式中，R^- 为阴离子活性中心，一般由亲核试剂提供；X^+ 为反离子，一般为金属离子。活性中心可以是自由离子、离子对，甚至是处于缔合状态的阴离子活性种。

3.4.1.1 阴离子聚合单体

阴离子聚合单体主要包括带吸电子取代基的乙烯基单体、一些羰基化合物、异氰酸酯类和一些杂环化合物；含有能使链增长活性中心稳定化的吸电子取代基的烯类单体原则上可以进行阴离子聚合。

① 带吸电子取代基的 α-烯烃。原则上讲，具有吸电子基烯类单体，容易进行阴离子聚合。吸电子基减少双键上电子云密度，有利于阴离子进攻，并使形成的碳阴离子的电子云密度分散而稳定。但是能否聚合还取决于是否具有 π-π 共轭体系，如果存在吸电子取代基并具

有 π-π 共轭体系，则能够进行阴离子聚合，如丙烯腈、甲基丙烯酸甲酯、硝基乙烯等；仅有吸电子基团但不具有 π-π 共轭体系，则不能进行阴离子聚合，如氯乙烯、醋酸乙烯等。

②带共轭取代基的 α- 烯烃或共轭二烯烃。如苯乙烯、丁二烯、异戊二烯等单体分子中虽无吸电子基团，但存在 π-π 共轭结构，因此也能进行阴离子聚合。

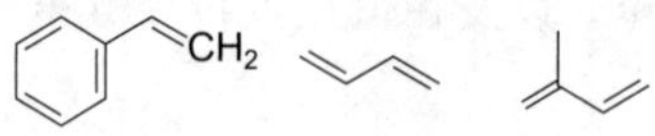

③一些羰基化合物，和含氧、氮等杂原子的环状化合物如环氧化合物、内酯以及内酰胺等也能进行阴离子聚合。

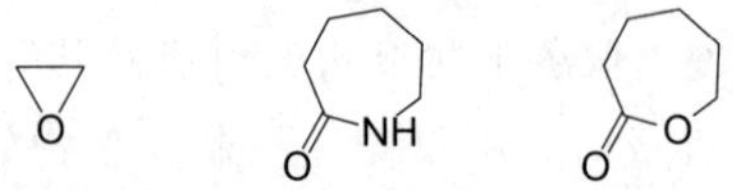

| 环氧化合物 | 内酰胺 | 内酯 |

3.4.1.2　阴离子聚合引发体系

阴离子引发剂是能提供阴离子的化合物。最简单的阴离子为电子，碳阴离子、一些碱性较强的氧负离子也可作为烯烃阴离子聚合的初级活性种。引发反应包括初级活性种形成、初级活性种与单体形成单体活性种两个反应。

（1）碱金属引发

Li、Na、K 等碱金属外层只有一个价电子，容易转移给单体或中间体，生成阴离子引发聚合，这种引发称为电子转移引发。

①电子直接转移引发　碱金属将最外层的一价电子直接转移给单体，生成自由基阴离子，自由基阴离子末端很快偶合终止，生成双阴离子，两端阴离子同时引发单体聚合。但是碱金属不溶于溶剂，属非均相体系，利用率低。

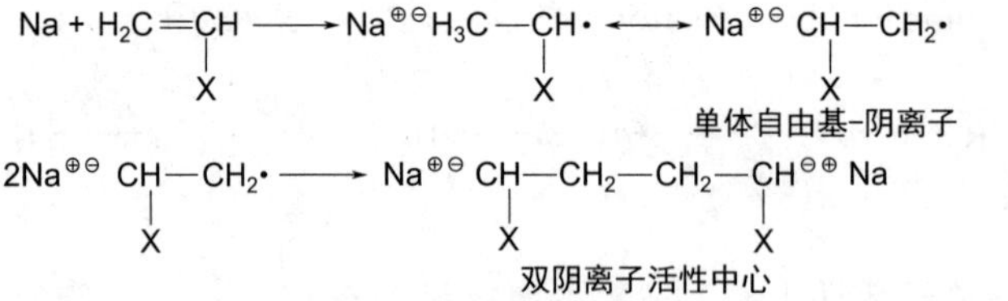

②电子间接转移引发　碱金属（如钠）将最外层的一个价电子转移给中间体（如萘），使中间体变为自由基阴离子（如萘钠络合物），再引发单体聚合，同样形成双阴离子。

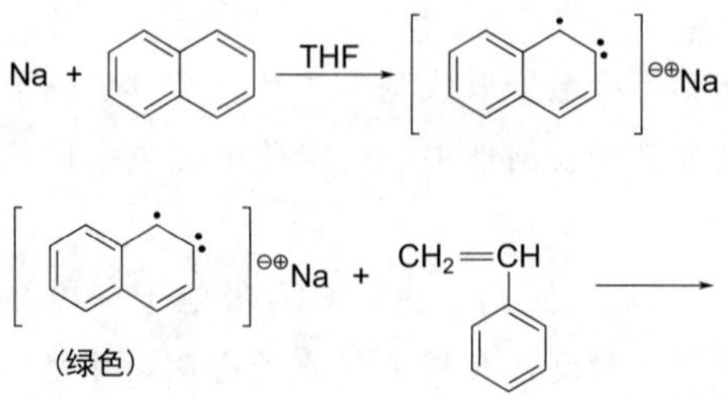

$$Na^{\oplus\ominus}CH-CH_2\cdot \ + \ \text{(naphthalene)}$$

（红色）

$$2\ Na^{\oplus\ominus}CH-CH_2\cdot \ + \ \longrightarrow \ Na^{\oplus\ominus}CH-CH_2-CH_2-CH^{\ominus\oplus}Na$$

（红色）

实施过程中，先将金属钠与萘在惰性溶剂［如乙醚、四氢呋喃（THF）］中反应后再加入聚合体系引发聚合反应，萘钠在极性溶剂中是均相体系，碱金属的利用率高。深绿色（萘钠）溶液的形成表明自由基阴离子引发剂的生成。两个苯乙烯自由基阴离子通过偶合二聚为苯乙烯双阴离子（红色）。有明显的颜色变化是该反应的一个特征。

（2）有机金属化合物引发

① 金属氨基化合物　金属氨基化合物是研究得最早的一类引发剂，主要有 $NaNH_2$-液氨、KNH_2-液氨体系，例如

$$2K + 2NH_3 \ \rightleftharpoons \ 2\ KNH_2 + H_2$$

$$KNH_2 \ \rightleftharpoons \ K^{\oplus} + NH_2^{\ominus} \qquad \text{形成自由阴离子}$$

$$NH_2^{\ominus} + H_2C=CH \ \longrightarrow \ H_2N-CH_2-CH^{\ominus}$$

② 金属烷基化合物　引发活性与金属的电负性有关，如丁基锂以离子对方式引发，或制成格氏试剂，引发活泼单体。

（3）其他亲核试剂

中性亲核试剂，如 R_3P、R_3N、ROH、H_2O 等，都有未共用的电子对，在引发和增长过程中生成电荷分离的两性离子：

$$R_3N: \ + \ H_2C=CH \ \longrightarrow \ R_3\overset{\oplus}{N}-CH_2-\overset{\ominus}{CH}$$
$$\underset{X}{\qquad\quad} \qquad\qquad \underset{X}{\qquad\quad}$$

电荷分离的两性离子

$$\longrightarrow \ R_3\overset{\oplus}{N} \left[CH_2-\underset{X}{CH} \right]_n CH_2-\underset{X}{\overset{\ominus}{CH}} \quad \text{只能引发非常活泼}$$
的单体

3.4.1.3　阴离子聚合机理——活性聚合

（1）链引发

阴离子聚合的增长活性中心可能以离子紧对、松对，甚至以自由离子的方式存在。离子对的形式取决于反离子的性质、溶剂的极性和反应温度等。

$$\text{A—B} \xrightleftharpoons[]{\text{极化}} \overset{\delta^-}{\text{A}}—\overset{\delta^+}{\text{B}} \xrightleftharpoons[]{\text{离子化}} \text{A}^{\ominus}\cdots\text{B}^{\oplus} \xrightleftharpoons[]{\text{溶剂化}} \text{A}^{\ominus}/\!/\text{B}^{\oplus} \xrightleftharpoons[]{\text{离解}} \text{A}^{\ominus} + \text{B}^{\oplus}$$

$$\text{共价化合物} \qquad \text{极化分子} \qquad\quad \text{紧密离子对} \qquad\quad \text{溶剂分离离子对} \qquad\quad \text{自由离子}$$

其中随着离解程度增加而反应活性增加。溶剂极性愈大，溶剂化能力愈强，愈有利于松对或自由离子的形成；碱金属反离子半径愈大，溶剂化程度愈低，离子对的离解程度也愈低；极性溶剂中，温度对聚合反应影响不大；而在非极性溶剂中，温度升高则聚合反应速率增大。

（2）链增长

单体能连续地插入离子对中间，与链末端碳负离子加成，这就是链增长反应，这反应一直连续地进行，直到单体全部消耗完或链终止反应发生，链增长反应就停止了。

$$\text{R—CH}_2\text{—}\overset{\overset{\text{Y}}{|}}{\underset{\underset{\text{H}}{|}}{\text{C}}}{}^{\ominus}\text{M}^{\oplus} + \text{H}_2\text{C=CH} \longrightarrow \text{R—CH}_2\text{—}\overset{\overset{\text{Y}}{|}}{\underset{\underset{\text{H}}{|}}{\text{C}}}\text{—CH}_2\text{—}\overset{\overset{\text{Y}}{|}}{\underset{\underset{\text{H}}{|}}{\text{C}}}{}^{\ominus}\text{M}^{\oplus}$$

（3）无链转移、链终止——活性聚合

阴离子聚合在适当条件下（体系非常纯净，单体为非极性共轭双烯），可以不发生链终止或链转移反应，活性链直到单体完全耗尽仍可保持聚合活性。这种单体完全耗尽仍可保持聚合活性的聚合物链阴离子称为"活高分子"（living polymer）。

实验证据：萘钠在 THF 中引发苯乙烯聚合，碳阴离子增长链为红色，直到单体 100％转化，红色仍不消失；重新加入单体，仍可继续链增长（放热），红色消退非常缓慢，从几天到几周。

形成活性聚合物的原因：活性链末端都是阴离子，无法双基终止；反离子为金属离子，无法从其中夺取某个原子或 H$^+$ 而终止。在聚合末期，加入链转移剂（水、醇、酸、胺）可使活性聚合物终止。

活性聚合的特点：引发剂全部、很快地形成活性中心，每一活性中心所连接的单体数基本相等，故生成聚合物分子量均一，具有单分散性；聚合度与引发剂及单体浓度有关，可定量计算，又称"化学计量聚合"；若反应体系内单体浓度、温度分布均匀，则所有增长链的增长概率相同；无终止反应，须加入水、醇等终止剂人为地终止聚合。

总结起来，阴离子聚合机理具有快引发、慢增长、无终止、无转移的特点。

3.4.2 阳离子聚合

阳离子聚合（cationic polymerizaiton）的反应通式可表示如下：

$$\text{R}^+\text{X}^- + \text{H}_2\text{C=CH} \longrightarrow \text{R—CH}_2\text{—}\overset{+}{\text{C}}\text{H}\cdots\text{X} \xrightarrow{\text{单体}} \cdots \xrightarrow{\text{单体}} \text{聚合}$$

$$\underset{\text{抗衡阴离子}}{\underset{|}{\text{Y}}}$$

式中，R$^+$ 为阳离子活性中心，可以是碳阳离子，也可以是氧鎓离子；X$^-$ 为紧靠中心离子的引发剂碎片，所带电荷相反，称为反离子或抗衡离子。

3.4.2.1 阳离子聚合的单体

① 带供电子取代基的 α-烯烃。原则上取代基为供电基团的烯类单体有利于阳离子聚合。供电基团使 C=C 电子云密度增加，有利于阳离子活性种的进攻：

$$\xrightarrow{A^{\oplus}} CH_2 \overset{\delta}{=} \overset{}{CH} \underset{Y}{\Big|}$$

形成阳离子增长种后，供电基团又使生成的碳阳离子增长种电子云分散，能量降低而稳定。

$$ACH_2 \text{—} \overset{+}{C} \underset{Y}{\Big|}$$

对于丙烯、丁烯等烯类单体，由于烷基供电性弱，生成的二级碳阳离子较活泼，易发生重排等副反应，生成更稳定的三级碳阳离子：

$$H^{\oplus} + H_2C \text{=} \underset{C_2H_5}{\overset{}{CH}} \longrightarrow H_3C \text{—} \underset{C_2H_5}{\overset{\oplus}{CH}} \longrightarrow (CH_3)_3C^{\oplus}$$

因此丙烯、丁烯阳离子聚合只能得到低分子油状物。更高级的 α-烯烃由于位阻效应，只能形成二聚体。

异丁烯中，两个甲基使双键电子云密度增加很多，易受质子进攻，生成的叔碳阳离子较稳定，亚甲基上的氢，受四个甲基的保护，不易夺取，减少了重排、支化等副反应，最终可得高分子量的线型聚合物。

$$H_2C \overset{\overset{CH_3}{|}}{\underset{\underset{CH_3}{|}}{=}} C \qquad H_3C \overset{\overset{CH_3}{|}}{\underset{\underset{CH_3}{|}}{\overset{+}{-}}} C \qquad \text{~~~} CH_2 \text{—} \overset{\overset{CH_3}{|}}{\underset{\underset{CH_3}{|}}{C}} \text{—} CH_2 \text{—} \overset{\overset{CH_3}{|}}{\underset{\underset{CH_3}{|}}{\overset{\oplus}{C}}}$$

异丁烯几乎是唯一能进行阳离子聚合的 α-烯烃，且它只能进行阳离子聚合。根据这一特性，常用异丁烯来鉴别引发机理。

此外，另一种带供电子基团的单体为烷基乙烯基醚，这类单体中，虽然氧的电负性较大，从而诱导效应使双键电子云密度降低；但是，共轭效应使双键电子云密度增加，并且占主导地位，而且共振结构使形成的碳阳离子上的正电荷分散而稳定，因此这类单体也能进行阳离子聚合。

$$\text{~~~} CH_2 \text{—} \underset{\underset{:O}{|}}{\overset{\overset{H}{|}}{\overset{\oplus}{C}}} \longleftrightarrow \text{~~~} CH_2 \text{—} \underset{\underset{:\overset{\oplus}{O}}{|}}{\overset{\overset{H}{|}}{C}}$$
$$\qquad\qquad R \qquad\qquad\qquad\qquad R$$

② 带共轭取代基的 α-烯烃和共轭二烯烃。如苯乙烯、α-甲基苯乙烯、丁二烯、异戊二烯等，π 电子的活动性强，易诱导极化，既能阳离子聚合，又能阴离子聚合，还可以自由基聚合。但聚合活性远不如异丁烯、烷基乙烯基醚，工业很少进行这类单体的阳离子聚合。

③ 异核不饱和单体 $R_2C=Z$，Z 为杂原子或杂原子基团，如醛 $RHC=O$，酮 $RR'C=O$，硫酮 $RR'C=S$，重氮烷基化合物 $RR'CN_2$ 等。

④ 杂环化合物，环结构中含杂原子，包括环醚、环亚胺、环缩醛、环硫醚、内酯和内酰胺等，如：

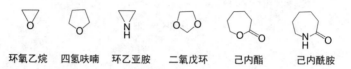

环氧乙烷　　四氢呋喃　　环乙亚胺　　二氧戊环　　己内酯　　己内酰胺

3.4.2.2　阳离子聚合引发体系

阳离子聚合的引发剂都是亲电试剂，即电子接受体。阳离子聚合的引发方式包括引发剂生成阳离子，引发单体生成碳阳离子；电荷转移引发，即引发剂和单体先形成电荷转移络合物而后引发。

（1）质子酸引发

质子酸包括 H_2SO_4、$HClO_4$、H_3PO_4、CCl_3COOH 等。质子酸先电离产生 H^+，然后与单体加成形成引发活性中心——活性单体离子对：

$$HA \rightleftharpoons H^{\oplus}A^{\ominus}$$

$$H^{\oplus}A^{\ominus} + H_2C=\!\!\!\begin{array}{c} CH \\ | \\ X \end{array} \longrightarrow H_3C-\!\!\!\begin{array}{c} CH^{\oplus}A^{\ominus} \\ | \\ X \end{array}$$

质子酸引发的条件是要有足够的强度产生 H^+，故弱酸不行；酸根的亲核性不能太强，否则会与活性中心结合成共价键而终止，如

$$H_3C-\!\!\!\begin{array}{c} CH^{\oplus}A^{\ominus} \\ | \\ X \end{array} \longrightarrow H_3C-\!\!\!\begin{array}{c} A \\ | \\ CH \\ | \\ X \end{array}$$

不同质子酸的酸根的亲核性不同，氢卤酸的 X^- 亲核性太强，不能作为阳离子聚合引发剂，如 HCl 引发异丁烯：

$$(CH_3)_3C^{\oplus}\ Cl^{\ominus} \longrightarrow (CH_3)_3C-Cl$$

HSO_4^-、$H_2PO_4^-$ 的亲核性稍差，可得到低聚体；$HClO_4$、CCl_3COOH 的酸根较弱，可生成聚合物。

（2）Lewis 酸引发

Lewis 酸包括金属卤化物，如 BF_3、$AlCl_3$、$SbCl_4$、$TiCl_4$、$SbCl_5$、PCl_5、$ZnCl_2$ 等；金属卤氧化物，如 $POCl_3$、CrO_2Cl、$SOCl_2$、$VOCl_3$ 等。

绝大部分 Lewis 酸都需要共（助）引发剂，作为质子或碳阳离子的供给体。共引发剂有两类，包括析出质子的物质，如 H_2O、ROH、HX、$RCOOH$ 等以及析出碳阳离子的物质，如 RX、$RCOX$、$(RCO_2)O$ 等。

如：无水 BF_3 不能引发无水异丁烯的聚合，加入痕量水，聚合反应立即发生：

$$BF_3 + H_2O \Longrightarrow H^{\oplus}(BF_3OH)^{\ominus} \quad \boxed{\text{引发剂-共引发剂络合物}}$$

$$H_2C{=}\underset{\underset{CH_3}{|}}{\overset{\overset{CH_3}{|}}{C}} + H^{\oplus}(BF_3OH)^{\ominus} \longrightarrow H_3C{-}\underset{\underset{CH_3}{|}}{\overset{\overset{CH_3}{|}}{C^{\oplus}}}(BF_3OH)^{\ominus}$$

对于析出碳阳离子的情况：

$$SnCl_4 + RX \Longrightarrow R^{\oplus}(SnCl_5)^{\ominus}$$

$$H_2C{=}\underset{\underset{CH_3}{|}}{\overset{\overset{CH_3}{|}}{C}} + R^{\oplus}(SnCl_5)^{\ominus} \longrightarrow R{-}CH_2{-}\underset{\underset{CH_3}{|}}{\overset{\overset{CH_3}{|}}{C^{\oplus}}}(SnCl_5)^{\ominus}$$

引发剂和共引发剂的不同组合，其活性也不同。引发剂的活性与接受电子的能力，即酸性的强弱有关：

$$BF_3 > AlCl_3 > TiCl_4 > SnCl_4$$

共引发剂的活性视引发剂不同而不同，如异丁烯聚合，BF_3 为引发剂，共引发剂的活性：

$$\text{水：乙酸：甲醇} = 50：1.5：1$$

对于多数聚合，引发剂与共引发剂有一最佳比，在此条件下，R_p 最快，分子量最大。这是由于过量的共引发剂，如水是链转移剂，使链终止，分子量降低。

$$\sim\!\!\!\sim\!CH_2{-}\underset{\underset{CH_3}{|}}{\overset{\overset{CH_3}{|}}{C^{\oplus}}}(BF_3OH)^{\ominus} + H_2O \longrightarrow \sim\!\!\!\sim\!CH_2{-}\underset{\underset{CH_3}{|}}{\overset{\overset{CH_3}{|}}{C}}{-}OH + H^{\oplus}(BF_3OH)^{\ominus}$$

水过量可能生成氧鎓离子，其活性低于引发剂－共引发剂络合物，故 R_p 下降。

$$BF_3 + H_2O \longrightarrow H^{\oplus}(BF_3OH)^{\ominus} \xrightarrow{H_2O} (H_3O)^{\oplus}(BF_3OH)^{\ominus}$$
$$\boxed{\text{氧鎓离子，活性较低}}$$

（3）其他物质引发

其他物质包括 I_2、高氯酸乙酸酯、氧鎓离子等，如

$$I_2 + I_2 \longrightarrow I^{\oplus}(I_3)^{\ominus}$$

高氯酸乙酸酯可能是通过酰基正离子与单体加成引发：

$$CH_3\overset{\overset{O}{\|}}{C^{\oplus}}(ClO_4)^{\ominus} + M \longrightarrow CH_3\overset{\overset{O}{\|}}{C}M^{\oplus}(ClO_4)^{\ominus}$$

电离辐射引发可形成单体阳离子自由基，经偶合形成双阳离子活性中心。辐射引发最大特点：碳阳离子活性中心没有反离子存在。

(4) 电荷转移络合物引发

单体（供电体）和适当受电体生成电荷转移络合物，在热作用下，经离解而引发，如乙烯基咔唑和四腈基乙烯（TCE）：

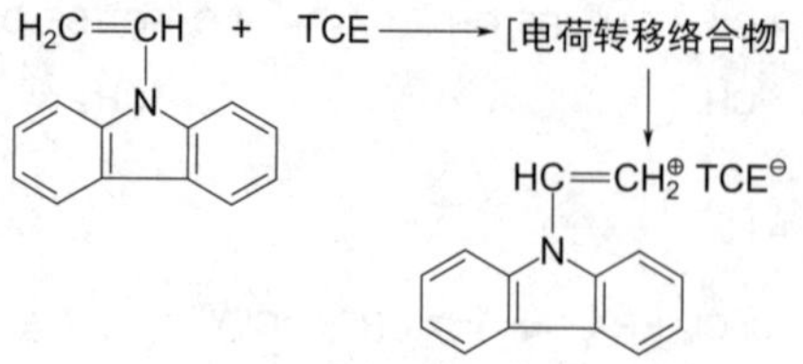

H₂C=CH
+
TCE
[电荷转移络合物]
N
HC=CH₂⊕ TCE⊖
N

3.4.2.3 阳离子聚合机理

阳离子聚合也由链引发、链增长、链终止、链转移等基元反应组成，但各步反应速率与自由基聚合有所不同。

(1) 链引发

以引发剂 Lewis 酸（C）和共引发剂（RH）为例，首先引发体系反应，产生活性中心；活性中心与单体双键加成形成单体碳阳离子。

$$CH_3 + RH \rightleftharpoons H^+(CR)^-$$

$$H^+(CR)^- + M \xrightarrow{k_i} HM^+(CR)^-$$

该步反应具有引发速率快，引发活化能低（$E_i=8.4\sim21kJ/mol$）的特点。

(2) 链增长

引发生成的碳阳离子活性种与反离子形成离子对，单体分子不断插入其中而增长。碳阳离子越稳定，烯烃的亲核性越强，就越容易加成。

$$HM_n^{\oplus}(CR)^{\ominus} + M \xrightarrow{k_p} HM_nM^{\oplus}(CR)^{\ominus}$$

阳离子聚合具有以下特点：增长反应是离子与分子间的反应，速度快，活化能低；中心阳离子与反离子形成离子对，其紧密程度与溶剂、反离子性质、温度等有关，并影响聚合速率与分子量；单体按头尾结构插入增长，对构型有一定控制能力，但不及阴离子和配位聚合；增长过程中伴有分子内重排反应、转移、异构化等副反应；重排通常是通过电子或个别原子的转移进行的；这种通过增长链碳阳离子发生重排的聚合反应称为异构化聚合或分子内氢转移聚合。如 3-甲基-1-丁烯聚合产物有两种结构：

CH₂—CH
CH
H₃C
CH₃

正常产物

CH₃
CH₂—CH₂—C
CH₃

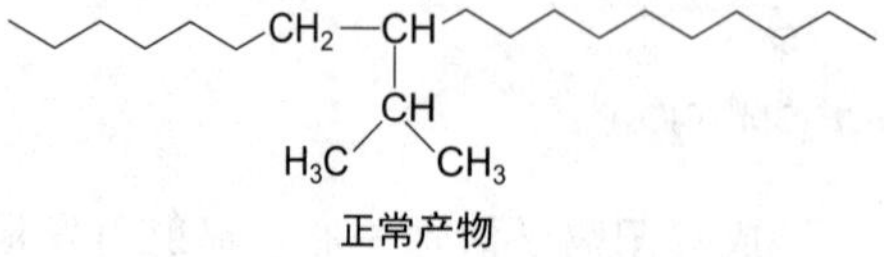

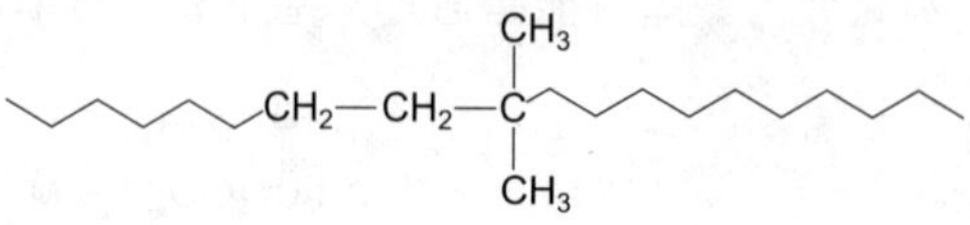

重排产物

（3）链转移和链终止

离子聚合的增长活性中心带有相同的电荷，不能双分子终止，只能发生链转移终止或单基终止，这一点与自由基聚合显著不同。

① 动力学链未终止。

a.向单体转移终止　活性链向单体转移，生成的大分子含有不饱和端基，同时再生出活性单体离子对。

$$H+CH_2-\underset{CH_3}{\overset{CH_3}{C}}+_n CH_2-\underset{CH_3}{\overset{CH_3}{\overset{\oplus}{C}}}(BF_3OH)^{\ominus} + CH_2=\underset{CH_3}{\overset{CH_3}{C}}$$

$$\downarrow$$

$$H+CH_2-\underset{CH_3}{\overset{CH_3}{C}}+_n CH_2-\underset{}{\overset{CH_3}{C}}=CH_2 + H_3C-\underset{CH_3}{\overset{CH_3}{\overset{\oplus}{C}}}(BF_3OH)^{\ominus}$$

反应通式为：

$$HM_nM^{\oplus}(CR)^{\ominus} + M \xrightarrow{k_{tr,m}} M_{n+1} + HM^{\oplus}(CR)^{\ominus}$$

向单体转移是阳离子聚合主要的链终止方式之一，向单体转移常数 C_M，约为 10^{-2}~10^{-4}，比自由基聚合（10^{-4}~10^{-5}）大，易发生转移反应，是控制分子量的主要因素，也是阳离子聚合必须低温反应的原因。

b.自发终止或向反离子转移终止　活性中心通过消除反应得到具有不饱和端基结构的分子，同时又生成一个新的活性中心；再生成的络合物可以再引发单体聚合；比向单体转移和向溶剂转移的反应要慢得多。

$$HM_nM^{\oplus}(CR)^{\ominus} \xrightarrow{k_t} M_{n+1} + H^{\oplus}(CR)^{\ominus}$$

② 动力学链终止

与反离子加成终止：

$$HM_nM^{\oplus}(CR)^{\ominus} \longrightarrow HM_nM(CR)$$

与反离子中的阴离子部分加成终止：

$$\sim\sim CH_2-\underset{CH_3}{\overset{CH_3}{\overset{\oplus}{C}}}(BF_3OH)^{\ominus} \longrightarrow \sim\sim CH_2-\underset{CH_3}{\overset{CH_3}{C}}-OH + BF_3$$

加入链转移剂或终止剂（XA）终止，是阳离子聚合的主要终止方式。链终止剂 XA 主要有：水、醇、酸、酐、酯、醚、胺。

$$HM_nM^{\oplus}(CR)^{\ominus} + XA \xrightarrow{k_{tr,s}} HM_nMA + X^{\oplus}(CR)^{\ominus}$$

苯醌既是自由基聚合的阻聚剂，又对阳离子聚合起阻聚作用：

$$2\ HM_nM^{\oplus}(CR)^{\ominus}\ +\ O=\!\!\!<\!\!\bigcirc\!\!>\!\!\!=O\ \longrightarrow$$

$$2\ HM_nM\ +\ \left[HO-\!\!<\!\!\bigcirc\!\!>\!\!-OH\right]^{2\oplus\ominus}(CR)_2$$

总结而言，阳离子聚合机理的特点为快引发、快增长、易转移、难终止。

3.5 配位聚合

乙烯、丙烯在热力学上均具有聚合倾向，但在很长一段时间内，却未能合成出高分子量的聚合物，这主要是引发剂和动力学上的原因。

1938年，英国ICI公司在高温（180～200℃）、高压（150～300MPa）的条件下，以微量氧气为引发剂，合成出了低密度聚乙烯（LDPE）。

1953年，德国化学家Ziegler发明了乙烯的低压（0.2～1.5MPa）聚合引发剂，合成出了支链少、密度大、结晶度高的高密度聚乙烯（HDPE）。

1954年，意大利化学家Natta发明了丙烯聚合的引发剂，合成出了规整度很高的等规聚丙烯（iPP）。

Ziegler以及Natta所用的引发剂为Ⅳ～Ⅷ族过渡金属化合物（$TiCl_4$、$TiCl_3$）与Ⅰ～Ⅲ主族金属有机化合物 $[Al(C_2H_5)_3]$ 的络合体系，单体通过与引发体系配位后插入聚合，合成的产物一般为定向立构。该类引发剂具有重要的意义，它可以使难以自由基或离子聚合的烯类单体聚合成聚合物，并合成立构规整性很高的聚合物。

配位聚合最早是Natta用Ziegler-Natta引发剂引发α-烯烃聚合解释机理时提出的新概念，从词义上理解是单体与引发剂通过配位方式进行的聚合反应。即烯类单体的碳碳双键首先在过渡金属引发剂活性中心上进行配位、活化，由此使单体分子相继插入过渡金属-碳键中进行链增长的过程。由于引发剂是金属有机化合物与过渡金属化合物的络合体系，单体通过与活性中心配位进行聚合，聚合产物呈定向立构，因此也有络合聚合、定向聚合或有规立构聚合之称。但要注意这些名词之间的差别。配位聚合与络合聚合在含义上是一样的，可以互用，但是一般认为配位比络合表达的意义更明确。定向聚合与有规立构聚合两者是同义词，是以产物的结构定义，都是指以形成有规立构聚合物为主的聚合过程。配位聚合可以形成有规立构聚合物，也可以是无规聚合物，因此配位聚合不同于定向聚合及有规立构聚合。如乙丙橡胶的制备采用Ziegler-Natta催化剂，属于配位聚合，但结构是无规的，不是定向聚合。

3.5.1 Ziegler-Natta 引发剂的组分

Ziegler-Natta引发剂由主引发剂和共引发剂组成，其中主引发剂是周期表中Ⅳ～Ⅷ族过渡金属化合物，其中$TiCl_3$（α、γ、δ）的活性较高，最为常用。Ⅳ～Ⅵ副族，如Ti、Zr、V、Mo、W、Cr等金属元素的卤化物、氧卤化物、乙酰丙酮基、环戊二烯基化合物主要用于α-烯烃的聚合；$MoCl_5$、WCl_6专用于环烯烃的开环聚合；Ⅷ族过渡金属，如Co、Ni、Ru、Rh等的卤化物或羧酸盐主要用于二烯烃的聚合。

共引发剂为 I～Ⅲ主族的金属有机化合物，主要有 LiR、R_2Mg、R_2Zn、AlR_3，其中 R 为含 1～11 个碳原子的烷基或环烷基。有机铝化合物的应用最多，如 AlH_nR_{3-n}、AlR_nX_{3-n}（X＝F、Cl、Br、I）。

当主引发剂选用 $TiCl_3$ 时，从制备方便、价格和聚合物质量考虑，多选用 $AlEt_2Cl$。Al/Ti（摩尔比）是决定引发剂性能的重要因素，适宜的 Al/Ti 为 1.5～2.5。

含此两组分的 Ziegler-Natta 引发剂为第一代引发剂，其活性能达 500～1000 g PP/g Ti。为了提高引发剂的定向能力和聚合速率，常加入第三组分（给电子试剂）含 N、P、O、S 的化合物，如六甲基磷酰胺 $[(CH_3)_2N]_3P=O$，丁醚 $(C_4H_9)_2O$，叔胺 $N(C_4H_9)_3$ 等。加入第三组分的引发剂称为第二代引发剂，引发剂活性提高到 $5×10^4$ g PP/g Ti。除添加第三组分外，还可使用载体，如 $MgCl_2$、Mg(OH)Cl 等负载的方法提高引发剂活性，引发剂活性可达 10^6 g PP/g Ti，称为第三代引发剂。

3.5.2 Ziegler-Natta 引发剂的类型

将主引发剂、共引发剂、第三组分进行组合，获得的引发剂数量可达数千种，现在泛指一大类引发剂。根据两组分反应后形成的络合物是否溶于烃类溶剂，分为可溶性均相引发剂和不溶性非均相引发剂，引发活性和定向能力较强。

形成均相或非均相引发剂，主要取决于过渡金属的组成和反应条件，如 $TiCl_4$ 与 AlR_3 或 AlR_2Cl 组合，为典型的 Ziegler 引发剂。该引发体系在 −78℃ 下溶于甲苯或庚烷中，形成络合物溶液，可使乙烯很快聚合，但对丙烯聚合活性很低。升高温度，发生不可逆变化，变为非均相，活性提高。低价态过渡金属卤化物，如 $TiCl_3$ 为不溶于烃类溶剂的结晶性固体，与 AlR_3 或 AlR_2Cl 组合，仍为非均相，为典型的 Natta 引发剂，对 α-烯烃有高活性和高定向性。

3.5.3 配位聚合的机理

配位聚合机理（特别是形成立构规整化的机理）研究，对于新引发剂开发和聚合动力学建模均十分重要，至今没有能解释所有实验的统一理论。但有两种理论较具代表性，双金属活性中心机理以及单金属活性中心机理。

3.5.3.1 双金属活性中心机理

双金属活性中心机理又称配位阴离子机理，在 1959 年由 Natta 首先提出。在此机理中，引发剂的两组分首先发生络合反应，形成双金属桥形络合物——增长活性种，α-烯烃（丙烯）在活性种上引发、增长。α-烯烃的富电子双键在亲电子的过渡金属 Ti 上配位，生成 π-络合物。

缺电子的桥形络合物部分极化后，由配位的单体和桥形络合物形成六元环过渡状态，极化的单体插入 Al—C 键后，六元环瓦解，重新生成四元环的桥形络合物，如此反复实现链增长。

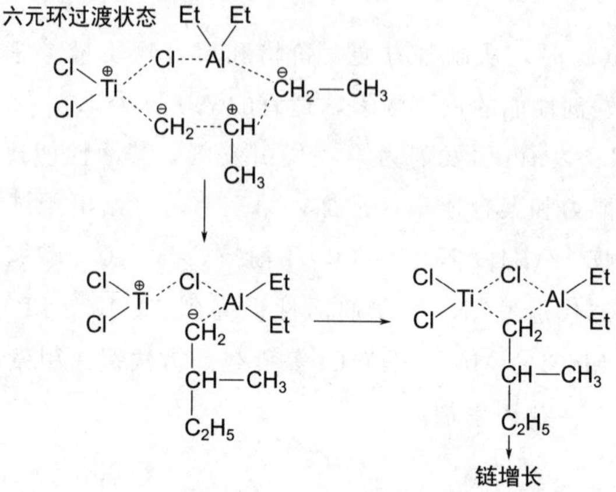

总结而言，双金属中心理论的主要论点为：引发剂首先形成桥形络合活性中心；单体在 Ti 上配位、络合；随后形成六元环过渡状态；最后极化单体插入 Al-C 键实现链增长，即在 Ti 上引发，Al 上增长。但是该机理没有涉及规整结构的成因。

3.5.3.2 单金属活性中心机理

单金属活性中心机理由荷兰物理化学家 Cossee 于 1960 年提出，后来 Arlman 对此理论进行充实。此机理认为单体在单金属活性种上引发、增长，它是只含一种金属的活性种模型。

依据分子轨道理论，提出活性中心的模型为以过渡金属为中心，带有一个空位的五配位正八面体。单体在钛的空轨道上配位，形成四中心过渡态，然后插入到聚合物-过渡金属之间；聚合物链末端由原来的位置迁移到单体占据的位置，因此为迁移插入。由此形成的空位具有初始状况不同的构型，如果链增长反应继续在此空位上进行，则形成间规立构聚合物；如果要形成等规立构聚合物，聚合物链必须迁移到初始构型对应的空位。等规立构增长反应的推动力来自将进入分子链的单体的取代基和过渡金属配体间的空间位阻和静电作用。

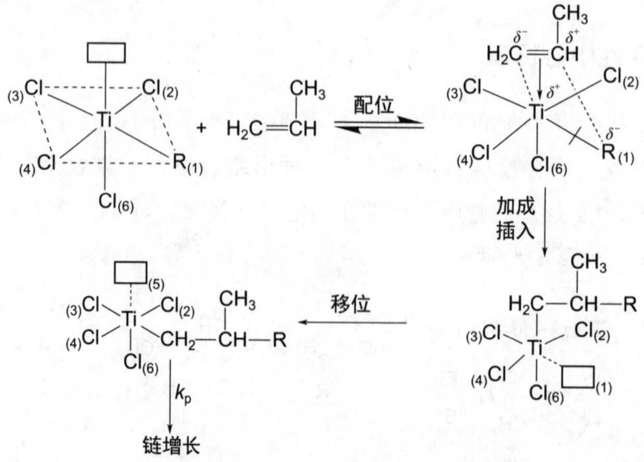

总结起来，单金属机理的特点为单体在 Ti 上配位，然后在 Ti-C 键间插入增长，AlR_3 只起使 Ti 烷基化的作用。

配位聚合有多种链终止方式，介绍如下。

裂解终止（自终止）：

$$Ti-CH_2-\overset{\overset{H}{\cdots}}{\underset{CH_3}{C}}\sim\sim R \longrightarrow Ti-H + CH_2=\underset{CH_3}{C}\sim\sim R$$

向单体转移终止：

$$Ti\!:\!CH_2-\overset{\overset{H}{\cdots}}{\underset{CH_3}{C}}\sim\sim R \qquad \underset{CH_3}{\overset{}{CH}}$$
$$\underset{CH_3}{\overset{}{CH_2}=C} \longrightarrow \begin{array}{c}Ti-CH_2-CH_2-\\ + \quad CH_3\\ H_2C=\underset{CH_3}{C}-CH_2-\underset{CH_3}{CH}\sim\sim R\end{array}$$

向共引发剂 AlR_3 转移终止：

$$\begin{array}{c}Ti\!:\!CH_2-\underset{CH_3}{CH}\sim\sim R\\ \uparrow\\ R\!:\!AlR_2\end{array} \longrightarrow \begin{array}{c}Ti-R\\ +\\ AlR_2-CH_2-\underset{CH_3}{CH}\sim\sim R\end{array}$$

氢解：

$$\begin{array}{c}Ti\!:\!CH_2-CH\sim\sim R\\ \uparrow\\ H\!:\!H\end{array} \longrightarrow \begin{array}{c}CH_3-\underset{CH_3}{CH}\sim\sim R\\ +\\ Ti-H\\ \downarrow H_2C=CH-CH_3\\ Ti-CH_2-CH-CH_3\end{array}$$

在使用 Ziegler-Natta 引发剂时需要注意，主引发剂是卤化钛，性质非常活泼，在空气中吸湿后发烟自燃，并可发生水解、醇解反应；共引发剂烷基铝，性质也非常活泼，容易水解，接触空气中的氧和潮气迅速氧化，甚至燃烧、爆炸。因此，在保存和使用操作过程须在无氧干燥的 N_2 中进行；在生产过程中，原料和设备要求除尽杂质，尤其是氧和水分；聚合完毕后，工业上常用醇解法除去残留的引发剂。

3.6 聚合反应实施方法

前面讲解了多种聚合反应的机理，要真正得到聚合物，还需要对聚合反应如何实施有一定的了解。按照不同的分类标准，聚合反应可以有许多分类方法，如按照物料起始状态可分为本体聚合、溶液聚合、悬浮聚合及乳液聚合；按照单体形态可分为气相聚合、液相聚合及固相聚合；溶液聚合中按照溶解性不同可分为均相聚合、非均相聚合及沉淀聚合；按照加料方式又有间歇聚合及连续聚合等，其中采用最为广泛的分类方法即按照物料起始状态分。

3.6.1　本体聚合

不加其他介质，只有单体本身，在引发剂、热、光等作用下进行，聚合场所在本体内的聚合反应称为本体聚合。

本体聚合的单体可为气态、液态或固态单体，所用引发剂通常为油溶性引发剂。在聚合时，体系中还可以加入其他助剂，如颜料、增塑剂、润滑剂等。

本体聚合过程中生成的一些聚合物能溶解在对应的单体中，即聚合过程不会发生相分离的情况，这种本体聚合为均相聚合，如聚苯乙烯、聚甲基丙烯酸甲酯、聚醋酸乙烯酯等。而一些生成的聚合物不能溶解在各自的单体中，当聚合反应进行到一定程度，聚合物从体系中析出，这种反应称为非均相反应，如聚氯乙烯、聚丙烯腈、聚偏二氯乙烯等。

本体聚合有许多优点，如下。

① 产品杂质少、纯度高、透明性好，尤其适于制造聚苯乙烯、PMMA 等透明板材和型材等。

② 自由基、离子聚合都可选用本体聚合。早期丁钠橡胶的合成属阴离子本体聚合。在配位聚合引发剂作用下，丙烯可进行液相配位本体聚合。

③ 气态、液态及固态单体均可进行本体聚合，其中液态单体的本体聚合最为重要。

④ 本体聚合适于实验室研究。例如单体聚合能力的鉴定，聚合物的试制、动力学研究及共聚竞聚率的测定等。

但它也有固有的缺点，本体聚合体系通常很黏稠，聚合热不易扩散，温度难控制，轻则造成局部过热，产品有气泡，分子量分布变宽；重则温度失调，引起爆聚。因此本体聚合在工业上的应用不如溶液聚合以及悬浮聚合广泛。

通过一定的措施可改善此缺点，如可以采用分段聚合的方式，先在较低的温度下预聚合，控制转化率不超过40％，此时体系黏度较低，散热较为容易；随后更换聚合设备，对聚合体系逐步升温，提高转化率，得到聚合物。例如聚苯乙烯的合成可采用分段聚合，首先在立式搅拌釜内进行预聚合，控制聚合温度在80～90℃，用 BPO 或 AIBN 为引发剂，转化率控制在30％～35％以下，此时尚未出现自动加速现象，聚合热排除较为方便。随后透明黏稠的预聚物由聚合塔顶缓慢流向塔底，温度从100℃逐渐增至200℃，最后达99％的转化率。自塔底出料，经挤出、冷却、造粒，即成透明粒料。

3.6.2　溶液聚合

将单体和引发剂溶于适当溶剂中进行聚合的方法为溶液聚合。当聚合物能溶于溶剂时，为均相溶液聚合，如丙烯腈在 DMF 中的聚合；当聚合物不溶于溶剂而随着聚合反应的进行从溶剂中析出时，为非均相溶液聚合，如丙烯腈在水溶液中的聚合。

溶液聚合与本体聚合相比，具有以下优点。

① 黏度较低，因此混合和传热较容易，温度易控制，自动加速现象较少，可避免局部过热。

② 由于使用溶剂，因此单体浓度低，聚合速率相对较慢，向大分子链转移生成支化或交

联的产物较少，分子量易控制，分子量分布较窄。

③ 聚合物溶液可直接用于涂料、黏合剂、合成纤维纺丝液等。

溶液聚合有一些缺点，如产物的分子量一般较低；要获得固体产物时，需要除去溶剂及溶剂回收等过程，成本较高；很难完全除去聚合物中的残余溶剂；除尽溶剂后，固体聚合物从釜中出料也比较困难。

此外，在使用溶液聚合进行聚合时，溶剂的选择极为重要，需要考虑溶剂的链转移常数 C_s 以及溶剂对聚合物的溶解能力。当 C_s 值较大时，链自由基较易发生向溶剂的转移而导致产物的平均分子量下降。良溶剂构成均相体系，而非溶剂则构成非均相体系，自动加速现象明显，分子量增大，分子量分布也变宽。

3.6.3 悬浮聚合

悬浮聚合是将不溶于水的单体以小液滴状悬浮在水中进行聚合，是自由基聚合一种特有的聚合方法。单体中溶有引发剂，一个小液滴就相当于一个小的本体聚合单元。单体液滴在聚合过程中逐渐转化为聚合物固体粒子。聚合过程中，当单体与聚合物共存时聚合物-单体粒子有黏结性，为了防止粒子相互黏结形成不均一颗粒，聚合体系中常常会加入分散剂，使粒子表面形成保护膜，防止团聚。因此悬浮聚合体系一般由单体、引发剂、水、分散剂四个基本组分组成。

分散剂是一类能将油溶性单体分散在水中形成稳定悬浮液的物质，可以为水溶性高分子材料，如聚乙烯醇、聚丙烯酸钠、明胶、纤维素类高分子以及淀粉等，这些聚合物吸附在液滴表面，形成一层保护膜；也可以为不溶于水的无机物，如碳酸盐、硫酸盐、滑石粉、高岭土等，它们吸附在液滴表面，起机械阻隔作用。

悬浮聚合的过程如图 3-8 所示。油溶性单体首先在强烈搅拌的剪切力作用下形成小液滴，而小液滴与水之间的界面张力则使小液滴聚集并呈圆球状，因此剪切力与界面张力是一对竞争力。分散剂的加入在一定程度上降低了界面张力，使单体向形成小液滴的方向发展。在一定的搅拌剪切力和界面张力的共同作用下，液滴经过一系列分散、合并过程，构成动态平衡，最后达到一定的粒径及粒径分布。

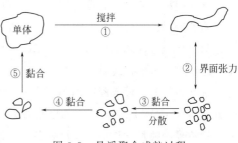

图 3-8　悬浮聚合成粒过程

产物的形态由多个因素共同决定，如搅拌强度越大，剪切力越大，则颗粒粒径越小；分散剂的浓度越大，颗粒粒径越小；单体与水的比例（油水比）越大，颗粒粒径越小等。聚合温度、引发剂种类和用量、分散剂种类以及单体种类等也对最终产物的粒径有一定的影响。悬浮聚合产物的粒径为 0.01~5mm，一般为 0.05~2mm。

悬浮聚合可以看作是改善本体聚合传热能力的一种特殊的方法，其散热和温度控制比本体聚合及溶液聚合容易得多，而且产品分子量及分布较稳定。但是也带来了一些缺点，如：聚合产物中有较多的分散剂，影响了聚合物的本征性能；难以实现连续化生产而一般采用间歇分批进行。

3.6.4 乳液聚合

3.6.4.1 概述

乳液聚合为单体在乳化剂和机械搅拌作用下，在水中分散成乳液状进行聚合的方法。在本体、溶液及悬浮聚合中，能使聚合速率提高的一些因素，往往使产物分子量降低。但在乳液聚合中，因该聚合方法具有特殊的反应机理，速率和分子量可同时较高，且乳液聚合得到的聚合物颗粒粒径约在 $0.05 \sim 0.2 \mu m$，比悬浮聚合得到的颗粒要小很多。常规乳液聚合体系由油溶性单体、水溶性引发剂、水和水包油型乳化剂构成。在反相乳液聚合体系中，单体为水溶性，引发剂为油溶性，聚合介质为油。

乳液聚合具有一系列优点，如下。

① 以水为分散介质，价廉安全。乳液的黏度低，且与聚合物的分子量及聚合物的含量无关，这有利于搅拌及输送，便于连续生产；也特别适宜于制备黏性较大的聚合物，如合成橡胶等。

② 聚合速率快，产物分子量高，在较低温度下聚合。增加乳化剂的用量，可同时增加聚合速率和聚合物分子量。

③ 散热易，乳液产品（胶乳）可以作为涂料、黏合剂和表面处理剂直接应用。

其缺点为当需要固体聚合物时，乳液需经破乳（凝聚）、洗涤、脱水、干燥等工序，生产成本较高；产品中乳化剂等杂质不易除尽，将影响最终产品的性能。

3.6.4.2 乳化剂及乳化作用

乳化剂是乳液聚合的重要组分，它可以使互不相溶的油（单体）和水转变为稳定且难以分层的乳液，这一变为乳液的过程称为乳化。乳化剂的乳化作用，在于它的分子是由亲水的极性基团和疏水（亲油）的非极性基团（一般为烷烃类）构成。乳化剂浓度很低时，是以分子状态溶解在水中；达到一定浓度后，乳化剂分子开始形成聚集体（约 $50 \sim 150$ 个分子），称为胶束（图 3-9）。形成胶束的最低乳化剂浓度，称为临界胶束浓度（CMC）。不同乳化剂的CMC 不同，CMC 愈小，表示乳化能力愈强。胶束的大小及数目取决于乳化剂的用量，乳化剂用量越多，则胶束越小，数目越多。无论胶束呈球状或棒状，胶束中乳化剂分子的疏水基团伸向胶束内部，亲水基团伸向水层。

在形成胶束的水溶液中加入单体后，极小部分单体以分子分散状态溶于水中；小部分单体可进入胶束的疏水层内，等于增加了单体在水中的溶解度，胶束增加至 $6 \sim 10nm$，这种溶有单体的胶束称为增溶胶束；而大部分单体经搅拌形成细小的液滴，粒径约为 $1000nm$，液滴的周围吸附了一层乳化剂分子，形成带电保护层，乳液得以稳定。

根据极性基团的性质，乳化剂可以分为阴离子型、阳离子型、两性型和非离子型四类。

阴离子型乳化剂的极性基团为阴离子，如

球状(低浓度时)
直径400~500nm

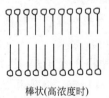

棒状(高浓度时)
直径100~300 nm

图 3-9　胶束的形状

—COO$^-$、—SO$_4^{2-}$、—SO$_3^{2-}$ 等，非极性基团一般为 C$_{11}$～C$_{17}$ 的直链烷基或由 C$_3$～C$_8$ 的烷基与苯或萘基结合在一起组成，如硬脂酸钠、十二烷基硫酸钠、十二烷基苯磺酸钠等。阴离子乳化剂在碱性溶液中比较稳定，遇酸、金属盐、硬水会失效，在三相平衡点以下将以凝胶析出，失去乳化能力（三相平衡点指乳化剂处于分子溶解状态、胶束、凝胶三相平衡时的温度。高于此温度则溶解度突增，凝胶消失，乳化剂只以分子溶解和胶束两种状态存在）。

阳离子型乳化剂的极性基团一般为胺盐和季铵盐，它们在酸性介质中较为稳定，但是在碱性介质中不稳定。阳离子型乳化剂乳化能力较弱，因此在乳液聚合中较少使用。

两性型乳化剂兼有阴离子和阳离子基团，如氨基酸盐、内铵盐等。

非离子型乳化剂的亲水基团不带电，代表性的有聚环氧乙烷、聚环氧乙烷-环氧丙烷共聚物、聚乙烯醇（PVA）等。非离子型乳化剂对 pH 变化不敏感，较稳定；但其乳化能力仍不如阴离子型乳化剂，一般不单独使用，常与阴离子型乳化剂合用（以改善纯阴离子乳化剂体系对 pH、电解质等的敏感性）。

乳化剂在乳液聚合中起着以下至关重要的作用。

① 降低表面张力。当乳化剂加入水中后，亲水基团受水的亲和力而朝向水，亲油基团则受到水的排斥而指向空气。将部分水-空气界面变为亲油基团-空气界面，由于油的表面张力小于水的表面张力，故乳化剂水溶液的表面张力小于纯水的表面张力。

② 降低界面张力。单体加入水中后，油-水之间的界面张力很大。当加入乳化剂后，其亲油基团伸向油相，而亲水基团则在水相，这样部分或全部油-水界面变成亲油基团-油界面，进而降低了界面张力。

③ 吸附在液滴表面形成保护膜，使乳液得以稳定。

④ 增溶作用，使部分单体溶于胶束内。

3.6.4.3 乳液聚合机理

下面以"理想"的乳液聚合体系，即单体、乳化剂难溶于水，引发剂溶于水，聚合物溶于单体的情况，来了解一下乳液聚合的机理。

单体和乳化剂在聚合前通常呈三种状态：极少量单体和少量乳化剂以分子分散状态溶解在水中；大部分乳化剂形成粒径为 4～5nm 的胶束，数目为 10^{17}～10^{18} 个/cm^3，胶束内溶有一定量的单体；大部分单体以液滴形式分散在水中，粒径约 1000nm，数目为 10^{10}～10^{12} 个/cm^3。

单体可能的聚合场所包括连续相，还有单体液滴和胶束等分散相。单体在连续相中溶解度低，因此连续相不会是主要的聚合场所。单体液滴不含引发剂，且单体液滴的总表面积远低于胶束的总表面积，水相中产生的自由基难以扩散到单体中，因此单体液滴也不是主要的聚合场所。胶束的总表面积很高，具有两亲性的结构，更易捕获水相中的自由基进行聚合。所以，乳液聚合的主要场所为胶束和随后形成的含聚合物的胶束。

增溶胶束内单体发生聚合后，将含有单体和聚合物的胶束称为乳胶粒。形成乳胶粒的过程称为成核作用，一般认为有两种成核机理：一是胶束成核。水相中生成的自由基（或与水相中单体反应生成的短链自由基）扩散进增溶胶束，引发聚合，这一过程称胶束成核。二是均相（水相）成核。水相中生成的自由基（或与水相中单体反应生成的短链自由基）由水相中沉淀出，同时通过从水相吸附乳化剂分子而稳定，接着扩散进入单体，形成乳胶粒，这一过程称均相成核。成核方式取决于单体在水中的溶解性和乳化剂的浓度，当单体水溶性大及乳化剂浓度低时，有利于均相成核，如乙酸乙烯酯的乳液聚合；反之则有利于胶束成核，如苯乙烯的乳液聚合。

根据聚合物乳胶粒的数目和单体液滴是否存在，乳液聚合可分为以下三个阶段。

① 成核期（增速期）：从聚合开始到自由胶束全部消失。

该阶段内，体系中存在胶束、乳胶粒和单体液滴。胶束逐渐消失，乳胶粒数目不断增多到恒定值，聚合反应速率随之递增，单体液滴数目基本不变、体积逐渐减小。成核期的长短与引发速率和单体的溶解度有关。引发速率低、单体溶解度小，则成核期延长，对应的单体转化率有所增加。

② 恒速期：从胶束消失开始到单体液滴消失为止。

该阶段内，体系含有乳胶粒和单体液滴。乳胶粒的粒径不断增加，其中的单体浓度基本不变，而单体液滴的体积和数目不断降低。单体对聚合物的溶胀能力不同，乳胶粒内单体的体积分数则不同，其大小按乙烯、氯乙烯、丁二烯、苯乙烯、甲基丙烯酸甲酯和乙酸乙烯酯依次降低。恒速期结束时的转化率随单体的不同而不同，单体在反应介质中溶解度高、对聚合物溶胀程度越大，则转化率就越低。

③ 减速期：从单体液滴消失到聚合结束。

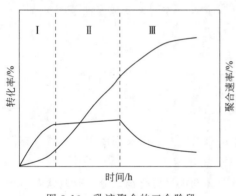

图 3-10　乳液聚合的三个阶段

该阶段内，体系中只剩下乳胶粒，乳胶粒内单体浓度不断降低，聚合速率随之减小。

图 3-10 表示了这三个阶段的转化率和聚合速率随时间的变化。

在乳液聚合中，聚合速率与胶粒数、单体浓度成正比，而多数聚合物和单体达到溶胀平衡时，单体的体积分数为 0.5～0.85，胶粒内单体浓度可高达 5mol/L，因此，乳液聚合速率较快；此外，由于隔离和包埋作用，乳液聚合中胶粒内自由基的寿命很长（10～100 s），远高于一般自由基的寿命，因而有较长的增长时间，从而可提高分子量。

思考题

3-1　下列烯类单体适用于何种机理聚合？自由基聚合、阳离子聚合还是阴离子聚合，并说明原因。

CH_2＝$CHCl$、CH_2＝CCl_2、CH_2＝$CHCN$、CH_2＝$C(CN)_2$、CH_2＝$CHCH_3$、CH_2＝$C(CH_3)_2$、CH_2＝CHC_6H_5、CF_2＝CF_2、CH_2＝$C(CN)COOR$、CH_2＝$C(CH_3)$—CH＝CH_2。

3-2　判断下列单体能否进行自由基聚合，并说明原因。

CH_2＝$C(C_6H_5)_2$、CH_3CH＝$CHCOOCH_3$、CH_2＝$C(CH_3)C_2H_5$、$ClCH$＝$CHCl$、

$CH_2 = CHOCOCH_3$、$CH_2 = C(CH_3) COOCH_3$、$CH_3CH = CHCH_3$、$CF_2 = CFCl$。

3-3 为什么说传统自由基聚合的机理特征是慢引发、快增长、速终止？在聚合过程中，聚合物的聚合度、转化率，聚合产物中的物种变化趋向如何？

3-4 以偶氮二异庚腈为引发剂，写出氯乙烯自由基聚合中各基元反应：链引发，链增长，偶合终止，歧化终止。

3-5 过氧化二苯甲酰和偶氮二异丁腈是常用的引发剂，有几种方法可以促使其分解成自由基？写出分解反应式。这两种引发剂的诱导分解和笼蔽效应有何特点，对引发剂效率的影响如何？

3-6 推导自由基聚合动力学方程时，做了哪些基本假定？

3-7 60℃过氧化二碳酸二乙基己酯在某溶剂中分解，用碘量法测定不同时间的残留引发剂浓度，数据如下：

时间/h	0	0.2	0.7	1.2	1.7
DCPD 浓度/(mol/L)	0.0754	0.0660	0.0484	0.0334	0.0288

试计算分解速率常数（s^{-1}）和半衰期（h）。

3-8 简述产生诱导期的原因。什么是阻聚剂？什么是缓聚剂？它们与诱导期有什么关系？

3-9 推导二元共聚物组成微分方程时有哪些基本假定？说明竞聚率 r_1、r_2 的定义，指明竞聚率数值所对应共聚反应的特点。

3-10 甲基丙烯酸甲酯（M_1）浓度＝5mol/L，5-乙基-2-乙烯基吡啶（M_2）浓度＝1mol/L，竞聚率：$r_1 = 0.40$，$r_2 = 0.69$。（a）计算共聚物起始组成（以摩尔分数计）；（b）求共聚物组成与单体组成相同时两单体摩尔配比。

3-11 阳离子聚合和自由基聚合的终止机理有何不同？采用哪种简单方法可以鉴别属于哪种聚合机理？

3-12 离子聚合过程中，能否发生自动加速现象？为什么？

3-13 丙烯进行自由基聚合、离子聚合及配位聚合，能否形成高分子量聚合物？试分析其原因。

3-14 试说明本体聚合、溶液聚合、悬浮聚合相互间的区别和联系。

3-15 乳液聚合过程可分为哪三个阶段？各阶段的标志与特征是什么？

第 4 章
逐步聚合

逐步聚合中，高分子链的增长具有逐步的特性。绝大多数缩聚反应都是典型的逐步聚合反应。聚酰胺、聚酯、聚碳酸酯、酚醛树脂、脲醛树脂、醇酸树脂等都是重要的缩聚物。许多带有芳杂环的耐高温聚合物，如聚酰亚胺、聚噁唑、聚噻吩等也是由缩聚反应制得。有机硅树脂是硅醇类单体的缩聚物。许多天然生物高分子也是通过缩聚反应合成，例如蛋白质是各种 α-氨基酸经酶催化缩聚而得；淀粉、纤维素是由糖类化合物缩聚而成，核酸（DNA 和 RNA）也是由相应的单体缩聚而成。逐步聚合反应中还有非缩聚型的，例如聚氨酯的合成、由己内酰胺合成尼龙 6 的反应，还有像 Diels-Alder 加成反应合成梯形聚合物等。这类反应按反应机理均属逐步聚合反应，是逐步加成反应。

近 20 年来，逐步聚合反应在合成高强度、高模量、耐高温等高性能聚合物新产品方面起到重要作用。

逐步聚合的基本特征包括以下四个方面：

① 聚合反应是通过单体功能基之间的反应逐步进行的；

② 每步反应的机理相同，因而反应速率和活化能大致相同；

③ 反应体系始终由单体和分子量递增的一系列中间产物组成，单体以及任何中间产物两分子间都能发生反应；

④ 聚合产物的分子量是逐步增大的。

其最重要的特征为聚合体系中任何两个带有不同功能基的分子（单体分子或聚合物分子）间都能相互反应。

逐步聚合的反应特点是在反应早期，单体间很快发生反应生成二聚体或低聚物，转化率在短时间内就已经很高，随着反应的进行，转化率不再发生变化。因此，延长反应时间不是为了提高转化率而是为了提高聚合度，这一点与链式聚合截然不同，两者的比较如图 4-1 所示。

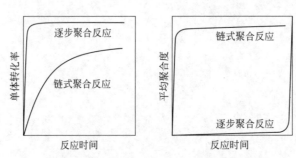

图 4-1　单体转化率、平均聚合度与反应时间的关系

4.1 逐步聚合的分类

以按聚合机理分类的方式，逐步聚合反应主要包括如下反应类型。

4.1.1 缩聚反应

缩聚反应（polycondensation reaction）是缩合聚合反应的简称，由原料单体发生缩合反应后得到聚合物。既然如此，那么参与反应的单体中必然要含有能参与缩合反应的官能团，包括—OH、—NH$_2$、—COOH、酸酐、—COOR、—COCl、—H、—Cl、—SO$_3$、—SO$_2$Cl等。从这一点出发，依据官能团的反应性质，缩聚反应的单体可大致分为以下几类：

（1）官能团 a 可相互反应的 a-R-a 型单体

带有同一类型的官能团（a-R-a）且官能团间可以相互反应，这种缩聚反应常称为均缩聚反应。如反应官能团 a 为羟基（—OH），两两相互反应可生成醚基连接的聚合物，此类单体体系记为"2"型单体体系。

（2）官能团 a 与 b 可反应的 a-R-b 型单体

带有不同类型的官能团（a-R-b），a 与 b 两两之间可以进行反应，此种缩聚反应也称为均缩聚反应。如氨基酸即属此类单体，氨基和羧基两两反应生成酰氨基连接的聚合物，此类单体体系亦记为"2"型单体体系。

（3）官能团 a 与 b 不能反应的 a-R-b 型单体

虽带有不同的官能团（a-R-b），通常 a 与 b 并不能发生反应，此种单体只能与其他单体一起进行共聚合。

（4）a-R-a+ b-R'-b 型单体

带有相同的官能团（a-R-a 或 b-R'-b），本身所带的官能团（a 与 a 之间或 b 与 b 之间）不能相互反应，只有同另一种单体上所带的另一类型的官能团（即 a 与 b 间）进行反应，这种缩聚反应常称为混缩聚，如 a 为氨基（—NH$_2$），b 为羧基（—COOH），a 和 b 两两之间可反应生成酰氨基连接的聚合物，此类单体体系记为"2-2"型单体体系。

（5）单体上能参与反应的官能团数大于 2 的情况

如果单体体系中有一种单体，它带有 2 个以上能参与反应的官能团，例如甘油带有能参与反应的官能团数为 3，则这种单体与另外的单体组成的体系进行聚合反应，得到支链型或三维网状大分子。

单体的反应活性对聚合过程和聚合物的聚合度都有影响。单体通过官能团进行反应，因此，单体的活性直接依赖于官能团的活性。例如聚酯可通过醇类（含羟基—OH）单体与下列带有不同官能团的单体反应来制取，它们的活性次序由强到弱排列为：酰氯＞酸酐＞羧酸＞酯。

尽管有些逐步聚合反应体系参与反应的反应中心不是通常所说的基团，但是为了便于讨论，仍把它视为官能团。例如，带有潜在官能团的单体体系苯酚与甲醛，其中甲醛可与苯酚中酚羟基对位及邻位氢原子发生缩合反应，该体系中发生反应的氢原子可视为官能团。

一个参与反应的单体上所含有的能参与反应的官能团数称为官能度。

官能度是单体所含官能团的数目，它的确认也要依据具体的聚合反应。如对于苯酚而言，当进行酰化反应时，仅羟基发生反应，因此官能度为 1；当与甲醛进行反应制备酚醛树脂时，羟基邻位及对位的氢原子均能发生反应，因此官能度为 3。

OH ← 进行酰化反应，官能度为1

← 与醛缩合，官能度为3

根据反应单体官能度的不同，缩聚反应包括线型缩聚反应和体型缩聚反应。线型缩聚的必要条件是需要一种或两种双官能度单体。例如乙二醇与己二酸均为双官能度单体，记为 2-2 官能度体系，缩聚反应如下：

$$n\,HO—(CH_2)_2—OH+n\,HOOC—(CH_2)_4—COOH$$
$$\longrightarrow H—[O—(CH_2)_2—COO—(CH_2)_4—CO]_n—OH+(2n-1)H_2O$$

又如 ω-氨基羧酸官能度为 2，它的特点是一种单体的两端含有可相互缩合的不同种官能团，记为 2 官能度体系，只此一种单体即可进行缩聚反应：

$$n\,H_2N—R—COOH \longrightarrow H—[HN—R—CO]_n—OH+(n-1)H_2O$$

与混缩聚相对，这种只有一种单体进行的缩聚反应，称为均缩聚。

相应地，如体系中使用一个双官能团单体和一种三官能团单体或一种四官能团单体进行缩聚，就分别记作"2-3"或"2-4"体系，它们中含有多官能团单体，除了初期能生成线型缩聚物外，侧基也能缩合并生成支链，进一步形成体型结构，这称作体型缩聚反应。如邻苯二甲酸酐和甘油是 2-3 型官能度体系，在羧基和羟基用量合适的情况下可先生成线型预聚物，再支化，最后交联得体型聚合物。

缩聚反应还有共缩聚的情况，一般认为在均缩聚中加入第二单体或在混缩聚中加入第三单体甚至第四单体进行的缩聚反应称为共缩聚，产物可分为无规共缩聚物、交替共缩聚物和嵌段共缩聚物，与链式共聚合类似。

无规共缩聚可适当降低聚合物的 T_g、T_m，可合成聚氨酯、聚酯型热塑性弹性体。

按反应的热力学特征分类，缩聚反应可分为平衡缩聚反应及不平衡缩聚反应。平衡缩聚反应的平衡常数小于 10^3，聚合过程中单体与聚合物之间存在可逆平衡；而不平衡缩聚反应的平衡常数大于 10^3，反应中可认为不存在可逆平衡。

缩聚物一般为杂链聚合物，主链除 C 外，还常含 N、O、S、P 等元素，且保留有官能团的结构特征，如—O—、—CONH—、—COO—等。据此，又可把缩聚反应分为聚酯、聚酰胺、聚醚反应等类型。

4.1.2　逐步开环聚合

环状单体的开环聚合，机理上也有属逐步聚合的情况，如己内酰胺，以水作催化剂可开环聚合为聚酰胺，链的增长过程具有逐步性，其商业名称为尼龙6，是一大合成纤维品种。

$$n \, NH(CH_2)_5CO \longrightarrow -[NH(CH_2)_5CO]_n$$

4.1.3 聚加成

二异氰酸酯和二元醇加成获得聚氨酯的反应是典型的聚加成反应。反应式如下：

$$n \, OCNRNCO + n \, HOR'OH \longrightarrow -[CNHRNHCOR'O]_n$$

该反应中，醇的活性氢最后加成到异氰酸酯基的氮原子上，属于逐步聚合机理。不同于缩聚的一点是反应中无低分子析出，是一种加成型聚合反应。

更一般地说，逐步聚合反应是含活泼氢官能团的亲核化合物与含亲电不饱和官能团的亲电化合物之间的聚合。含活泼氢的官能团有—NH_2，—NH，—OH，—SH，—SO_2H，—COOH，—SiH 等；亲电不饱和官能团主要为连二双键和三键，如—C＝C＝O，—N＝C＝O，—N＝C＝S，—C≡C—，—C≡N 等。此外还有一些重要的反应在机理上也属于逐步聚合反应，如 Diels-Alder 反应，环化缩聚反应制聚酰亚胺，氧化偶合缩聚制聚苯醚等。

4.2 线型缩聚反应

前已述及，缩聚反应是单体携带的可发生缩合反应的官能团之间的多次反应而生成聚合物的过程，体现出线型缩聚机理上的逐步性。

4.2.1 线型缩聚的逐步性

缩聚反应中持续的缩合反应的进行使产物的聚合度不断增大。通常，缩合反应的发生使得体系有低分子物质析出（如水）。现以 aAa 和 bBb 表示 2-2 单体体系中的单体，官能团 a 和 b 可相互发生缩合反应，以 aABb 表示二聚体、aABAa 或 bBABb 表示三聚体等，再以 ab 表示低分子副产物，则：

$$aAa + bBb \longrightarrow aABb + ab$$
$$aABb + aAa \longrightarrow aABAa + ab$$
$$aABb + bBb \longrightarrow bBABb + ab$$
$$aABb + aABb \longrightarrow aABABb + ab$$
$$aABAa + aABb \longrightarrow aABABAa + ab$$

上述机理表明，缩聚反应中，链的增长是由单体缩合生成二聚体、三聚体等，生成的这些低聚体不仅可与单体发生缩合反应，而且它们相互之间还发生缩合反应，生成更高聚合度的聚合体，因此，也就形成了在缩聚反应中的单体与单体之间、单体与低聚物之间和低聚体与低聚体之间的混（缩合）增长过程。聚合体的聚合度恰恰是通过这种混增长而提高。在聚合体系中单体很快消失而转变成为低聚体；随着聚合过程的进行，体系中聚合产物的聚合度不断增加而体系中的总分子数目不断减少，且前者的增加以后者的减少为代价。其反应通式可写为：

$$a[AB]_ib + a[AB]_jb \longrightarrow a[AB]_nb + ab(i,j=1,2,3,\cdots;n=i+j)$$

4.2.2 线型缩聚的平衡性

线型缩聚除具有逐步性这一典型的特征外，通常，缩聚反应是可逆反应，也就是说它还具有可逆性。以聚酯的生成为例可说明之。生成聚酯的基元反应是羟基与羧基发生的多次缩合反应。假定：无论官能团被单体携带还是被聚合体携带，也不论聚合体的聚合度有多大，该官能团的反应能力是相同的，即官能团是等活性的（后面还要对此假设做证明）。从而就有：

$$-OH + -COOH \underset{k_{-1}}{\overset{k_1}{\rightleftharpoons}} -OCO- + H_2O$$

平衡常数为：

$$K = \frac{k_1}{k_{-1}} = \frac{[-OCO-][H_2O]}{[-OH][-COOH]} \tag{4-1}$$

缩聚反应的可逆程度可由平衡常数的大小来衡量，根据平衡常数的大小将线型缩聚大致分为三类：

① 平衡常数小，如聚酯反应 $K=4$，低分子副产物水的存在对聚合度影响很大，应设法除去；

② 平衡常数中等，如聚酰胺反应 $K=300\sim700$，水对聚合度影响不大；

③ 平衡常数很大，如聚碳酸酯和聚砜一类的缩聚，平衡常数总在几千以上，此时可看作不可逆。

逐步性是所有缩聚反应所共有的，但平衡性则因不同的缩聚反应体系而有很大差别。

在封闭体系中进行缩聚反应时，产物和小分子副产物的逆反应，往往使聚合物分子量难以提高。为了提高缩聚物的分子量，必须打破平衡，在工业生产中常采用减压除去副产物小分子的方法使平衡向着有利于生成大分子的方向移动。如聚对苯二甲酸乙二醇酯生产时，产物分子量的大小主要决定于体系真空度的高低（反映在残余副产物小分子的量的多少），即源于此。

4.2.3 缩聚反应的副反应

（1）成环反应

在缩聚反应的每一步，链增长的同时，环化反应将会发生，特别是当：链增长缓慢；单体浓度较低；满足生成热力学稳定环状产物时（五元环和六元环稳定，七元环亚稳定）。满足以上三条件或其中之一时，易发生成环反应，否则，以生成线型聚合物为主。例如氨基酸（如氨基乙酸，记作"1"），缩合生成二聚体（记作"2"），2 可能生成环状二聚体（记作"3"）或三聚体（记作"4"）。环化可生成环状二聚体、三聚体或更高的环状低聚体，前提条件则取决于生成环的稳定性。

（2）官能团消去反应

二元酸受热会发生脱羧基反应，引起官能团等当量比的变化，从而影响缩聚产物的聚合度。

$$HOOC(CH_2)_nCOOH \longrightarrow HOOC(CH_2)_nH + CO_2$$

羧酸酯的稳定性比羧酸好，对于易脱羧基的二元酸，则可利用其酯来制备缩聚物。二元胺有可能进行分子内或分子间的脱氨反应。

（3）化学降解反应

聚酯化和聚酰胺化都是可逆反应，其逆反应是高分子量的聚合物的化学降解。典型的例子是聚酯的水解，因此热塑性聚酯、聚酰胺、聚氨酯在熔体成型加工前必须进行干燥处理，低分子醇或酸可使聚酯在酯键处醇解或酸解。

醇解反应：

$$H-[OROCOR'CO]_m-[OROCOR'CO]_p-OH + HORO-H$$
$$\longrightarrow H-[OROCOR'CO]_m-OROH + H-[OROCOR'CO]_p-OH$$

酸解反应：

$$H-[OROCOR'CO]_m-[OROCOR'CO]_p-OH + HOOCR'CO-OH$$
$$\longrightarrow H-[OROCOR'CO]_m-OH + HOOCR'CO[OROCOR'CO]_p-OH$$

聚酰胺不仅发生类似的水解和酸解反应，而且还能发生胺解：

$$H-[NHRNHCOR'CO]_m-[NHRNHCOR'CO]_p-OH + H_2NRNH-H$$
$$\longrightarrow H[NHRNHCOR'O]_m-HNRNH_2 + H-[NHRNHCOR'O]_p-OH$$

在合成酚醛树脂中，一旦交联固化，可加入过量的酚使之酚解成为低聚物而回收利用。这种做法是对该副反应的正面应用。

（4）链交换反应

一个聚酯分子中的端基可以与另一聚酯分子中的中间酯键进行链交换反应，这实质上也属于醇解或酸解。两个酯基分子也可在中间酯键处进行链交换。

$$H-[OROCOR'O]_m-[OROCOR'O]_n-OH + H-[OROCOR'O]_p-[OROCOR'O]_q-OH$$
$$\longrightarrow H-[OROCOR'O]_m-[OROCOR'O]_q-OH + H-[OROCOR'O]_p-[OROCOR'ON]_q-OH$$

（5）热降解及交联

缩聚产物在聚合后期和挤出加工中会发生热降解或支化甚至交联。聚酰胺在受热过程中发生热分解。尽管这种热分解不太明显，但影响聚合物的物理性能。降解由大分子链上—NH—CH₂—骨架的均裂产生的自由基引发。裂解过程中放出水和二氧化碳。水进一步水解酰胺键［—NH—C(O)—］而导致进一步的降解。末端氨基—NH₂与主链羰基反应会生成支链，严重时引起聚合物的交联，聚酯（如聚对苯二甲酸乙二酯）在其熔点以上是相当稳定的，可是在300～700℃下裂解为二氧化碳、乙醛和对苯二甲酸，以及像水、甲烷、乙炔等低分子量产物。

4.2.4 反应程度及聚合度

缩聚早期，单体很快消失，转变成二、三、四聚体，转化率很快就变得很高，而分子量则逐步增加。所以研究缩聚过程中转化率并无实际意义，改用反应基团的反应程度来表述反应进行的深度更为确切。缩聚过程中，聚合度逐步增加，以后的反应主要在低聚物间进行，延长反应时间，主要是为了提高聚合度，而不是转化率。

下面以等物质的量的二元酸和二元醇的缩聚为例来说明反应程度：

以 N_0 表示体系中的羧基数或羟基数，它也等于二元酸与二元醇的分子总数，也等于反应时间为 t 时的结构单元数。以 N 表示反应到时间 t 时体系中残留的羧基数或羟基数，它也等于生成聚酯的分子数。

反应程度是参加反应的官能团数（N_0-N）占起始官能团数 N_0 的分数，用 P 表示：

$$P = \frac{N_0 - N}{N_0} = 1 - \frac{N}{N_0} \tag{4-2}$$

例如，一种缩聚反应，单体间双双反应很快全部变成二聚体，就单体转化而言，转化率达 100%，但是官能团的反应程度仅 50%。

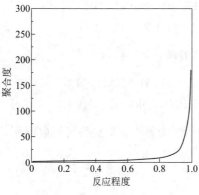

图 4-2 聚合度与反应程度的关系

聚合度 $\overline{X}_n$ 指高分子中含有的结构单元的数目：

$$\overline{X}_n = \frac{结构单元总数目}{高分子数} = \frac{N_0}{N} \tag{4-3}$$

由反应程度与聚合度的关系式，可得：

$$\overline{X}_n = \frac{1}{1-P} \tag{4-4}$$

符合此式须满足官能团等物质的量的条件，聚合度将随反应程度的增加而增加，例如，当 $P=0.9$ 时，$\overline{X}_n=10$；而当 $P=0.995$ 时，$\overline{X}_n=200$。聚合度与反应程度的关系可用图 4-2 来表示。

4.2.5 线型缩聚物聚合度的影响因素

4.2.5.1 反应程度对聚合度的影响

由聚合度与反应程度的关系可知，在任何情况下，缩聚物的聚合度均会随着反应程度的增大而增大。但是，在某些情况下，反应程度会受到一定的限制，达不到很高的值。例如在可逆反应中，或是在原料非等摩尔比的反应中，反应程度都将受到限制，难以获得高聚合度的缩聚物。

利用缩聚反应的逐步特性，可以通过冷却控温的手段来控制反应程度，以获得相应的分子量。

4.2.5.2 缩聚平衡对聚合度的影响

对于平衡常数比较小的缩聚反应，如聚酯化反应，平衡常数对反应程度有影响，进而对聚合度将产生较大的影响。如过程中不及时除去低分子副产物，逆反应将非常明显，得不到很高的反应程度和产物的聚合度。正、逆反应达到平衡时，总的聚合速度为零。

（1）封闭体系

在两官能团等当量比且不除低分子副产物水时，有如下关系式：

$$\overline{X}_n = \sqrt{K} + 1 \tag{4-5}$$

聚酯反应的 $K=4$，在密闭系统中，2-2 体系的最高 P 值为 2/3。聚酰胺反应的 $K=400$，最高 P 值也只有 0.97，$\overline{X}_n < 21$。如果 $K=10^4$，才能达到 101，这一体系才有可能考虑为不可逆体系，不必排出低分子副产物。

（2）（减压除低分子副产物的）开放体系

一般情况下缩聚体系均采用减压、加热或通入惰性气体等措施来排除副产物以减少逆反应。在开放体系下：

$$\overline{X}_n = \sqrt{\frac{K}{n_w}} \tag{4-6}$$

上式表明，聚合度与平衡常数的平方根成正比，与低分子副产物浓度平方根成反比。

从上式可看到，在实际操作中，需要采取一定的措施，如减压、加热、通入惰性气体等手段尽量排除小分子副产物，来提高缩聚物的聚合度。此外，不同的缩聚反应，由于平衡常数的差别，在生产中允许的 n_w 也不同，如为了使 $\overline{X}_n > 100$，在聚酯反应中（$K=4$），要求 $n_w < 4 \times 10^4\, \text{mol/L}$，因此生产条件需要高真空度；对于聚酰胺反应（$K=400$），要求 $n_w < 4 \times 10^2\, \text{mol/L}$，生产中要求的真空度稍低；对于可溶性酚醛树脂（$K=1000$），则对生产条件没有特殊要求，甚至可以在水介质中进行反应。

4.2.5.3 基团数比对聚合度的影响

反应程度和平衡条件是影响线型缩聚物聚合度的重要因素，但不能用作控制聚合度的手段，因为缩聚物分子两端仍保留着可继续反应的官能团。通过端基封锁是一种有效控制聚合度的方法。可以在两官能团等摩尔比的基础上，使某一单体稍微过量，或者加入少量单官能团的单体，都可以达到这个目的，使其在能获得符合使用要求分子量聚合物的前提下，适当偏离化学计量比，使分子链两端带上相同的官能团。

非等当量比对聚合度的影响可分为以下几种情况进行讨论：

① 当所用的单体 aAa 和 bBb，起始反应官能团非等当量比时，聚合度不仅与反应程度有关，还与官能团配料比有关。官能团配料比常用当量系数 r 来表示，r 可定义为

$$r = \frac{N_a}{N_b} < 1 \tag{4-7}$$

式中，N_a为起始的a官能团的总数；N_b为起始的b官能团的总数。规定$r<1$，即意味着b官能团过量。bBb单体的分子过量分率q与r有以下关系

$$q = \frac{(N_b - N_a)/2}{N_a/2} = \frac{N_b - N_a}{N_a} = \frac{1-r}{r} \qquad (4\text{-}8)$$

或

$$r = \frac{1}{q+1} \qquad (4\text{-}9)$$

下一步要求出聚合度$\overline{X}_n$与r（或q），以及反应程度P的关系式。设官能团a的反应程度为P，则a官能团的反应数为N_aP，也是b官能团的反应数；a官能团的残留数为$N_a - N_aP$；b的残留数为$N_b - N_aP$；a、b官能团的残留总数为$N_a + N_b - 2N_aP$。

残留的官能团总数分布在大分子的两端，而每个大分子有两个官能团，则体系中大分子总数是端基官能团数的一半，为$(N_a + N_b - 2N_aP)/2$。

体系中的结构单元数等于单体分子数$(N_a + N_b)/2$。

根据$\overline{X}_n$等于结构单元总数除以高分子总数的定义，可得

$$\overline{X}_n = \frac{(N_a + N_b)/2}{(N_a + N_b - 2N_aP)/2} = \frac{1+r}{1+r-2rP} = \frac{q+2}{q+2(1-P)} \qquad (4\text{-}10)$$

上式表示平均聚合度与基团数比，以及反应程度之间的定量关系。

有两种极限情况：

当$r=1$时，官能团是等当量比，则可得式（4-4）。

当$r<1$，$p \to 1$时，意味着官能团b是过量的，a完全反应（$P \approx 1$）后过量的b不能再反应，达到了平均最高聚合度。此时

$$\overline{X}_n = \frac{1+r}{1-r} = \frac{2}{q} + 1 \approx \frac{2}{q} \qquad (4\text{-}11)$$

【例 4-1】 1mol对苯二甲酸与1.01mol乙二醇进行聚合反应，计算反应程度为0.99时所得聚酯的理论聚合度。

解： $r = 1 \div 1.01 = 0.990$，则

$$\overline{X}_n = \frac{1+r}{1+r-2rP} = \frac{1+0.990}{1+0.990-2\times0.990\times0.995} = 67$$

② aAa和bBb等物质的量，另加少量单官能团物质C_b，则

$$r = \frac{N_a}{N_a + 2N_b'} \qquad (4\text{-}12)$$

式中，N_b'为含官能团b的单官能团物质C_b的基团数；2表示一分子C_b中的1个官能团相当于一个过量bBb分子双官能团的作用。

经过推导，同样可得式（4-10）。

③ aRb体系中加入少量C_b，一分子aRb相当于由一分子aAa以及一分子bBb反应生成

的二聚体，经过推导，也可得到式（4-10）。

4.3 体型缩聚反应

多官能度体系（其中一单体官能度 $f \geqslant 3$）缩聚时，先产生支链，而后交联成体型结构的缩聚反应，称为体型缩聚反应，最终产物称为体型缩聚物。体型缩聚物的分子链在三维方向发生键合，结构较线型缩聚物复杂，且不溶不熔，但是通常具有耐热性高、尺寸稳定性好、力学性能优良等优点。

4.3.1 单体的官能度与体系的交联反应

前已述及，官能度是一个单体分子中能参与反应的官能团数。2-2 或 2 官能度的单体体系进行缩聚时只能形成线型聚合物。当其中一种或多种单体具有 3 或 3 以上实际能参与反应的官能团时，反应的结果便是先形成支链，而后进一步反应则交联形成体型聚合物。

例如：丙三醇单体与二元酸酐反应，每一个丙三醇上的三个羟基若能完全反应，则一个丙三醇形成一个支化点。现用 b 表示丙三醇上的羟基，a 表示二元酸酐的羧基，且取 4mol 的丙三醇和 9mol 的二元酸完全反应，在分子中含有 6 个未反应的羧基，如果再加入丙三醇，这些羧基就能继续反应，因此，这样的缩聚反应开始生成支化聚合物，然后在合适的条件下聚合度迅速增长，最终能生成无限大的三维交联网络结构，即体型聚合物。这样的聚合反应称为体型缩聚。需指出的是体型聚合物只能被溶剂溶胀而不能被溶解，也不能受热熔融。如果交联程度很高的话聚合物完全不受溶剂的影响。

在工艺上，体型缩聚反应往往分成三个阶段：第一阶段聚合，反应程度很小，聚合度也很小，生成的聚合物叫预聚物。它是线型或支链型低聚物，聚合度约为 $70 \sim 700$，预聚物有良好的溶解性和熔融性。第二阶段聚合，反应程度接近"凝胶点"，此时聚合物的溶解性能变差，但能熔融，可以加工成型。第三阶段是固化交联。

在整个体型缩聚过程中，聚合反应进行到某一反应程度时，开始交联，黏度骤增，气泡也难以上升，出现了"凝胶"，这时的反应程度叫作凝胶点（P_c）。因此凝胶点的定义就是开始出现凝胶的临界反应程度。出现凝胶点时，体系中存在不能溶解的凝胶，是许多线型和支化分子键合交织在一起，聚合度近乎无限大，但在交联网络之间也存在很多溶胶，可以用溶剂浸出来。溶胶可以进一步交联成凝胶。随凝胶化作用继续进行，溶胶逐渐减少，凝胶逐渐增加，最终生成尺寸稳定、耐热性好的热固性聚合物。

预聚物制备阶段和交联固化阶段，凝胶点的预测和控制都很重要：预聚阶段，反应程度如果超过凝胶点，将使预聚物固化在聚合釜内而报废；预聚物应用阶段，则须掌握适当的固化时间，即达到凝胶点的时间。例如对热固性泡沫材料，要求其固化快，否则泡沫就要破灭；又如用热固性树脂制造层压板时，固化过快，将使材料强度降低。

在二元醇和二元酸反应中只得线型聚合物，因此支化和交联的程度完全由多官能团单体与双官能团单体的比例来决定。正是因为如此，以下的预测凝胶点的方法由多官能团单体所占有的比例来计算。

4.3.2 凝胶点的预测

Carothers 认为缩聚反应程度达到凝胶点时，其产物的数均聚合度为无穷大，以此理论导出 Carothers 方程。

（1）两官能团等当量比

假定 a 和 b 两种官能团是等当量反应，则单体混合物的平均官能度是每一个分子所具有的官能团数目的加和平均：

$$\bar{f} = \frac{\sum f_i N_i}{\sum N_i} = \frac{f_a N_a + f_b N_b + \cdots}{N_a + N_b + \cdots} \tag{4-13}$$

式中，N_i 是官能度为 f_i 的单体 i 的分子数。发生体型缩聚的必要条件则是 $\bar{f} > 2$。

例如：2mol 的丙三醇（$f = 3$）和 3mol 邻苯二甲酸酐（$f = 2$）的缩聚体系。a 官能团羟基的总数为 6，b 官能团羧基的总数为 6，故两官能团等当量比，其体系的平均官能度为 $(2 \times 3 + 3 \times 2) \div (2 + 3) = 2.4$，大于 2，有产生凝胶化的可能性。

设体系中混合单体起始总分子数为 N_0，则起始官能团总数为 $N_0 \bar{f}$。反应程度达到 P 时，体系中的分子总数为 N，则已反应的官能团总数为 $2(N_0 - N)$，系数表示减少一个分子就有两个官能团反应成键。根据反应程度的定义，t 时参加反应的官能团数除以起始官能团数即为反应程度：

$$P = \frac{2(N_0 - N)}{N_0 \bar{f}} = \frac{2}{\bar{f}} - \frac{2N}{\bar{f} N_0} = \frac{2}{\bar{f}} - \frac{2}{\bar{f} \overline{X}_n} \tag{4-14}$$

则

$$P = \frac{2}{\bar{f}} \left(1 - \frac{1}{\overline{X}_n} \right) \tag{4-15}$$

凝胶时，考虑聚合度无穷大，则凝胶点时的临界反应程度

$$P_c = \frac{2}{\bar{f}} \tag{4-16}$$

据上式，上述 2mol 丙三醇和 3mol 邻苯二甲酸酐缩聚体系，$P_c = 2 \div 2.4 = 0.883$，此时出现凝胶点。

（2）两官能团不等当量比

如果两官能团不等当量比，用上式计算平均官能度是不合适的。例如 1mol 丙三醇与 7mol 邻苯二甲酸酐进行缩聚，用上式计算的 $\bar{f} = 13 \div 6 = 2.17$，似乎能产生凝胶化，凝胶点 $P_c = 2 \div 2.17 = 0.922$。实际上既不能生成聚合物也不能产生凝胶。原因是苯酐过量太大，羟基全部反应后，过剩的羧基封锁了所用的端基，残留的羧基不能再反应。

因此，在官能团不等当量时，平均官能度的计算以不过量组分官能团总数的两倍除以体系中的分子总数。也就是说，体系是否交联取决于含量少的组分或含量少的那种官能团，反

应过量部分不起作用，只能使平均官能度降低。据此原理，上例中的平均官能度应等于 $2 \times 3 \div (1+7) = 1$，这样低的平均官能度只能生成低聚物，不会凝胶化。

上面所举的例子中，邻苯二甲酸酐和丙三醇体系是 2-3 官能度体系。实际的应用中还有 2-2-3 体系，若设三种单体为 A、B 和 C，它们混合进行体型缩聚，官能度分别为 $f_A = 2$、$f_B = 2$ 和 $f_C = 3$，假定 A 和 C 两种单体含有相同的官能团 a，B 单体含有官能团 b，且 a 官能团数少于 b 官能团数，则 $(N_A f_A + N_C f_C) < N_B f_B$，由此平均官能度 $\bar{f}$ 按下式计算：

$$\bar{f} = \frac{2(N_a f_a + N_c f_c)}{N_a + N_b + N_c} \tag{4-17}$$

（3） Carothers 方程计算线型缩聚中聚合物平均聚合度的应用

有了 Carothers 方程可以大大简化线型缩聚中聚合度的计算，由式（4-15）经重排，可推出

$$\bar{X}_n = \frac{2}{2 - P\bar{f}} \tag{4-18}$$

在实际生产中，两原料不等当量比，平均官能度按非等当量平均官能度方法计算。已知反应所达到的反应程度 P 时，就可由上式求出平均聚合度。

（4）凝胶点的实验测定

体型缩聚中，反应程度达到一定程度，体系黏度突然上升，体系难以流动，气泡也无法上升，这时就定为实测凝胶点，从而实验方法就常用气泡上升法。气泡难以上升时，取样分析残留的官能团，计算此时的反应程度。例如：丙三醇和二元酸体系，羟基和羧基等当量比时进行体型缩聚，测得凝胶点 $P_c = 0.767$。按 Carothers 方程计算得 $P_c = 0.883$。也就是说，Carothers 值大于实测值，其原因是 Carothers 假定凝胶点时数均聚合度为无穷大，实际上，平均聚合度不太高时就产生凝胶化，虽然聚合度无限大的凝胶存在但同时还有聚合度比平均聚合度小的溶胶存在，且有相当的数量。

4.4 缩聚反应的实施方法

4.4.1 熔融缩聚

熔融缩聚是单体和聚合产物均处于熔融状态下的聚合反应，是最简单的缩聚方法，只有单体和少量催化剂。其优点在于产物纯净，分离简单；通常以釜式聚合，生产设备简单，是工业上和实验室常用的方法。

熔融缩聚在工艺上有以下特点：①反应温度高，一般在 200～300℃之间，比生成聚合物的熔点高 10～20℃，一般不适合生产高熔点的聚合物；②反应时间长，一般都在几小时以上，延长反应时间有利于提高缩聚物的分子量。为避免高温时缩聚产物的氧化降解，常需在惰性气体（N_2、CO_2）中进行。为获得高分子量产物，聚合后期一般需要减压，甚至在高真

空下进行。反应完成后，聚合物以黏流状态从釜底流出，制带、冷却、切粒等。

4.4.2 溶液缩聚

溶液缩聚是单体在溶剂中进行的一种聚合反应，溶剂可以是纯溶剂，也可以是混合溶剂。溶液缩聚是工业生产的重要方法，其规模仅次于熔融缩聚，用于一些耐高温高分子的合成，如聚砜、聚酰亚胺、聚苯醚。

溶液缩聚的特点如下：①聚合温度低，常需活性高的单体，如二元酰氯、二异氰酸酯；②反应和缓平稳，有利于热交换，避免了局部过热，副产物能与溶剂形成恒沸物被带走；③反应不需要高真空，生产设备简单；④制得的聚合物溶液，可直接用作清漆、胶黏剂等；⑤溶剂的使用，增加了回收工序及成本。

4.4.3 界面缩聚

界面缩聚是将两种单体溶于两种互不相溶的溶剂中，混合后在两相界面处进行的缩聚反应。

界面缩聚的特点如下：①单体活性高，反应快，可在室温下进行，反应速率常数高达 $10^4 \sim 10^5$；②产物分子量可通过选择有机溶剂来控制，大部分反应是在界面的有机溶剂一侧进行，较良溶剂，只能使高分子级分沉淀；③对单体纯度和当量比要求不严格，反应主要与界面处的单体浓度有关；④原料酰氯较贵，溶剂回收麻烦，应用受限。己二胺与己二酰氯界面缩聚见图 4-3。

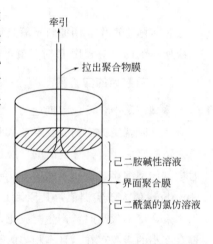

图 4-3 己二胺与己二酰氯界面缩聚

4.4.4 固态缩聚

固态缩聚是单体或预聚体在固态条件下的缩聚反应，通常固态缩聚适用温度范围窄，一般比单体熔点低 15～30℃，一般采用 AB 型单体，存在诱导期，且聚合产物分子量分布比熔融聚合产物宽。

思考题

4-1 简述逐步聚合和缩聚、缩合和缩聚、线型缩聚和体型缩聚、自缩聚和共缩聚的关系和区别。

4-2 简述线型缩聚反应的逐步机理，以及转化率与反应程度之间的关系。

4-3 简述缩聚反应中的消去、化学降解、链交换等副反应对缩聚有哪些影响，探讨其有无可利用之处。

4-4 影响线型缩聚物聚合度的因素有哪些？两单体非等化学计量，如何控制聚合度？

4-5 体型缩聚时有哪些基本条件？平均官能度如何计算？

4-6　聚酯化反应和聚酰胺化反应的平衡常数有何差别？对缩聚条件有何影响？

4-7　由 1mol 丁二醇和 1mol 己二酸合成分子量为 5000 的聚酯，试做下列计算：a. 两基团数完全相等，忽略端基对分子量的影响，求终止缩聚的反应程度 P。b. 在缩聚过程中，如果有 0.5%（摩尔分数）丁二醇脱水成乙烯而损失，求到达统一反应程度时的分子量。c. 如何补偿丁二醇脱水损失，才能获得同一分子量的缩聚物？d. 假定原始混合物中羧基为 2mol，其中 1.0% 为醋酸，无其他因素影响两基团数比，求获得同一聚合度所需的反应程度 P。

4-8　按 Carothers 法计算下列混合物的凝胶点：

a. 邻苯二甲酸酐和甘油摩尔比 1.50∶0.98；

b. 邻苯二甲酸酐、甘油、乙二醇的摩尔比 1.50∶0.99∶0.002；

c. 邻苯二甲酸酐、甘油、乙二醇的摩尔比 1.50∶0.500∶0.700。

第 5 章

聚合物的化学反应

聚合物的化学反应是通过官能团的化学转化而实现的，又可以称其为聚合物官能团的化学转化。

研究聚合物的化学反应可对天然和合成高分子进行化学改性，扩大聚合物的品种和应用范围，合成具有特定功能的高分子材料。早在 19 世纪，天然高分子化学改性开始发展，如天然橡胶的硫化（1839 年）、硝酸纤维素塑料赛璐珞的出现（1868 年）、黏胶纤维的生产（1893—1898 年）。随后，聚醋酸乙烯酯水解制备聚乙烯醇、聚丙烯酰胺水解形成聚丙烯酸、聚苯乙烯离子交换树脂、聚丙烯腈热解成环制备碳纤维等利用聚合物的化学反应制备的新材料相继问世。

研究聚合物的化学反应可以了解结构与稳定性之间的关系，探讨聚合物使用过程中空气、水、光等物理化学因素对性能变坏或老化的影响，提出防老化措施；能够了解聚合物化学结构及其破坏因素和规律，研究降解原理，指导废弃聚合物的处理；还可以在理论上研究和验证聚合物的高分子结构。

因此，研究聚合物的化学反应无论在理论上和实用上都具有重大的意义。

5.1 聚合物化学反应的分类及特性

5.1.1 聚合物化学反应的分类

根据高分子的功能基及聚合度的变化可分为以下两大类。

① 聚合物的相似转变，反应仅发生在聚合物分子的侧基上，即侧基由一种基团转变为另一种基团，并不会引起聚合度的明显改变。

② 聚合物的聚合度发生根本改变的反应，包括聚合度变大的化学反应，如扩链（嵌段、接枝等）和交联，以及聚合度变小的化学反应，如降解与解聚。

5.1.2 聚合物化学反应的特征

聚合物的化学反应是有机基团反应的延伸，聚合物和低分子同系物可以进行相同的化学反应，比如，聚丙烯的氯化和异丁烷的氯化相似，聚丙烯酸酯的水解与丙烯腈和丙烯酰胺的水解相似。但是聚合物分子量大，存在多分散性、结构多层次性，聚集态结构等特点，聚合物的化学反应存在一定特殊性，官能团的反应活性并不相同。

① 聚合物的化学反应往往不完全，大分子链上的基团很难全部反应。高分子链上官能团数量大，不能全部参加反应，反应前后的官能团不能像小分子产物那样易于分离，得到的产物高分子链中含有多种官能团，类似共聚产物。因此，不能用产率来表示反应程度，而用基团转化率来表示。如聚丙烯腈水解制备聚丙烯酸：

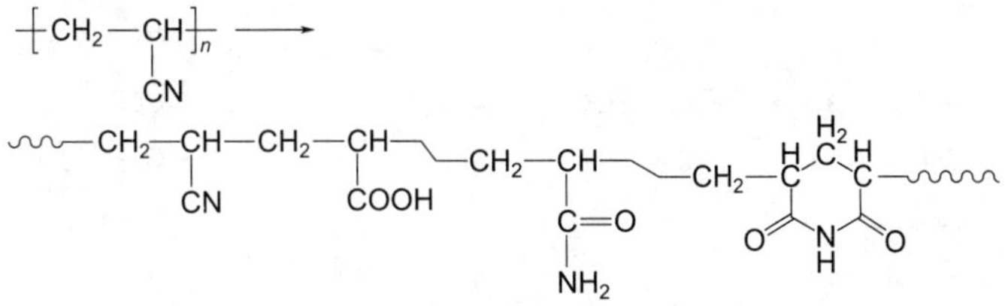

② 聚合物化学反应具有复杂性，由于聚合物本身是聚合度不一的混合物，受聚合物形态、邻近基团效应等物理化学因素影响，聚合物的反应速率、最高转化程度与低分子有所不同，所得产物是不均匀和复杂的。

5.2 聚合物化学反应的影响因素

5.2.1 物理因素

小分子物质在聚合物分子间的扩散速度和与反应基团接触的浓度决定聚合物的化学反应，主要受聚合物的聚集形态、溶解性、链构象和温度等的影响。

① 聚合物的聚集形态。晶态高分子的结晶区分子排列整齐紧密，低分子渗透困难，反应局限于非晶区和表面。非晶态高分子处于玻璃态时链段被冻结，不利于低分子扩散，难以反应。高弹态的高分子链段活动增大，加快反应；黏流态高分子的化学反应可顺利进行。

② 溶解性。聚合物溶解性越好，越有利于基团接触，促进反应。轻度交联聚合物适当溶胀后，反应更易进行，如苯乙烯-二乙烯基苯共聚物用二氯乙烷溶胀后才易磺化。固态聚合物对反应试剂的吸附作用有助于加速反应。即使均相反应，高分子的溶解情况发生变化，反应速率也会发生相应变化。

③ 链构象。高分子链在溶液中可呈螺旋形或无规线团状态。溶剂改变，链构象也发生改变，基团的反应性会发生明显的变化。

④ 温度。一般温度升高会提高反应速率，但温度太高可能导致不期望发生的氧化、裂解等副反应。

5.2.2 化学因素

影响聚合物化学反应的主要化学因素有邻基效应和概率效应。

（1）邻基效应

高分子链上的邻近基团（包括反应后的基团），会影响未反应基团的活性，称为邻基效应。邻基效应主要有空间位阻效应、静电效应和主链异构效应。

① 空间位阻效应。受新生成官能团的立体阻碍，邻近功能基团难以继续参加反应。如聚乙烯醇的三苯乙酰化反应中，与新引入的三苯乙酰基邻近的—OH，不能再与三苯乙酰氯反应：

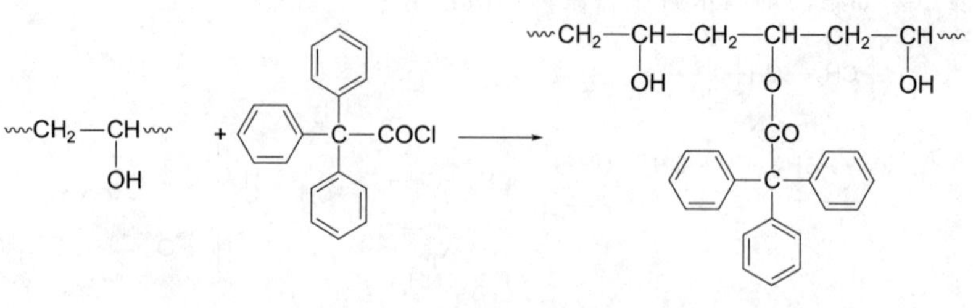

② 静电效应。邻近基团的静电效应可降低或提高官能团的反应活性。如聚甲基丙烯酸甲酯在弱碱溶液中水解，具有自动催化效应。因为羧基阴离子形成后，易与相邻酯基形成六元环酐，再开环成羧基，并非由氢氧离子来直接水解。凡有利于形成五、六元环中间体的，邻近基团都具有加速作用。

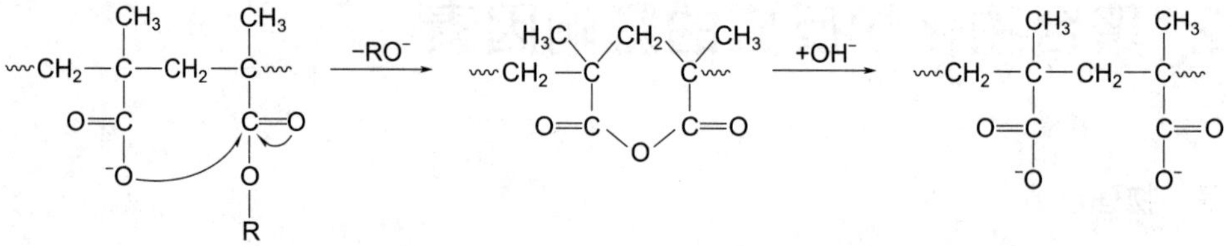

当反应试剂与聚合物反应后基团所带电荷相同时，静电作用会对反应产生抑制作用。如聚丙烯酰胺在碱性溶液中水解，由于 OH$^-$ 与生成的—COO$^-$ 带相同电荷，静电排斥作用阻碍了酰胺键进一步水解，因此聚丙烯酰胺的水解程度通常<70%。

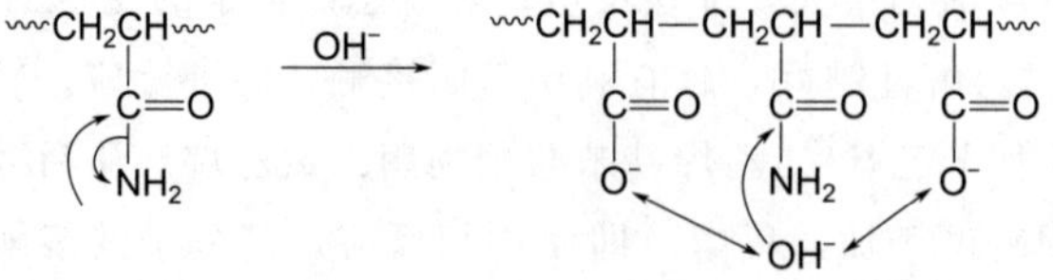

③ 主链异构效应。如全同聚甲基丙烯酸甲酯比无规、间同水解快，因为全同结构有利于形成环酐中间体。

（2）概率效应

高分子链上相邻官能团进行无规成对反应时，往往会产生孤立官能团，最高转化率受概率限制。如聚乙烯醇的缩醛化反应，转化率最高只有80%。

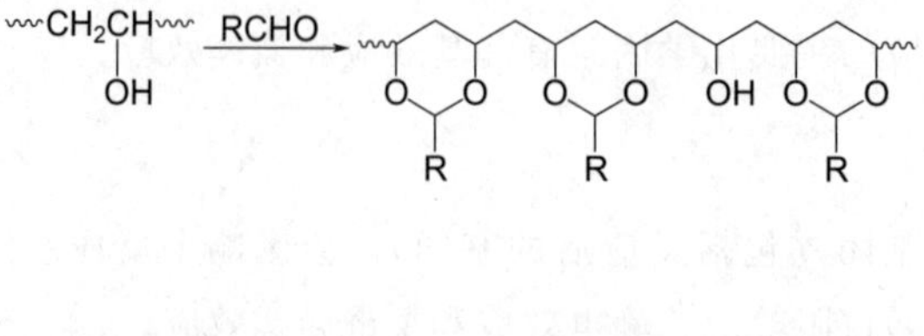

5.3 聚合物的相似转变及其应用

聚合物的相似转变主要涉及基团的化学反应，包括引入新基团以及功能基团的转化。

5.3.1 引入新基团

不饱和聚合物中的双键可以像烯烃中的双键一样发生加成反应，比如加氢、氯化和氢氯化，从而在聚合物中引入新基团。顺丁橡胶、天然橡胶、丁苯橡胶、SBS（苯乙烯-丁二烯-苯乙烯三嵌段热塑性弹性体）等通过加氢反应可以提高耐候性。

$$\text{\textasciitilde CH}_2\text{CH=CHCH}_2\text{\textasciitilde} + H_2 \longrightarrow \text{\textasciitilde CH}_2\text{CH}_2\text{—CH}_2\text{CH}_2\text{\textasciitilde}$$

聚乙烯、聚丙烯、聚异丁烯、聚氯乙烯等饱和聚合物及其共聚物，通过类似烷烃的自由基取代反应可进行氯化加氯。氯化聚乙烯是改进 PVC 抗冲强度的重要添加剂。

$$\text{\textasciitilde CH}_2\text{—CH}_2\text{\textasciitilde} \xrightarrow[\text{HCl}]{\text{Cl}_2} \text{\textasciitilde CH}_2\text{—CH—CH}_2\text{—CH}_2\text{\textasciitilde}$$
$$\underset{\text{Cl}}{|}$$

芳香族聚合物苯环上各种取代反应（硝化、磺化、氯磺化等）是引入新基团的另一重要应用。聚苯乙烯的氯甲基化生成的苄基氯易进行亲核取代反应而转化为许多其他的官能团，为后续改性提供可能。

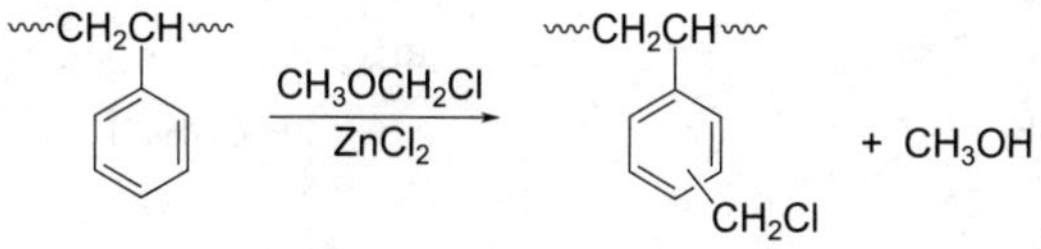

5.3.2 功能基团转化

通过适当的化学反应将聚合物分子链上功能基团转化为其他功能基团，常用来对聚合物进行改性。下面介绍几类典型的功能基团转化应用于聚合改性的例子。

5.3.2.1 纤维素的化学改性

纤维素的重复单元是由 2 个 D-葡萄糖结构单元 $[C_6H_7O_2(OH)_3]$ 键接构成，每个结构单元上含有 3 个羟基，羟基丰富的反应活性，使其可与许多化学物质发生反应，从而改变纤维素的性质。例如，将纤维素与碱和二硫化碳作用可得到一种新的可溶性化合物，即纤维素黄酸钠，其溶解后的化合物溶液称为黏胶，经黏胶纺丝得到的纤维即为常见的黏胶纤维。

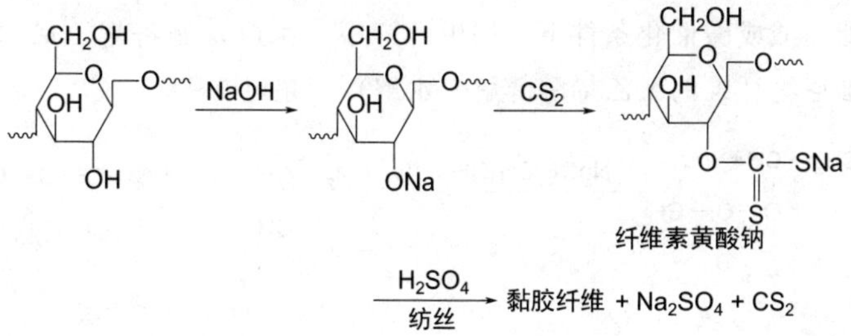

纤维素与酸反应酯化可获得多种具有重要用途的纤维素酯。如纤维素经硝酸和浓硫酸的混合酸处理可制得硝酸纤维素：

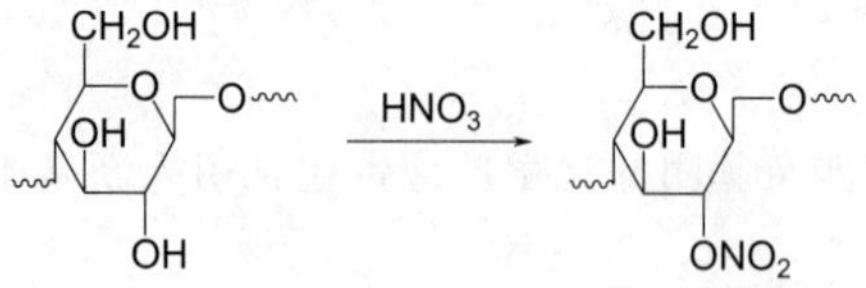

硝酸纤维素

乙酸酐和乙酸在硫酸催化下与纤维素反应可制得醋酸纤维素。醋酸纤维素物性稳定，不燃，除火药外已全部取代硝酸纤维素在生物医药、纺织以及膜材料等各领域的应用。

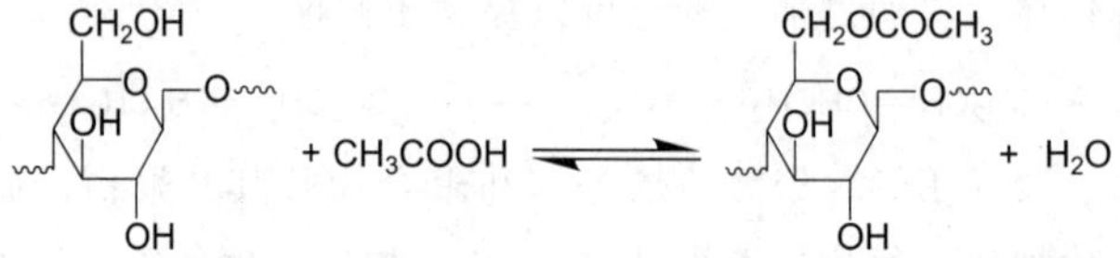

将碱纤维素与卤代甲烷、卤代乙烷反应可分别制得甲基和乙基纤维素等纤维素醚，主要用作分散剂：

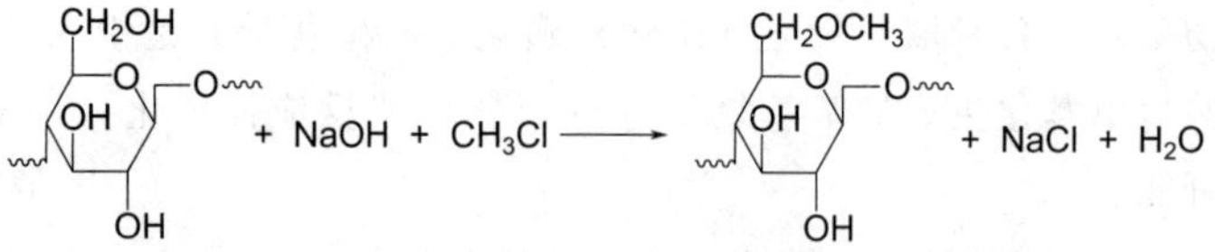

甲基纤维素

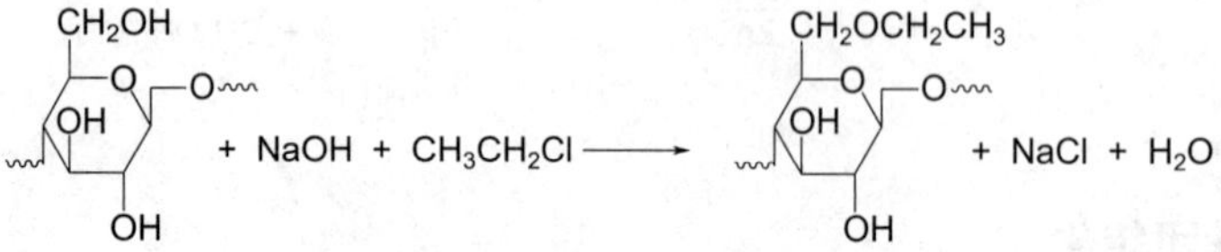

乙基纤维素

将碱纤维素与氯乙酸反应可制得具有多种重要用途（胶体保护剂、黏结剂、增稠剂、表面活性剂等）的羧甲基纤维素：

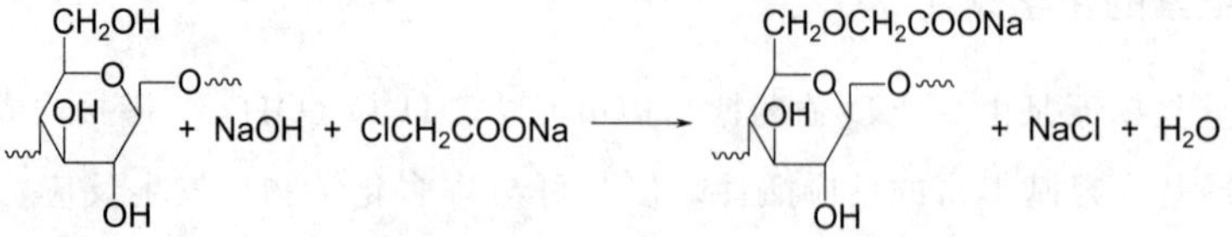

5.3.2.2 水解改性

聚醋酸乙烯酯在酸或碱催化条件下，用甲醇醇解（水解）制备聚乙烯醇是典型的功能基转化反应。制备维尼纶纤维的聚乙烯醇醇解（水解）度超过99％。

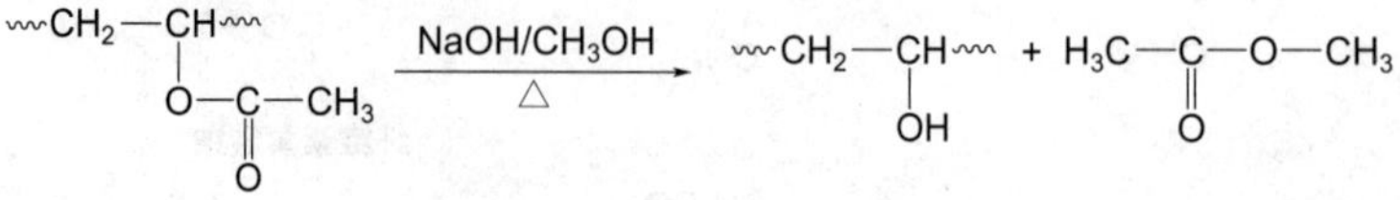

与聚乙酸乙烯酯的水解相类似，聚丙烯酸酯类聚合物，如聚丙烯酸甲酯、聚丙烯腈、聚丙烯酰胺水解后形成聚丙烯酸。聚丙烯酸或部分水解的聚丙烯酰胺可用于锅炉水的防垢和水处理的絮凝剂。

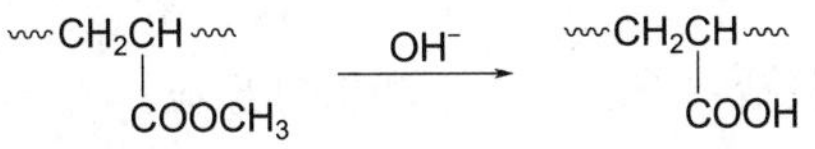

5.3.2.3 环化反应

在聚合物分子链中引入环状结构能增加其刚性，提高耐热性。比如聚乙烯醇缩醛化反应，聚丙烯腈热解成环制备碳纤维，以及如下所示的聚氯乙烯与锌粉共热脱氯成环等。

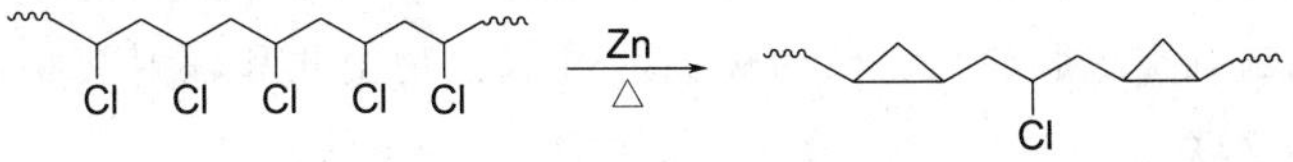

此外，选用乙酸或过氧化氢作氧化剂可对聚二烯烃进行环氧化处理，环氧化聚丁二烯易与水、醇、酐、胺反应。

5.3.2.4 离子交换树脂的合成

离子交换树脂是指结构中带有可反应官能团和可交换离子的体型无规聚合物。最常用的离子交换树脂是通过聚苯乙烯的苯环取代制备。

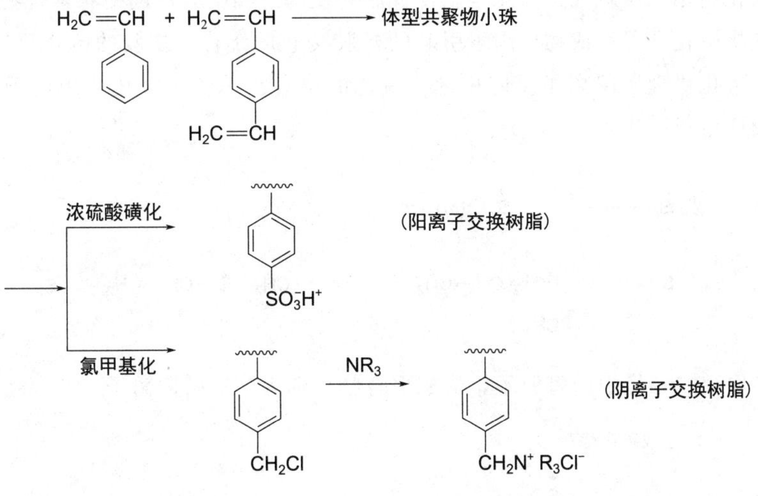

离子交换树脂的离子交换过程也是化学反应，如磺酸型聚苯乙烯阳离子交换树脂与水中的阳离子如 Na^+ 作用时，由于树脂上的 H^+ 浓度大，而—SO_3^{2-} 对 Na^+ 的亲和力比对 H^+ 的亲和力强，因此树脂上的 H^+ 便与 Na^+ 发生交换，起到消除水中 Na^+ 的作用。交换完的树脂又可用高浓度的盐酸处理再生重复使用：

$$PS\!-\!SO_3^-\,H^+ \xrightarrow[\text{HCl, 再生}]{Na^+交换} PS\!-\!SO_3^-\,Na^+ \;+\; HCl$$

5.4 聚合度变大的化学转变及其应用

聚合度变大的化学转变包括：交联、接枝和扩链反应。

5.4.1 交联反应

高分子链之间通过支化联结成一个三维空间网络型大分子时即称为交联结构。聚合物交联能够提高强度、弹性、硬度、耐化学性和形变稳定性等性能。交联分为化学交联和物理交联两类，前者通过共价键结合，后者由极性键、氢键、结晶等物理因素结合。聚合物化学反应的交联主要包括二烯类橡胶硫化、聚烯烃类的过氧化物交联和辐射交联，离子交联，以及缩聚及相关反应的交联。

5.4.1.1 二烯类橡胶硫化

天然橡胶大分子间容易产生滑移，难以应用。交联可阻止大分子的滑移，消除永久形变，赋予高弹性。工业上用硫和含硫化合物对天然橡胶进行交联，因此天然橡胶的交联又称为硫化。顺丁烯橡胶、异戊橡胶、氯丁橡胶、丁苯橡胶等二烯类橡胶以及乙丙三元胶主链上都留有双键，经硫化交联才能发挥高弹性。

狭义的硫化指用元素硫或含硫化合物使橡胶转变为适当交联的网络状聚合物的化学过程。广义上，硫化指由化学因素或物理因素引起的橡胶交联的统称。橡胶的硫化反应及其产物结构十分复杂，硫化机理属于离子反应机理。硫化的第一步是硫被极化成硫离子或自由离子，再与聚合物反应生成锍离子。

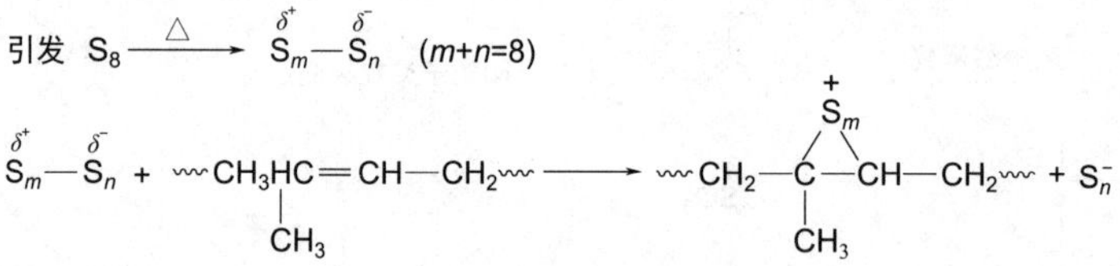

$$\text{引发} \quad S_8 \xrightarrow{\triangle} \overset{\delta^+}{S_m}-\overset{\delta^-}{S_n} \quad (m+n=8)$$

$$\overset{\delta^+}{S_m}-\overset{\delta^-}{S_n} + \text{~CH}_3\text{HC}=\text{CH}-\text{CH}_2\text{~} \longrightarrow \text{~CH}_2-\underset{\underset{CH_3}{|}}{\overset{\overset{+}{S_m}}{C}}-\text{CH}-\text{CH}_2\text{~} + S_n^-$$

锍离子夺取聚二烯烃中的氢原子，形成聚合物（烯丙基）碳阳离子。

生成碳阳离子

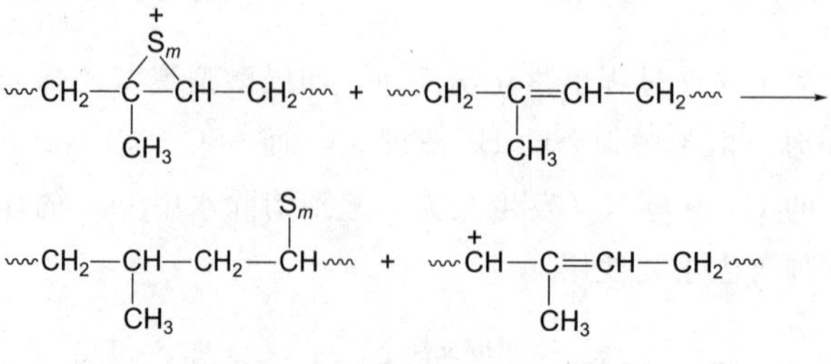

碳阳离子先与硫反应，然后与大分子双键加成，产生交联。通过氢转移，继续与大分子反应，再生成大分子碳阳离子。反复进行这一连锁反应，使聚合物交联。

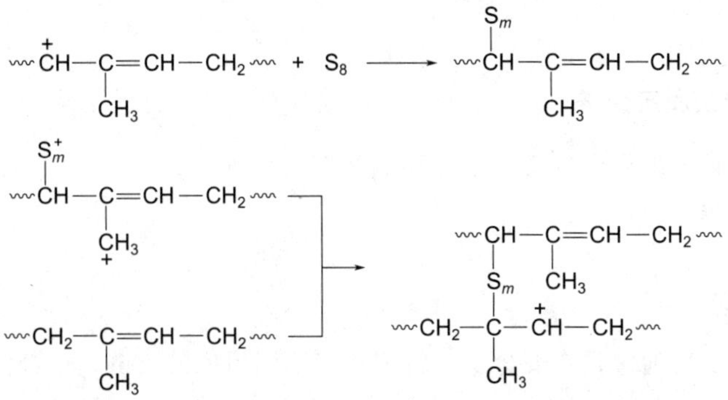

为提高硫化速度和效率，硫化时通常加入硫化促进剂（如四甲基秋兰姆二硫化物、四甲基二硫代氨基甲酸锌、2-巯基苯并噻唑等）和活化剂（氧化锌、硬脂酸等）辅助硫化。

5.4.1.2 不含双键聚合物的交联

（1）过氧化物引发交联

分子中不含双键的聚合物不能通过硫化交联，比如聚乙烯、乙丙橡胶、聚硅氧烷等。这类聚合物可以利用过氧化物（如过氧化叔丁基等）作为引发剂，在分子链上产生自由基，通过链自由基的偶合产生交联反应。以有机硅聚合物大分子为例，其交联过程如下所示：

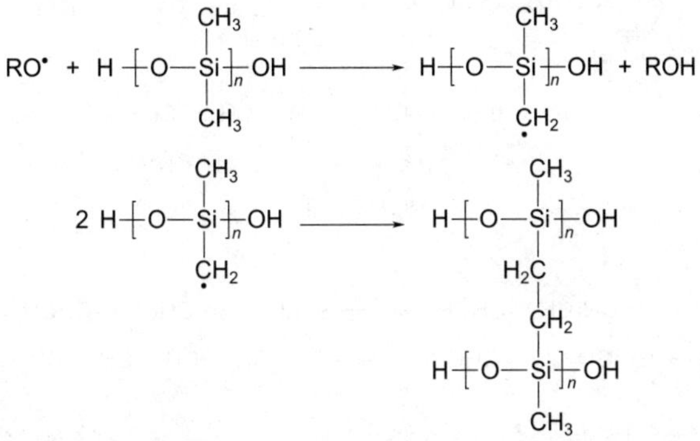

虽然聚合物可以利用过氧化物交联，但是此类反应的副反应较多，交联率较低，成本较高，不适用于工业化生产，一般还是通过在聚合物中引入双键进行硫化交联。

（2）辐射交联

聚合物受到光子、电子、中子或质子等高能辐照时会发生交联或降解。辐射交联与过氧化物交联类似，聚合物在高能辐射下产生链自由基，链自由基进一步偶合发生交联。以聚乙烯为例，典型反应式如下：

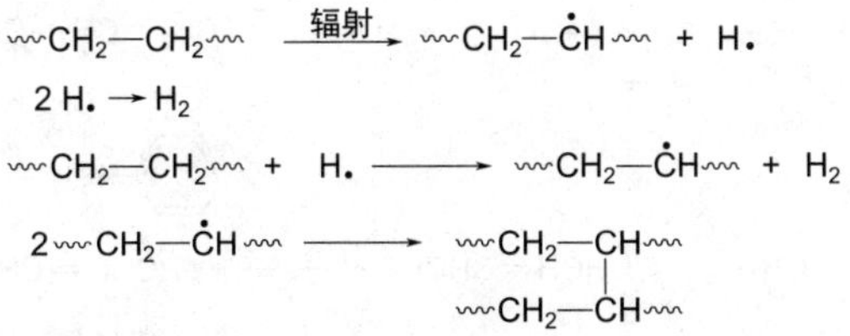

$$\text{wwwCH}_2\text{—CH}_2\text{www} \xrightarrow{\text{辐射}} \text{wwwCH}_2\text{—}\overset{\cdot}{\text{CH}}\text{www} + \text{H}\cdot$$

$$2\,\text{H}\cdot \longrightarrow \text{H}_2$$

$$\text{wwwCH}_2\text{—CH}_2\text{www} + \text{H}\cdot \longrightarrow \text{wwwCH}_2\text{—}\overset{\cdot}{\text{CH}}\text{www} + \text{H}_2$$

$$2\,\text{wwwCH}_2\text{—}\overset{\cdot}{\text{CH}}\text{www} \longrightarrow \begin{array}{c}\text{wwwCH}_2\text{—CH}\text{www}\\ |\\ \text{wwwCH}_2\text{—CH}\text{www}\end{array}$$

聚合物受高能辐射作用往往伴随着降解和交联，辐射产物受辐射剂量和聚合物结构影响。聚乙烯、聚丙烯等单取代聚合物以交联为主；聚四氟乙烯、聚甲基丙烯酸甲酯等双取代乙烯基聚合物则以降解为主。

（3）缩聚及相关反应交联

这类交联属于体型缩聚中的交联，如环氧树脂用二元胺或二元酸交联固化，含有三官能团化学品的聚氨酯等。

5.4.2　接枝反应

聚合物的接枝反应通常是在高分子主链上连接不同组成的支链，可分为两种方式。

① 在高分子主链上引入活性中心引发第二单体聚合形成支链，包括链转移反应法、聚合物引发法以及辐射接枝法。

a. 链转移反应法。

链转移接枝反应体系含三个必要组分：聚合物、单体及引发剂。利用引发剂产生的活性种向高分子链转移形成链活性中心，再引发单体聚合形成支链。接枝点通常为聚合物分子链上易发生链转移地方，如与双键或羰基相邻的碳等。如聚丁二烯接枝聚苯乙烯形成高抗冲聚苯乙烯：

初级自由基的生成

$$C_6H_5-CO-O-O-CO-C_6H_5 \longrightarrow 2\ C_6H_5-CO-O\cdot\ (R\cdot)$$

聚苯乙烯链自由基的形成

$$R\cdot + n\ H_2C=CH(C_6H_5) \longrightarrow R\text{~}CH_2-CH\cdot(C_6H_5)$$

主链自由基的形成

$$R\cdot + \text{~}CH_2CH=CHCH_2\text{~} \longrightarrow RH + \text{~}\overset{\cdot}{C}HCH=CHCH_2\text{~}$$

$$R\cdot + \text{~}CH_2CH=CHCH_2\text{~} \longrightarrow \text{~}CH_2-\overset{\cdot}{C}H-CH-CH_2\text{~} (|_R)$$

$$R\text{~}CH_2-\overset{\cdot}{C}H(C_6H_5) + \text{~}CH_2CH=CHCH_2\text{~} \longrightarrow R\text{~}CH_2-CH_2(C_6H_5) + \text{~}\overset{\cdot}{C}HCH=CHCH_2\text{~}$$

接枝反应

$$\text{~}\overset{\cdot}{C}HCH=CHCH_2\text{~} + n\ H_2C=CH(C_6H_5) \longrightarrow \text{~}HCHC=CHCH_2\text{~} (|CH_2-CH(C_6H_5))$$

$$\text{~}CH_2-\overset{\cdot}{C}H-CH_2\text{~}(|_R) + n\ H_2C=CH(C_6H_5) \longrightarrow \text{~}CH_2-CH-CH_2\text{~}(|CH_2\ R)(CH(C_6H_5))$$

$$\text{~}CH_2-CH(C_6H_5) + \text{~}\overset{\cdot}{C}HCH=CHCH_2\text{~} \longrightarrow \text{~}HCHC=CHCH_2\text{~}(|CH_2)(CH(C_6H_5))$$

聚苯乙烯均聚物的生成

$$R\text{\footnotesize{$\sim\!\!\sim$}}St\cdot \xrightarrow{\text{双基终止}} 聚苯乙烯均聚物$$

要避免均聚物的生成，应选用不能引发单体聚合的引发剂，如用铈盐（Ce^{4+}）作引发剂，在含羟基的聚合物上接枝聚丙烯腈，由于 Ce^{4+} 很难引发丙烯腈的均聚反应，因此接枝效率高。

b. 聚合物引发法。

聚合物引发法是在主链大分子上引入能产生引发活性种的侧基官能团，该侧基官能团在适当条件下可在主链上产生引发活性种引发第二单体聚合形成支链。主链上由侧基官能团产生的引发活性种可以是自由基、阴离子或阳离子，取决于引发基团的性质。

比如，聚苯乙烯在 CCl_4 中用铁作催化剂进行溴化，有 $5\%\sim10\%$ 的苯环被溴化，在光的作用下 C—Br 键均裂为自由基，可引发第二单体聚合形成支链：

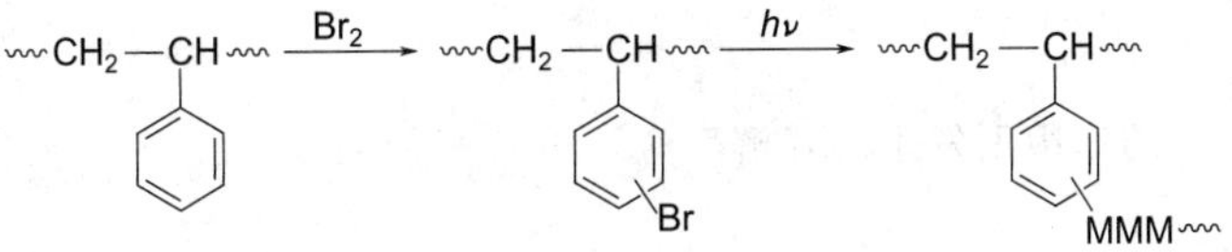

c. 辐射接枝法。

利用高能辐射在聚合物链上产生自由基引发活性种是应用广泛的接枝方法。为避免辐射时产生过多均聚产物，通常选择聚合物对辐射很敏感而单体对辐射不很敏感的接枝聚合体系。

② 通过功能基反应把带末端功能基的支链连接到带侧基功能基的主链上。

预先制备好的带有活性侧基的主链和带有活性端基的支链之间反应，可为接枝聚合物分子设计提供基础。如带氨基的聚苯乙烯与含异氰酸酯侧基的 PMMA 聚合物反应，得到接枝共聚物。

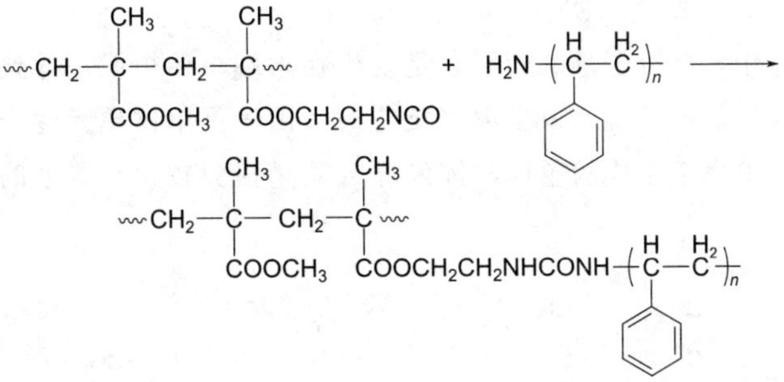

5.4.3 扩链反应

所谓扩链反应是通过链末端功能基反应形成聚合度增大的线型高分子链。末端功能化聚合物可由自由基、离子聚合等各种聚合方法合成，特别是活性聚合法。扩链反应的一个重要应用是嵌段共聚物的合成，可分为以下两类。

① 末端引发功能基引发第二单体聚合：

$$\text{\footnotesize{$\sim\!\!\sim$}}A_n\text{—}I + mB \longrightarrow \text{\footnotesize{$\sim\!\!\sim$}}A_n\text{—}B_m\text{\footnotesize{$\sim\!\!\sim$}}$$

② 末端功能化聚合物偶合：

$$\sim A_n—G + G'—B_m\sim \longrightarrow \sim A_n—B_m\sim$$

5.5 聚合度变小的化学转变——聚合物的降解

5.5.1 聚合物降解反应的类型

聚合物的降解反应是指聚合物分子链在机械力、热、高能辐射、超声波或化学反应等的作用下，分裂成较小聚合度产物的反应过程。聚合物的降解可分为几种基本形式，如热降解、化学降解、氧化降解、光降解和光氧化、力降解等。

5.5.1.1 热降解

聚合物在单纯热的作用下发生的降解反应，可有三种类型。

（1）无规断链反应

在这类降解反应中，高分子链从其分子组成的弱键发生断裂，分子链断裂成数条聚合度减小的分子链。分子量下降迅速，但产物是仍具有一定分子量的低聚物，难以挥发，因此质量损失较慢。如聚乙烯的热降解：

$$\sim CH_2—CH_2—CH_2—CH_2\sim \longrightarrow \sim CH_2—\dot{C}H_2 + \dot{C}H_2—CH_2\sim$$

$$\xrightarrow{\text{歧化终止}} \sim CH_2—CH_3 + CH_2{=}CH\sim$$

（2）解聚反应

在这类降解反应中，高分子链的断裂总是发生在末端单体单元，导致单体单元逐个脱落生成单体，是聚合反应的逆反应。发生解聚反应时，由于是单体单元逐个脱落，因此聚合物的分子量变化很慢，但由于生成的单体易挥发导致质量损失较快。典型的例子如聚甲基丙烯酸甲酯的热降解：

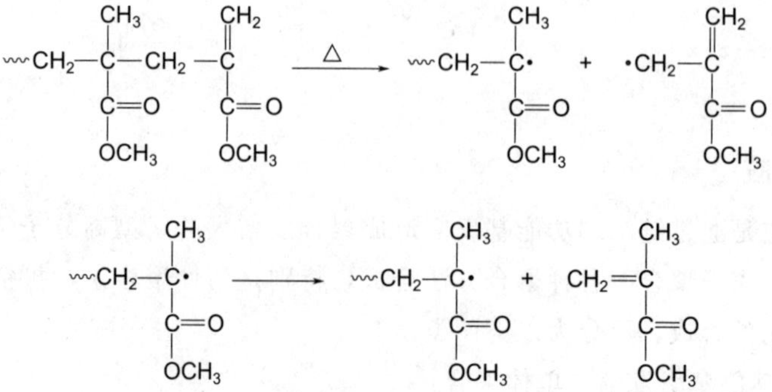

解聚反应主要发生于1,1-二取代单体所得的聚合物。

（3）侧基脱除

聚合物受热时主链不发生断裂，仅脱除侧基。常见的聚氯乙烯脱 HCl，聚醋酸乙烯酯脱酸，都是侧基脱除反应。聚氯乙烯在 80～200℃会发生非氧化热降解，脱除氯化氢，形成共轭结构生色基团，聚合物颜色变深，强度变差。生成的 HCl 和加工设备中的金属氯化物对脱除 HCl 有催化功能，继续加速降解，因此在生产聚氯乙烯时，需要加入稳定剂。

$$\text{\~CH}_2\text{—CH—CH}_2\text{—CH—CH}_2\text{—CH\~} \longrightarrow$$
$$\underset{\text{Cl}}{} \quad \underset{\text{Cl}}{} \quad \underset{\text{Cl}}{}$$
$$\text{\~CH=CH—CH=CH—CH=CH\~} + \text{HCl}\uparrow$$

5.5.1.2 化学降解

聚醚、聚酰胺和聚酯等杂链聚合物在酸、碱作用下，分子链可能发生断裂，聚合度降低，称之为化学降解。聚合物的化学降解主要涉及水解、酸解、醇解、胺解等反应，可以看成是缩聚的逆反应。如聚酰胺水解成端氨基和羧基。

$$\begin{array}{c}\text{\~NH—CO\~} \\ \text{H—OH}\end{array} \xrightarrow{\text{H}^\oplus \text{ 或 OH}^\ominus} \text{\~NH}_3 + \text{HOOC\~}$$

研究化学降解可以指导聚合物加工，聚酯和聚碳酸酯对水敏感，加工前应充分干燥；改善制品的耐候性，天然橡胶经过交联或纤维素经过乙酰化，可增加对生化降解的耐候性；有效开展废旧聚合物回收，聚酰胺经酸或碱催化水解可得氨基或羧基低聚物；充分利用降解制备易分解产品，利用聚乳酸易水解特点，用作外科缝合线，手术后不需拆线。

5.5.1.3 氧化降解

暴露在空气中的聚合物容易在分子链上形成过氧基团或含氧基团，发生氧化反应，造成分子链的断裂或交联。聚合物氧化降解变硬、变色、变脆。热、光、辐射等对氧化都有促进作用。

氧化降解受高分子的结晶度、立构规整度、支化程度、不饱和基团以及杂质等影响。二烯类橡胶和聚丙烯易氧化，无支链聚乙烯和聚苯乙烯比较耐氧化。弱键更易被氧化生成氧化物或过氧化物。

氧化是自由基反应，可以分为两个阶段：第一阶段是引发阶段，聚合物 R-H 与氧反应生成自由基；第二阶段是增长阶段，自由基形成后迅速增长、转移，进入连锁氧化过程，反应机理大致如下。

链引发：

$$\text{\~CH}_2\text{—CH\~} \xrightarrow[\text{或 R·}]{\text{O}_2} \text{\~CH}_2\text{—}\overset{\displaystyle\cdot}{\text{C}}\text{\~} + \cdot\text{OOH(或RH)}$$
$$\underset{\text{X}}{} \qquad\qquad\qquad \underset{\text{X}}{}$$

链增长：

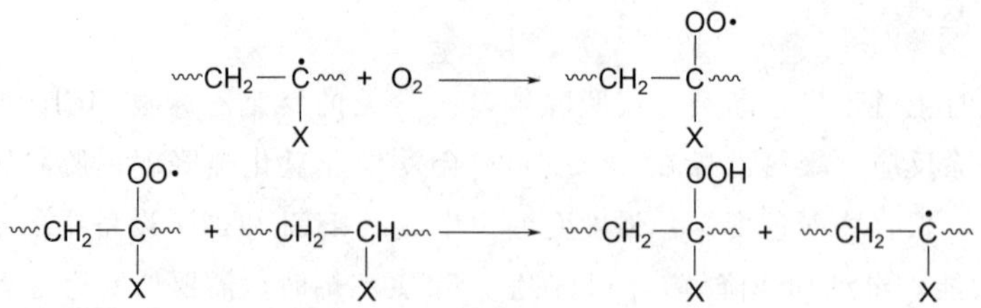

链终止：各种自由基发生偶合或歧化反应。

研究氧化机理，生产时在聚合物中加入抗氧剂减少氧化降解。抗氧剂能够与自由基迅速反应形成不活泼的自由基化合物，阻止氧化降解。常用的抗氧剂是一些酚类和胺类化合物。

5.5.1.4　光降解和光氧化

聚合物受到光照，当吸收的光能大于键能时，便会发生断键反应使聚合物降解。共价键的解离能为 $16 \sim 600 kJ/mol$，照射到地面的近紫外光波长为 $300 \sim 400 nm$，相当于 $400 \sim 300 kJ/mol$ 的光能，有可能使共价键断裂。

聚合物中的羰基、双键、烯丙基等基团能强烈吸收紫外光而引起化学反应，导致聚合物光降解和光氧化。例如，涤纶树脂含许多苯环和羰基，在紫外光作用下会降解成 CO、H_2 和 CH_4；天然橡胶和聚二烯烃类橡胶受日光照射，会发生降解和交联，性能很快下降。光降解反应需要具备三个条件：聚合物受光照、聚合物吸收光子被激发、被激发的聚合物发生降解。以含羰基聚合物为例，羰基吸收光能被激发，断裂机理分为两种：Norrish Ⅰ型（产生自由基）和 Norrish Ⅱ型（不产生自由基）链断裂反应。

Norrish Ⅰ型：

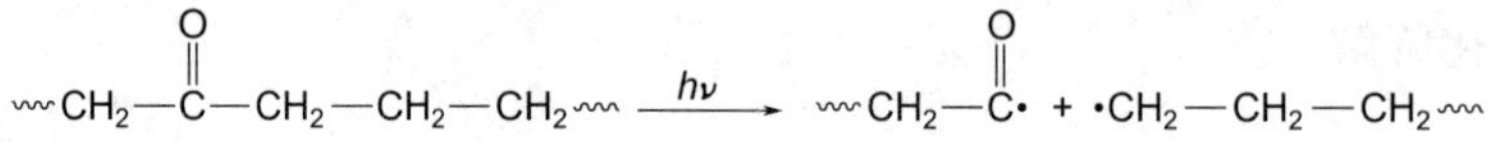

Norrish Ⅱ型：

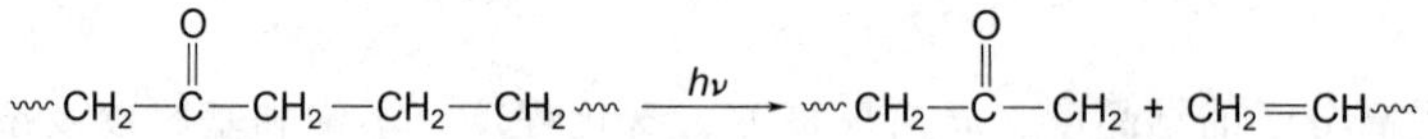

$300 \sim 400 nm$ 的紫外光有时不能使聚合物直接解离，但会激发聚合物，被激发的 C-H 键能够与氧反应形成过氧化物，分解成自由基，按氧化机理进行降解。

$$RH + O_2 \xrightarrow{h\nu} R\cdot + \cdot OOH$$
$$R\cdot + O_2 \longrightarrow ROO\cdot \xrightarrow{RH} ROOH + R\cdot$$

聚合物对太阳光辐射的吸收速度较慢，量子产率低，光降解比较缓慢，可以通过加入光敏剂促进光降解，光敏剂首先吸收光子被激发形成激发态，再与聚合物反应生成自由基。如果希望聚合物稳定，则可以加入光稳定剂防止或延缓聚合物的光降解。常见的光稳定剂分为三类：光屏蔽剂、光淬灭剂和光吸收剂。

5.5.1.5 力降解

高分子在机械力和超声波作用下，有可能发生断链形成自由基，氧气存在时会形成过氧自由基，进而发生降解。常见的机械力应用有橡胶塑炼、固体聚合物粉碎、熔融挤出以及纺丝聚合物溶液的强力搅拌等。聚合物机械降解时，分子量随时间的延长而降低，但降低到某一数值，不再降低。超声波降解时也有类似的情况。天然橡胶分子量高达几百万，经塑炼后可使分子量降低，便于成型加工。降解生成的自由基在单体存在时也可用于制备接枝共聚物，如5%顺丁橡胶的苯乙烯溶液在搅拌下聚合形成接枝型共聚物，即高抗冲聚苯乙烯。

5.5.2 可降解聚合物的开发及应用

聚合物的发展历史仅百余年，但其多样的功能性以及较低的成本使其在人类生产生活各方面都发挥着不可替代的作用，是当今应用最为广泛的材料之一。但是，在全球大力发展聚合物材料的背后，聚合物所带来的问题也是显而易见的。聚合物在使用后产生大量废弃物，成为白色污染源而严重危害环境，威胁人类生存与健康。其中绝大多数废弃物都进入了填埋场、垃圾场和自然环境中，仅有不到10%的聚合物能够被回收利用，造成了极大的资源浪费及环境污染问题。被誉为"绿色生态高分子材料"的可降解聚合物是指在一定条件下，能在环境中自然分解为小分子的高分子材料。可降解聚合物的出现可极大地改善废弃物所造成的环境污染问题。因而，可降解聚合物的开发和利用已成为目前高分子材料领域的研究热点之一。

5.5.2.1 可降解聚合物的分类

根据聚合物在环境中主要的降解方式来分，可将可降解聚合物分为光降解、生物降解和光-生物降解材料三大类。

如前所述，光降解反应是指在光的作用下聚合物链发生断裂，使分子量降低的光化学过程，主要依靠光敏剂吸收光能后产生自由基使聚合物氧化，或以共聚的方式引入对光敏感基团。然而，很大一部分光降解材料不能彻底降解，经初步降解产生的碎片仍然残留在土壤中，对土壤结构产生负面影响。

生物可降解聚合物是目前研究较多的一类材料。生物降解指在自然界或特定条件下（如堆肥、厌氧消化或培养液等），由水和微生物共同作用下降解，并最终能完全降解为二氧化碳和水。整个降解过程都存在水解反应，如酯键水解成端羟基或端羧基的预聚物，预聚物进一步水解成分子量更小的链段而溶解，或作为微生物的养分被吸收。水分是生物降解过程中极其重要的影响因素，也是降解发生的必要条件。然而大部分聚合物为非水溶性，在水中的降解速度很慢，因此仅依靠水解反应不足以使材料发生明显降解。微生物或酶的参与能够活化酯键，提升酯键的水解反应速率，从而增大聚合物的降解速率。

光-生物降解聚合物往往是将生物降解高分子（如淀粉）和光敏添加剂与通用塑料共混而得。降解首先从可降解聚合物开始，降解过后使得材料基质疏松，再通过光的作用引发光敏剂的光氧化，产生自由基，进一步使聚合物逐步断链。光-生物降解面临的问题和光降解一样，即降解很难彻底进行，导致材料整体降解不完全，产生微塑料反而会对环境造成更大的危害。

相比其他降解方式，生物降解过程更加彻底，降解条件更加温和，对环境的破坏更小。值得注意的是，需要区分生物降解和其他降解方式来判断什么是真正的生物降解聚合物。如通过聚乙烯-淀粉共混的方式得到的可降解聚合物，其中淀粉能够降解，而聚乙烯碎片则残留在大自然中，因此这并非真正意义上的生物降解聚合物，而只是半降解材料。又如聚乙烯醇（PVA）具有水溶性，但溶解并不等于 PVA 的降解。采用常规废水生化处理无法使 PVA 降解，需要寻找并筛选特定的 PVA 降解微生物对其进行降解。

5.5.2.2　可生物降解聚合物简介

根据来源和合成方法分类，可生物降解聚合物可分为天然可生物降解聚合物、微生物合成可生物降解聚合物以及人工合成可生物降解聚合物。

天然可生物降解聚合物是在生物体内合成，并可提取，或能够直接从环境中获取的一类高分子材料，如常见的淀粉、纤维素、木质素、蛋白质以及壳聚糖等。这些聚合物具有很好的生物相容性和降解性。淀粉由于其来源广泛，成本低廉，而成为目前使用最广的天然可生物降解高分子。但淀粉在使用时存在热力学性能较差的问题，因此通常与其他高分子材料复合，才能满足使用要求。纤维素及其衍生物是另一大类重要的天然可降解高分子，在石油开采、胶黏剂、造纸业和高吸水性材料等方面均有广泛应用。甲壳素以壳聚糖为原料，在碱性条件下经脱乙酰反应制得，在食品包装和食品添加剂等方面有一定的应用潜力，但仍需在力学性能和耐候性方面进行改性才能满足使用需求。

微生物合成可生物降解聚合物以聚羟基烷酸酯（PHA）为主，其中比较成熟的产品为聚3-羟基丁酸酯（PHB）：

$$\left[O-CH \begin{matrix} CH_3 \\ | \end{matrix} -CH_2-C \begin{matrix} O \\ \| \end{matrix} \right]_n$$

目前已经发现的 PHA 聚酯单体有高达百余种结构，并且不断有新的单体被开发出来。通过控制碳源、细菌类别及其发酵生长条件，可以实现均聚物、无规和嵌段共聚物等多种链段结构 PHA 的制备。通过调整聚合物结构，PHA 的性能可从坚硬到柔软到弹性变化。

人工合成可生物降解聚合物是最具发展潜力及应用前景的一类可生物降解材料。其聚合物结构可控，适合大规模生产，可根据实际使用需求设计及制备具有特殊性能的可降解聚合物。此类可降解聚合物包括具有高强度及高模量的聚乳酸，具有良好韧性和加工性的聚（对苯二甲酸/己二酸丁二醇酯）和聚己内酯等，也可根据需要对它们进行共混或共聚处理来调节力学性能。较宽的力学性能范围也使其可以满足不同的使用需求。

下面介绍几种典型的人工合成可生物降解聚合物。

（1）聚乳酸（PLA）

乳酸是生物体中常见的天然化合物，可由乳酸杆菌产生。在工业上可通过对玉米、小麦等含淀粉的农作物进行发酵等得到乳酸。目前合成 PLA 的方法有直接缩聚法和丙交酯开环聚合法。直接聚合法具有生产工艺简单、容易操作、产量高、纯度高等特点，具有良好的发展前景。丙交酯开环聚合法是先将乳酸环化生成丙交酯，再通过开环聚合得到高分子量 PLA，这种方法虽需要经过丙交酯中间单体的合成，但丙交酯的开环聚合过程更加可控，副反应更少。

直接缩聚法

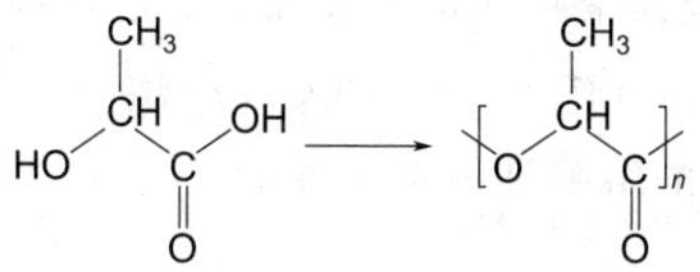

丙交酯开环聚合法

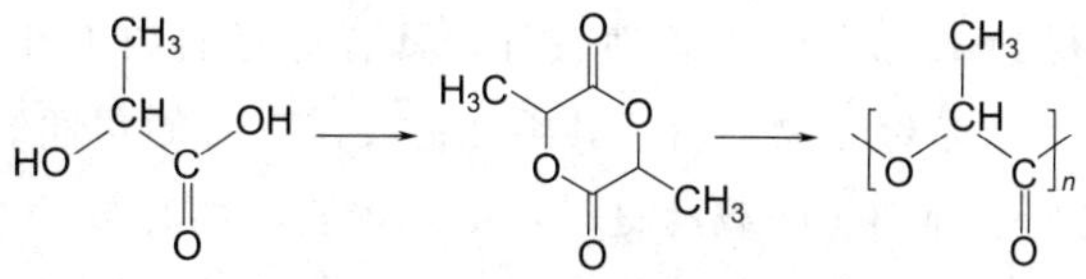

PLA 的降解机理一般被认为从聚合物链中的酯键水解开始，降解过程会产生酸，并对降解有催化作用，从而形成自催化效应。PLA 的降解环境、分子量、结晶度、形态、相结构等因素都会影响其降解速率。PLA 不仅具有良好的生物可降解性，同时也具有很好的生物相容性。它的降解产物 PLA 预聚物和小分子乳酸对人体无毒无害，最终会被人体吸收转化为二氧化碳和水，具有很好的生物可吸收性。目前 PLA 主要用于餐盒、塑料袋、纤维织物等用品。越来越多 PLA 产品的出现，表明 PLA 离大众生活越来越近，有望逐步替代聚乙烯、聚丙烯等不可降解塑料。

（2）聚乙醇酸（PGA）及其共聚物 PLGA

PGA 又称作聚乙交酯，是最简单的脂肪族聚酯。和 PLA 类似，PGA 的合成也有直接和间接两种路线。最常用的是间接法，即先将乙醇酸制备成乙交酯，再经后者的开环聚合制成 PGA，但乙交酯的中间单体也使工艺更复杂，提高了成本。相对而言，由乙醇酸直接脱水缩合得到 PGA 的方法工艺更简单，操作更容易，但产品的热稳定性较差，难以获得高分子量 PGA。目前工业上还是通过乙交酯开环聚合制备 PGA。

乙醇酸直接缩聚

乙交酯开环聚合

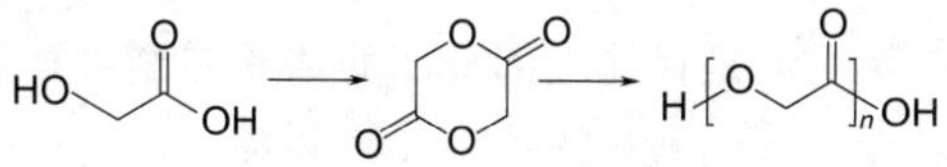

PGA 具有优异的生物可降解性，其降解过程为从无定形区开始，进一步发展到结晶区。PGA 的降解不需要特殊降解酶的作用即可完全降解，降解产物能被人体吸收代谢，最终产物是二氧化碳和水。因此，PGA 在药物缓释材料、医疗、组织工程材料等领域均有广泛的应用前景。其结晶结构使其链段间自由体积很小，PGA 还具有优异的气体阻隔性能，且气体阻隔性能高于 PET。因此 PGA 也应用在啤酒包装用复合瓶、收缩薄膜及容器、热压成型杯等

领域。

由于 PGA 的熔点与其热分解温度相近，因此 PGA 的加工性能较差。将 PGA 与其他单体共聚可降低其结晶性，从而降低共聚物的熔点和加工温度，提高其加工性。目前 PGA 共聚物中最广泛的是乙醇酸-乳酸共聚物（PLGA）。PLGA 的熔点和结晶度均能低于 PGA，链段柔性增大，因此具有比 PGA 更好的溶解性和加工性能。

（3）聚己内酯（PCL）

PCL 通常通过 ε-己内酯的开环聚合得到。与 PLA 和 PGA 相比，PCL 链段重复单元中有 5 个亚甲基，这种结构使得 PCL 分子链柔顺性较好，具有更好的加工性。PCL 的 T_g（$-60\,℃$）远低于室温，也是一种半结晶聚合物。由于其柔性链段，PCL 的塑性形变能力较强，易伸展，耐低温能力好。PCL 也是一种理想的载药材料，可以控制药物释放的浓度和时间，从而达到药物控释的目的。PCL 同样具有很好的生物相容性，植入人体后的免疫反应较轻，细胞易于在其中生长。因此，PCL 可作为组织工程材料在骨、皮肤等受损部位的修复中得到应用。

PCL 在自然环境中能够被微生物降解，但是由于在动物和人体内缺乏合适的酶，因此在体内以水解为主。在 PCL 的水解过程中，表面的聚合物首先开始水解，链段发生断裂并生成低分子量寡聚物或单体扩散到降解环境中，但是这个过程中材料内部的结构并没有发生明显的变化。随后水分子逐渐进入 PCL 内部引发聚合物基质的水解，从而引发 PCL 的进一步降解。PCL 水解至分子量小于 3000 时可被吞噬细胞吸收或降解，最终降解产物为二氧化碳和水。

（4）聚丁二酸丁二醇脂（PBS）

PBS 由丁二酸和丁二醇经熔融缩聚而得，是一种重要的脂肪族聚酯。PBS 的力学性能在很大程度上取决于分子量的大小，因此如何在合成 PBS 的过程中提高其分子量一直是 PBS 生产的关键之处。良好的综合性能使 PBS 在包装袋、餐盒餐具、农用地膜等领域有应用前景。

除 PBS 之外，还有多种结构的脂肪族聚二元酸/二元醇聚酯。它们由脂肪族二元酸（$C_4 \sim C_{10}$）和脂肪族二元醇（$C_2 \sim C_6$）经熔融缩聚制备得到。其中，乙二醇、丙二醇和丁二醇的脂肪族聚酯研究最为广泛。但是目前大部分脂肪族聚二酸二醇酯存在力学性能不足以及耐热性能较差的问题。

（5）可生物降解脂肪-芳香族共聚酯

虽然脂肪族聚酯具有良好的可降解性，但与类似的不可降解聚合物相比，它们的机械强度、阻隔性能、光学透明度、耐候性、耐热性等性能仍然较低。而芳香族聚酯，如聚对苯二甲酸乙二醇酯（PET）聚对苯二甲酸丙二醇酯（PPT），聚对苯二甲酸丁二醇酯（PBT）等具有良好的耐热性能、机械强度和气体阻隔性能。但芳香族聚酯化学性质稳定，在自然环境中很难被降解。通过共聚的方法将这两类聚酯材料结合，可综合两类材料各自的优势，得到具有良好的热、机械和生物降解性能的脂肪-芳香族共聚酯，这也成为聚酯合成的新思路。

以己二酸、对苯二甲酸和丁二醇为原料合成的共聚酯 PBAT 是率先实现商业化的可降解脂肪-芳香族共聚酯。通过研究 PBAT 在堆肥、酶催化以及高温水解等条件下的降解情况，研究人员发现 PBAT 中 PBT 链段含量越高，聚合物降解速率越慢。PBT 链段含量在 $30\%\sim55\%$ 之间时可以得到综合性能较好的 PBAT 共聚酯。

除以上介绍的可降解聚酯外，可降解聚酰胺以及聚碳酸酯等多种类型的聚合物也被开发出来，并且表现出了良好的应用前景。

可降解聚合物的出现，为日益严峻的"白色污染"问题提供了有效的解决方法。对于传统聚合物的生产，在设计及工艺上可以尽可能提升产品的强度、寿命等。而可降解聚合物的合成与生产，需要通过共聚或共混的形式，在聚合物链段或体系中加入可降解单元，这将使材料本征性能受到影响。部分可降解材料在实际使用过程中可能会遇到耐候性差、力学强度低、热稳定性不足、降解速度慢等问题。此外，可降解聚合物结构与性能之间的相互作用关系仍未完全理解，这些问题导致可降解聚合物相比通用塑料而言，在许多方面竞争力不足。另外，聚乙烯、聚丙烯、聚氯乙烯等通用塑料价格低廉，而可降解高分子材料的价格仍相对较高。总体来说，可降解聚合物仍然需要进行不断探索及研究。

思考题

5-1　聚合物的化学反应有何特点？

5-2　讨论影响聚合物反应性的因素。

5-3　聚集态对聚合物化学反应影响的核心问题是什么？举一个例子来说明促使化学反应顺利进行的措施。

5-4　从反应单体开始制备维尼纶，需要经过哪些反应？写出反应式。

5-5　由纤维素合成部分取代的醋酸纤维素、甲基纤维素、羧甲基纤维素，写出反应式，简述合成原理。

5-6　下列聚合物用哪类交联剂进行交联？简要写出反应式。

a. 聚异戊二烯；b. 聚乙烯；c. 二元乙丙橡胶

5-7　热降解有几种类型？

5-8　简述聚甲基丙烯酸甲酯、聚苯乙烯、聚乙烯、聚氯乙烯热降解的机理特征。

5-9　为什么芳香族聚酯可降解性差？如何通过分子结构设计提高其可降解性？

高分子运动

对于化学结构和分子量大小相同的高分子，可以发现因外界条件的改变而表现出不同的特性。如，橡胶在常温下表现出柔软有弹性的特性，但在−100℃时则变得硬而脆；聚甲基丙烯酸甲酯（PMMA）在常温下硬而脆，俗称有机玻璃，但当加热到100℃时则变得柔软而有弹性。在不同的温度下，高分子的化学结构和分子量大小并未发生改变，而是分子的运动状态发生了改变。高分子在不同的温度范围内呈现出的不同物理状态称为热力学状态（简称力学状态），反映出高分子形变的发生、发展直到破坏的规律、特征和力学性能。高分子的力学状态变化源于其分子的热运动。

6.1 高分子的热运动特点

小分子的热运动方式有振动、转动和平动，是整个分子的运动，称为布朗运动。高分子结构复杂，其分子运动也更为复杂。可以归纳为以下几个特点。

（1）高分子运动单元的多重性

高分子的运动单元既可以是整条分子链的振动、转动和平动，也可以是分子链的一部分（如侧基、支链、结构单元、链节、链段等）发生振动、转动或摇摆（称为微布朗运动）。链段是高分子所特有的独立运动单元，既可以发生一部分链段相对于其他链段的运动、引起分子形态的改变（构象变化）；也可以由各链段的协同移动实现整条分子链的相对位移（分子链重心发生位移），这称为高分子的"蛇行理论"。

（2）高分子运动的时间相关性

在一定的外力和温度条件下，高分子从一种平衡状态通过热运动达到另一种平衡状态，需要克服运动单元所受到的内摩擦力（分子间作用力如氢键、范德华力），往往都需要一定的时间来完成，因此也称为松弛（弛豫）过程，完成转变所需的时间称松弛时间（relaxation time）。对于高分子，由于运动单元不同，松弛时间并不是一个单一的数值，而是表现为松弛时间谱。

（3）高分子运动的温度相关性

温度对高分子的热运动有两方面的作用：一是温度升高使高分子能量增加，当能量足以克服运动能垒时，运动单元得以活化，运动能力增大；二是温度升高使高分子材料发生体积膨胀，分子链段和分子链间的活动空间增加，使得运动单元可以更加自由、迅速地运动。

6.2 高分子的热转变和力学状态

高分子的力学状态反映的是高分子形变的发生、发展直到破坏的规律、特征和力学性能，可以用温度-形变曲线来表示。既可以是一定负荷和升温速率下，高分子形变大小与温度的关系曲线（也称热机械曲线，thermal mechanical curve），由热力分析仪（thermal mechanometry analysis，TMA）获得（见图 6-1）；也可以是交变应力下高分子模量随温度变化的曲线，常用动态热分析仪（dynamic thermal mechanometry analysis，DMA）获得（见图 6-2）。

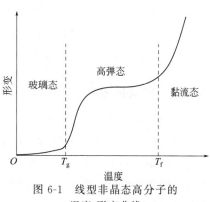

图 6-1　线型非晶态高分子的
温度-形变曲线

当温度较低时，高分子呈刚性固体状，在外力作用下只发生非常小的形变；温度升到一定范围后，高分子形变明显增加，并在随后的温度区间达到一相对稳定的形变，在这一区域中，高分子变成柔软的弹性体；温度继续升高时，则形变量又逐渐增大，高分子最后变成黏性的流体。根据高分子力学性质随温度变化的特征，可以按温度区间划分为三种力学状态——玻璃态（glass state）、高弹态（rubbery state）和黏流态（viscose state），这是高分子处于不同运动状态的宏观表现。玻璃态与高弹态之间的转变称为玻璃化转变（glass transition）；高弹态与黏流态之间的转变称为黏弹转变（viscoelastic transition）。

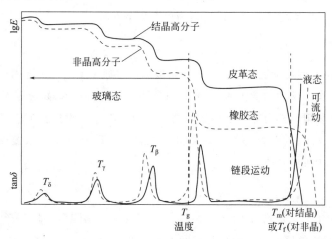

图 6-2　结晶高分子与非晶高分子的模量-温度曲线与损耗因子-温度曲线

6.2.1 玻璃态

在较低温度下，分子热运动的能量低，不足以克服主链内旋转的势垒，链段处于"冻结"的状态，只能发生侧基、链节、短支链等较小运动单元的局部振动以及键长、键角的变化，高分子链不能实现从一种构象到另一种构象的转变，也可以说，链段运动的松弛时间几乎为无穷大（大大超出了实验测量的时间范围）。因此，高分子表现出与小分子玻璃相似的特性，质硬而脆，受力后形变很小，形变与受力的大小成正比，当外力去除后形变能够立即完全恢复，遵循胡克（Hooke）定律的普弹形变。

在玻璃态下，比链段更小的运动单元如侧基、链节、支链等在不同温度下会发生从冻结到运动的转变过程，统称为次级转变，称为 β 转变、γ 转变等。通过 DMA 测试获得的模量-温度曲线（见图 6-2），可以记录这些次级转变所对应的温度，次级转变温度特别是 β 转变温度的大小，反映了高分子在室温下的脆性和韧性。

6.2.2 玻璃化转变

升高到某一温度，分子热运动能量逐渐增加，链段的运动被激发，"冻结"在玻璃态的链段开始"解冻"，即链段克服内旋转势垒而运动，形变迅速增加，这一区域对温度十分敏感，在 3～5℃ 的范围几乎所有物理性质（如膨胀系数、比热容、比体积、模量、介电常数、折射率等）都发生突变，这个转变温度称为玻璃化转变温度 T_g，也称 α 转变温度。此时链段运动的松弛时间减少到与实验测量时间同一个数量级，相当于可以通过实验观察到链段的运动了。

T_g 是链段开始运动（或冻结）的温度，对于塑料来说，T_g 是使用的最高温度，对于橡胶来说，则是使用的最低温度。T_g 的测定对于判断高分子的使用温度范围非常重要。

除了从上述 TMA 和 DMA 曲线可以获得 T_g 外，利用玻璃化转变前后物理性质的突变也可以测定 T_g，如测定比体积变化的膨胀计法、测定比热容变化的差示扫描量热法（differential scanning calorimetry，DSC）等。虽然玻璃化转变并不是热力学上的一级相转变，即没有放热或吸热效应，但存在比热容的突变，在 DSC 曲线上表现为台阶状突变（图 6-3），是热力学上的二级转变。

影响高分子 T_g 的因素很多，可以概括为以下几个方面：

（1）化学结构

T_g 是链段从冻结到运动的转变温度，而链段运动是通过主链的单键内旋转实现的，因此凡是影响高分子链柔顺性的结构因素都对 T_g 有影响。也就是说，高分子链上引入极性或刚性基团、增加空间位阻，都会降低链的柔顺性，使 T_g 升高；引入柔性基团、增塑剂等则会增加链的柔顺性，使 T_g 降低。另外，共聚物或共混物对 T_g 的影响比较复杂，将会在第 8 章的高分子多相体系中再做介绍。

（2）交联

随着交联度的增大，高分子的链段活动能力下降，T_g 升高；对于高度交联的高分子，T_g 消失。不同交联度的聚合物的形变与温度关系如图 6-4 所示。

（3）分子量

分子量的增加一般会使 T_g 增大，主要是因为分子链端基的活动能力较大，这在分子量较低时显著影响；但当分子量超过一定值后，因端基随分子量增大所占比例不断减少，其影响可以忽略不计，T_g 随分子量的增加变化就不明显了（图 6-5）。

（4）结晶

T_g 是发生在高分子非晶区的链段运动，所以对于完全结晶的高分子而言并没有玻璃化转变温度。实际上，大多数高分子的结晶并不完善，总存在着非晶区，T_g 的大小会受到结晶度的影响，结晶度越高，一般 T_g 越大，当结晶度足够高时，微晶彼此连接，形成贯穿整个材料的连续相，限制了非晶区链段的运动，在宏观上就观察不到 T_g 了（图 6-6）。

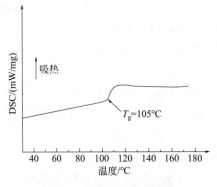

图 6-3　聚甲基丙烯酸甲酯
（PMMA）的 DSC 曲线

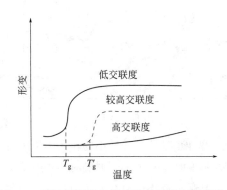

图 6-4　不同交联度的聚合物的形变与温度关系

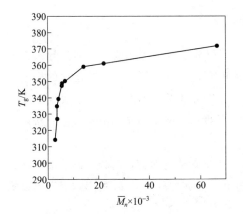

图 6-5　聚苯乙烯的 T_g 与平均分子量的关系

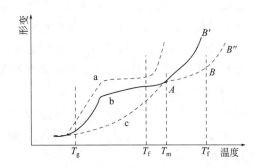

图 6-6　不同结晶度高分子的温度-形变曲线
a—非晶高分子；b—轻度结晶高分子；c—高度结晶高分子

（5）外界作用

因玻璃化转变不是热力学的平衡过程，因此外力作用大小和速率对 T_g 的大小有影响。一般情况下，单向外力作用增大可以促使链段运动，使 T_g 降低；而且外力作用的速率（或频率）也会影响 T_g 的大小，作用速率增大，通常测得的 T_g 偏高。同样，测试时升温或降温速率增加，所测 T_g 偏大。

6.2.3　高弹态

温度达到 T_g 以上，分子热运动的能量足以克服内旋转的位垒，链段运动被激发，但还

第 6 章　高分子运动

不足以使整个分子链产生位移。这种状态下聚合物受到较小的力就产生很大的形变（超过100％），在形变-温度曲线上出现平台区；外力除去后形变又能够完全恢复。

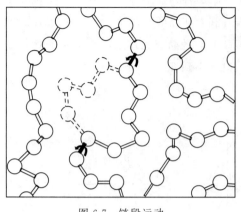

图 6-7　链段运动

高弹态是高分子链段运动所特有的力学状态，其本质是链段在小范围内绕单键的内旋转运动（图 6-7），从而发生构象改变，即当高分子材料受到拉伸作用时，分子链从卷曲状态转变为相对伸直状态，分子链的构象数减少，是一个熵减的过程；当外力去除时，链段又通过内旋转使分子链恢复到卷曲状态，因此，高弹形变实质是一种熵弹形变。我们可以形象地理解为，高分子在高弹态时，对于链段而言相当于小分子液体，而对于整个分子链而言则是固体。高分子的高弹态主要表现为以下特点：

① 弹性模量低，在较小的作用力下就可以发生很大的弹性形变；

② 形变时有热效应，如橡胶拉伸时放热，回缩时吸热，这与其他固体材料的热效应相反；

③ 高弹形变是可回复的熵弹形变，回复后的材料性能几乎不变；

④ 高弹形变有弛豫（松弛）特性，即形变与作用时间有关。

6.2.4　黏弹转变

温度进一步升高，链段沿作用力方向协同运动，不仅分子链的形态改变，而且导致大分子的重心开始发生相对位移。不仅链段运动的松弛时间缩短，而且整个分子链运动的松弛时间也缩短到与实验可观察的时间同一个数量级，高分子开始呈现流动性，宏观上表现为形变迅速增加，此转变称为黏弹转变。转变温度记为黏流温度（flow temperature，T_f）。黏流温度 T_f 是高分子熔融（热塑）加工的最低温度。

影响高分子 T_f 的因素与影响 T_g 的因素相类似，从化学结构而言，高分子链的柔顺性越好，其 T_f 越低；同时，分子间作用力越强，则 T_f 越高。除此之外，对 T_f 的影响因素可以概括为以下几个方面。

（1）分子量

高分子的黏性流动温度是整个大分子链开始运动的温度，链段和分子链都发生了运动，因此，分子量大小对 T_f 有很大影响。分子量越大，分子链的位移越困难，T_f 越高，见图 6-8。

（2）交联

即使在交联度较低时，能够观察到 T_g，但观察不到 T_f，也就是说交联高分子材料不会发生黏性流动。

（3）结晶

结晶性高分子的晶区熔融后，是不是进入黏流态，要视其分子量而定。如图 6-9 所示，如果分子量不太大，非晶区的黏流温度 T_{fl} 低于熔点 T_m，则晶区熔融后就进入黏流区；如果分子量足够大，则在晶区熔融后依然停留在高弹区，直到温度进一步升高至黏流温度 T_{f2}，才能进入黏流态。

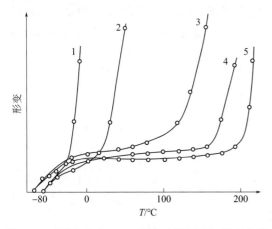

图 6-8　不同聚合度（n）聚异丁烯的形变-温度曲线
1—$n=102$；2—$n=200$；3—$n=10400$；
4—$n=28600$；5—$n=62500$

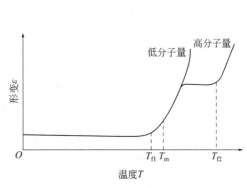

图 6-9　不同分子量的结晶性
高分子的形变-温度曲线

（4）作用力和作用时间

增大作用力和作用时间，可以促使分子链重心移动，增加了高分子链的形变，因此会使 T_f 降低。

6.2.5　黏流态

温度高于 T_f 后，由于链段发生剧烈运动，整个分子重心发生相对位移，外力除去后形变也不能回复，即产生不可逆变形，呈现黏性状态，称为黏流态。

虽然说高分子的黏流态是整个分子的运动，但高分子毕竟分子量很大，大分子的整链运动是通过链段相继跃迁、分段位移实现的，因而表现出与小分子液体不同的特性：一是黏度较大，且分子量越大，黏度越大；二是不同于小分子的纯黏性流动，往往表现出一定的弹性。为此，有必要介绍一下高分子流体的黏弹性。

6.3　高分子流体的黏弹性

材料受到外力作用时，按形变与时间的关系可以划分为三种基本类型，如图 6-10 所示。

① 理想弹性体。形变与时间无关，平衡形变瞬时达到，瞬间恢复，应变正比于应力，服从胡克定律。

② 理想黏性体。形变与时间成线性关系，应变速率正比于应力，服从牛顿流动定律。

③ 理想黏弹体。形变的发展随时间变化，但其变化规律既不符合理想弹性体也不符合理想黏性体，应变既与应力有关也与应变速率有关。这在高分子固体和流体中都很常见。有关高分子固体的黏弹性我们将在第 7 章详述。

当高分子熔体或溶液（简称流体）受到外力作用时，既表现出黏性流动，又表现出弹性形变，称之为高分子流体的黏弹性，又称流变行为或者流变特性（rheological behavior）。很多高分子材料的成型都是通过流体的流动进行的，如纤维纺丝成型，塑料制品的挤出、注塑，薄膜的吹塑和压延，涂料和胶黏剂的成膜等，因此，了解高分子的流变特性有助于理解高分子的加工原理，指导加工工艺设计。

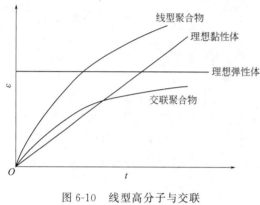

图 6-10　线型高分子与交联
高分子的形变-时间曲线

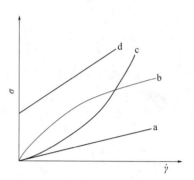

图 6-11　各种流体的流变曲线
a—牛顿流体；b—假塑性流体；
c—膨胀型流体；d—宾汉姆流体

6.3.1　高分子流变学

流变（rheology）实际上就是流动和变形的简称，流动和变形既有区别又紧密相关，哲学中有"万物皆流、万物皆变"的思想，流动可视为广义的变形，而变形也可视为广义的流动，两者的差异仅在于外力作用的时间长短及观察时间的不同。若按地质年代计算，坚硬的地壳也在流动（即产生黏性形变）；若以极快的速度击打液体，连水也能表现出反弹性（即产生弹性形变）。高分子流体既有黏性又有弹性的流变行为，强烈依赖于高分子本身的结构，分子量和分子量分布，温度，溶剂和溶液浓度，作用力形式、大小及作用时间等。

利用作用力大小与形变速率的关系可以很好地描述各种物质的流变特性，并根据其相互关系特点进行分类，如图 6-11 所示。

（1）牛顿流体（Newtonian fluid）

理想黏性流体流动时，施加的剪切应力 σ（单位 Pa）与产生的剪切速率 $\dot{\gamma}$（单位 s^{-1}）成正比（如图 6-11a），即符合牛顿流动定律［式（6-1）］，其比值就是流体的黏度 η（剪切黏度）（单位 Pa·s），表示流体流动时内摩擦阻力的大小或流动性的好坏。

$$\sigma = \eta\dot{\gamma} \tag{6-1}$$

符合牛顿流动定律的流体称为牛顿流体，其黏度与剪切应力和速率无关，只与分子结构和温度有关。大多数小分子流体都是牛顿流体，很多高分子的稀溶液也是牛顿流体。

（2）非牛顿流体（non-Newtonian fluid）

凡是不符合牛顿流动定律的流体都称为非牛顿流体。流体黏度 η_a 不仅与分子结构和温度有关，且随剪切速率或剪切应力而变化，反映流体不可逆形变的难易程度。根据 $\sigma/\dot{\gamma}$ 值随剪切速率的变化规律不同，非牛顿流体分为假塑性流体（pseudoplastic fluid）、膨胀型流体、宾汉姆流体（Bingham fluid），如图 6-11b～d。

大多数高分子熔体、浓溶液、分散体系都是非牛顿流体。其中，假塑性流体最为常见。应力与剪切速率之间不成直线关系，可以采用"幂律定律"的经验方程来描述：

$$\sigma = K\dot{\gamma}^n \tag{6-2}$$

如果将流动曲线上任一剪切速率下的斜率作为流体的表观黏度 η_a，则：

$$\eta_a = \frac{\sigma}{\dot{\gamma}} \tag{6-3}$$

则幂律定律可以改写为：$\eta_a = K\dot{\gamma}^{n-1}$。

式中，K 为稠度系数，是一种材料常数；n 为流动指数或非牛顿指数，表示该流体与牛顿流体的偏离程度。对于假塑性流体，n 值小于 1，可见，假塑性流体的表观黏度随剪切速率的增大而减小，故又称切力变稀（或剪切变稀）流体（shear thinning fluid）。几乎所有的高分子熔体和浓溶液都属于切力变稀流体。

高分子流体产生切力变稀的原因可以归结如下。

① 在剪切力作用下，随着剪切速率的增大，大分子发生构象改变，分子链段沿流动方向发生取向，使大分子之间的相对运动更加容易，如图 6-12 所示。

② 分子链的柔顺性使分子之间发生几何扭结或由分子间力形成物理交联点，发生了分子链间的缠结，这种缠结点可以通过分子的热运动而处于不断的解开和重建的动态平衡过程中。随剪切速率的增大，"解缠结"速率大于缠结的重建速率，导致缠结点数随剪切速率增大而减少，表观黏度降低，如图 6-13 所示。

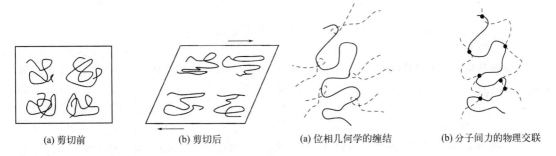

(a) 剪切前　　　　(b) 剪切后　　　　(a) 位相几何学的缠结　　　(b) 分子间力的物理交联

图 6-12　大分子链在剪切应力作用下沿流动方面取向　　　图 6-13　两种大分子链间缠结形式

对于高分子溶液，除了上述原因，当剪切速率增大时，大分子发生一定程度的脱溶剂化作用，使分子链的有效尺寸变小，导致黏度下降。

6.3.2　影响高分子流变特性的因素

影响高分子流动的因素主要是流体内的自由体积和大分子链的运动能力，因此，各种环境因素包括剪切速率和应力、温度、高分子链结构、分子量和分子量分布、高分子溶液等都会影响高分子的流变特性。

（1）剪切速率

笼统地说，大多数高分子流体都是非牛顿流体；而实际上，高分子流体只是在不同的剪切速率下，会表现出不同的流变特性。以假塑性高分子流体为例，典型的流变曲线如图 6-14 所示。流变曲线可以分为三个区：①在低剪切速率下，流动曲线的斜率 $n=1$，符合牛顿流动定律，称为第一牛顿区，该区的黏度通常称为零切黏度 η_0，即 $\dot{\gamma} \rightarrow 0$ 时的黏度。②当剪切速率超过某一临界值 $\dot{\gamma}_c$ 后，流动曲线的斜率 $n<1$，进入非牛顿区，也称为假塑区（切力变稀区），此时的黏度称为表观黏度 η_a，表观黏度随着剪切速率的增大而减小。很多聚合物加工成型时的剪切速率正好在这一区域。③当剪切速率断续增大，流动曲线的斜率 $n=1$，进入第二牛顿区，该区域的黏度称为极限黏度 η_∞。

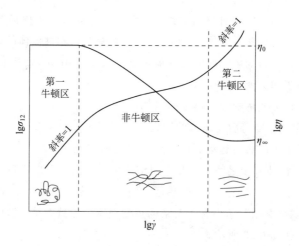

图 6-14 高分子流体的流变曲线

（2）温度

温度升高，分子链活动能力增强，自由体积增大，流体黏度降低。在黏流温度之上，黏度与温度的关系符合 Arrhenius 方程：

$$\eta = A \, e^{\Delta E / RT} \tag{6-4}$$

式中，A 为常数；T 为热力学温度，K；$R=8.314\mathrm{J}/(\mathrm{mol} \cdot \mathrm{K})$，为气体常数；$\Delta E$ 为黏流活化能，J/mol。如图 6-15，通过斜率就可以求得黏流活化能 ΔE。黏流活化能一方面反映高分子流动的难易程度，另一方面反映高分子流体黏度对温度变化的敏感性。对于高分子加工而言，ΔE 较小时，黏度对温度变化不敏感，温度升高对黏度影响小，不适宜用升高温度的方法改善高分子的流动性。

（3）高分子链结构

一般情况下，高分子链的柔顺越好、分子间作用力越弱，则其流动性越好。但分子链的柔性增加，缠结点增多，链的解缠和滑移困难，会使高分子流体的非牛顿性增强。因为高分

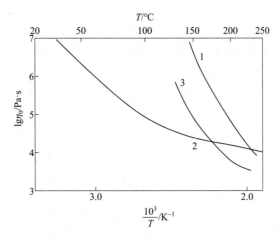

图 6-15　几种高分子的零切黏度随温度的变化
1—低密度聚乙烯；2—乙烯丙烯共聚物；3—聚苯乙烯

子链结构复杂，且流变特性还与分子量、分子量分布、温度、剪切速率等有很大关系，因此在实际情况下，很难对不同链结构的高分子流变特性做出准确比较。

（4）分子量和分子量分布

高分子的流动是大分子之间发生的相对位移，分子量增大，分子链重心的相对位移减缓，表现为流体黏度增加，如图 6-16 所示。符合 Flory 的经验关系式 ［式（6-5）］，当分子量小于某一临界值（$\overline{M_c}$）时，流体的零切黏度与重均分子量成正比；当分子量大于$\overline{M_c}$，流体的零切黏度与重均分子量的 3.4 次方成正比。而$\overline{M_c}$实际上是高分子发生缠结的临界分子量。

$$\eta_0 = \begin{cases} K\overline{M_w} & \overline{M_w} < \overline{M_c} \\ K\overline{M_w^{3.4}} & \overline{M_w} > \overline{M_c} \end{cases} \tag{6-5}$$

式中，K 为与温度和分子结构有关的材料常数；$\overline{M_w}$ 为重均分子量；$\overline{M_c}$ 为临界分子量。

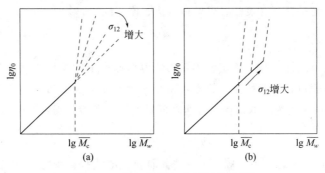

图 6-16　零切黏度与分子量关系图

同样的平均分子量，分子量分布不同的高分子，流变特性也不同。分子量分布宽的高分子流体，主要表现为零切黏度高、切力变稀显著的特性，对剪切速率更为敏感，如图 6-17；同时，由于分子链发生相对位移的范围变宽，小分子起到增塑作用，会导致高分子发生流动的温度降低。

（5）高分子溶液

高分子溶液有流变特性，除了与高分子链结构、分子量和分子量分布有关外，更显著的影响因素是所用溶剂和高分子的浓度。

高分子浓度增大，体系中大分子链数目增多，分子缠结的概率增大，流体黏度增大，如图 6-18。

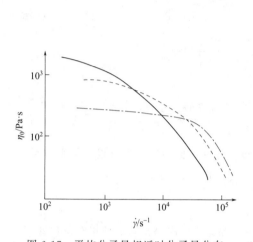

图 6-17　平均分子量相近时分子量分布
对高分子流动曲线的影响
—很宽分布；--- 很窄分布；-·-正常分布

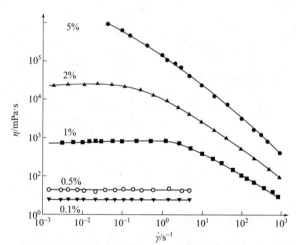

图 6-18　不同浓度的 PMMA 的黏度与剪切速率的关系
（$\overline{M_w} = 5.3 \times 10^6 \, \mathrm{g/mol}$，$\overline{M_w}/\overline{M_n} = 2.5$，$T = 25℃$）

而溶剂对高分子溶液流变特性的影响，一方面与溶剂本身的黏度有关，另一方面主要与溶剂的溶解能力有关，在良溶剂中，高分子链舒展，流体黏度增大。

6.3.3　高分子流变特性的测试方法

黏度是表征高分子流体流动性的指标，因此有多种测定黏度的方法来测定高分子流体的流变特性，常用的包括落球黏度法、熔融指数法、流变仪法。

（1）落球黏度法

利用落球黏度计（图 6-19）测定流体在极低剪切速率下的剪切黏度，既可以获得牛顿流体的黏度，也可以获得切力变稀流体的零切黏度 η_0。其原理为：当一半径为 r、密度为 ρ_s 的圆球，在黏度为 η、密度为 ρ 的液体中等速降落时，符合经验方程：

$$\eta = K(\rho_s - \rho)t \tag{6-6}$$

式中，t 为圆球通过容器上下固定刻度所需时间；K 为仪器常数。

用已知黏度的流体标定 K 值后，即可计算待测流体的黏度。

落球黏度法测定过程中可以控制剪切速率在 $10^{-2} \, \mathrm{s}^{-1}$ 以下，对于大多数高分子流体来讲基本上处于第一牛顿区，因此适用于测定高分子流体的零切黏度。其优点是方法简单、易于操作，常用于工业生产中的高分子流体的测定，特别适合于室温附近的高分子溶液、分散液的黏度测定。落球黏度法的局限性在于无法获得剪切黏度与剪切速率的关系。

（2）熔融指数法

熔融指数（MI）是表征高分子熔体流动性的常用指标，是利用熔融指数仪（图 6-20）进行测定的。先将聚合物加热到一定温度，使其完全熔融，然后在一定负荷下将其从固定直径、固定长度的毛细管中挤出，测定 10min 内挤出的熔体质量（g），称为该高分子的熔融指数（单位：g/10min）。熔融指数越大，高分子的流动性越好。对于不同的高分子，有统一标准规定了适当的温度和负荷条件，便于在相同条件下进行相对比较。需要注意的是，对于不同的高分子，不能用熔融指数的大小来比较其流动性的差异。

熔融指数同样反映的是低剪切速率区（$10^{-2} \sim 10^{-1} \mathrm{s}^{-1}$）高分子流体的黏度大小，其数值与分子量密切相关，工业上普遍将熔融指数作为产品分子量的一种指标。熔融指数法也不能获得剪切黏度与剪切速率的关系。

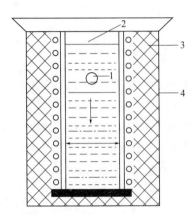

图 6-19　落球黏度计
1—小球；2—测黏度管；3—加热器；4—夹套

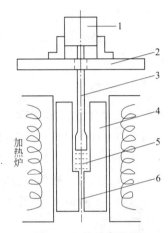

图 6-20　熔融指数仪
1—测力头；2—十字头；3—活塞杆；
4—活塞筒；5—熔体；6—毛细管

（3）流变仪法

流变仪是专用测定流体特性的仪器，主要有毛细管流变仪和旋转流变仪两大类。利用流变仪测定高分子流体的流变特性，可以获得剪切应力、剪切速率等基本流变学参数，可以对非牛顿流体进行全面分析，获得如图 6-14 所示的流变曲线，从而可以计算表观黏度、零切黏度、非牛顿指数等。

毛细管流变仪的工作原理是，物料在料桶里被加热熔融，料桶的下部安装有一定规格的毛细管口模［有不同直径（0.25～2mm）和不同长度（0.25～40mm）］，温度稳定后，料桶上部的料杆以一定的速度把物料从毛细管口模挤出来。在挤出的过程中，可以测量毛细管口模入口的压力，结合已知的速度参数、口模和料桶参数以及流变学模型，从而计算出在不同剪切速率下熔体的剪切黏度。毛细管流变仪常用于测定高分子熔体的流变特性，常用的剪切速率范围为 $10^1 \sim 10^6 \mathrm{s}^{-1}$，剪切应力为 $10^4 \sim 10^6 \mathrm{Pa}$，可以获得十分接近挤出加工条件的流变学物理量。除了测定黏度外，还可以观察挤出物的直径、外形以及不稳定流动现象（如熔体破裂）。

旋转流变仪采用对样品施加强制稳态速率载荷、稳态应力载荷、动态正弦周期应变载荷或动态正弦周期应力载荷的方式，观测样品对所施加载荷的响应数据；通过测量剪切速率、剪切应力、振荡频率、应力应变振幅等流变数据，计算样品的黏度、储能模量、损耗模量、损耗角正切等流变学参数，是目前材料领域研究应用最广泛的流变仪。根据其结构可分为同心圆筒、平行板和锥/平板型。对于低黏度的流体，选择同心圆筒，且黏度越小使用的圆筒直径越大；对于黏度较大的流体，选择平行板或锥板，黏度越小，使用的平行板直径越大或者锥板的锥度越小。

6.3.4 高分子弹性效应

高分子在流动过程中，分子链沿外力作用方向产生伸展，使体系的构象熵减小，若是外力取消，分子链又要卷曲起来，体系的构象熵恢复一部分，表现出熵弹性。高分子流体的弹性与固体高弹性的重要区别在于流体的弹性总是与不可逆的黏性流动纠结在一起，在高分子加工（或测试）过程中则表现为挤出胀大（出口胀大，出口膨化）、爬杆效应和不稳定流动（熔体破裂）现象。

（1）挤出胀大效应

又称模口胀大（巴拉斯效应，die expanding or Barus），是指高分子流体在挤出成型时，挤出物的最大直径比模口直径大的现象［图 6-21 （a）］。产生这种效应的原因是，高分子流体在模口中流动时，受到剪切作用力，分子链段发生取向，构象熵减小，出模口后，外力消失，分子链段部分回缩，构象熵增加，流体直径增大［图 6-21 （b）］。常用出口胀大比 B 来表示其胀大程度［式（6-7）］，定义为挤出物直径的最大值 D_{max} 与模口直径 D_0 之比：

$$B = \frac{D_{max}}{D_0} \tag{6-7}$$

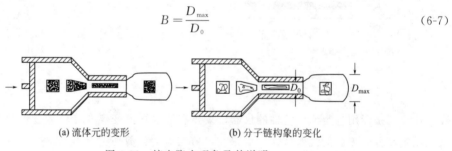

(a) 流体元的变形　　　　　　(b) 分子链构象的变化

图 6-21　挤出胀大现象及其说明

（2）爬杆效应

又称包轴效应或韦森堡（Weissenberg）效应，一根轴在流体中快速转动时，牛顿流体会因惯性作用而甩向器壁附近，器壁处液面上升，中间部位液面下降［图 6-22 （b）］；而高分子流体的液面则是在轴处上升，出现沿轴向上爬的现象［图 6-22 （a）］。爬杆现象的产生是由于转轴附近的流体线速度较高，剪切作用使流体中分子链在流线方向上被拉伸，受到轴的空间限制，被拉伸的分子链无法恢复到原来的卷曲状态，从而缠绕在轴上。

（3）不稳定流动

不稳定流动又称熔体破裂（melt fracture），如图 6-23 所示，高分子流体在挤出时，当剪切应力超过一定极限时，则挤出物表面出现不光滑现象，如波浪形、鲨鱼皮形、竹节形、螺旋形等，甚至发生不规则的破碎。因与弹性形变有关，又称弹性湍流。产生不稳定流动的原因是，外力赋予流体的熵弹形变能量远远超出流体可承受的极限时，多余的能量将以其他形式释放出来，则产生新的表面以消耗表面能。这种现象在高黏熔体中比较常见。

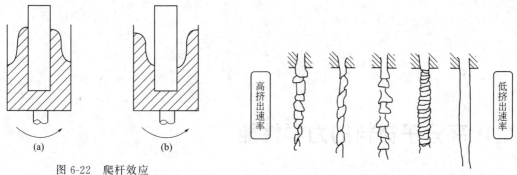

图 6-22　爬杆效应
（a）高分子熔体；（b）小分子液体

图 6-23　不稳定流动挤出物外观

思考题

6-1　简述高分子热运动的特点。

6-2　说明典型的非晶态聚合物的三种力学状态和两个热转变及其机理。

6-3　影响聚合物玻璃化转变温度和黏流转变温度的因素有哪些？

6-4　举例说明高分子玻璃化转变温度的测试方法。

6-5　说明高分子流体的类型及特点。

6-6　说明高分子流体发生剪切变稀的原因。

6-7　常用的高分子流变测试方法有哪些？

6-8　说明影响高分子流变的因素。

6-9　举例说明高分子的弹性效应。

第 7 章

高分子材料特性

7.1 高分子材料的力学性能

高分子作为材料使用时，总要求其有必要的力学性能；可以说，对于大部分应用，相对其他性能而言，力学性能显得更为重要。像所有材料一样，高分子材料的力学性能包括经受拉伸、压缩、弯曲、剪切和扭转时的应力和应变行为；而施加的应力或应变可能是静态的，也可能是动态的，且由于高分子结构复杂，其分子运动又表现出显著的弛豫特性，材料力学性能的响应性也是非常复杂。

了解高分子材料力学性能的特点和规律以及影响其力学性能的各种因素，对于正确控制成型加工条件、合理选择和使用高分子材料以及进一步改进和提高材料的力学性能都是非常必要的。

7.1.1 描述材料力学性能的基本物理量

当材料受到外力作用但并不能发生位移时，它的几何形状和尺寸将发生变化，这种形变称为应变（strain）。引起形变的本质原因是分子链内各级结构单元之间以及分子链之间的相对位置发生了变化。材料发生形变时内部产生大小相等但方向相反的反作用力来抵抗外力，则定义单位面积上的这种反作用力为应力（stress）。

材料受力方式不同，发生形变的方式也不同。一般来说，受力方式包括拉伸、剪切、弯曲、冲击、压缩、扭曲等几种模式，这里以常见的拉伸模式和剪切模式为例来说明应力和应变等物理量。

（1）拉伸应力和应变

材料受到单向拉伸（stretch，tensile，draw）时（图 7-1），定义其拉伸应力（也称张应力）σ 为所受外力 F 与材料初始横截面积 A_0 之比：

$$\sigma = \frac{F}{A_0} \tag{7-1}$$

而拉伸应变 ε 则定义为纵向伸长值 Δl 与材料初始长度 l_0 之比：

$$\varepsilon = \frac{l - l_0}{l_0} = \frac{\Delta l}{l_0} \tag{7-2}$$

对于理想的弹性体，应力和应变关系符合胡克定律（Hooke law），即应力与应变成正比，比例常数称为弹性模量 E（elastic modulus），反映材料抵抗形变能力的大小，模量大，则材料的刚度大，不易发生形变。

$$E = \frac{\sigma}{\varepsilon} \tag{7-3}$$

（2）剪切应力和应变

材料受到剪切（shear）作用力时，应力方向平行于受力平面，如图 7-2 所示。

剪切应力为：

$$\sigma_s = \frac{F}{A_0} \tag{7-4}$$

剪切应变为：

$$\gamma = \tan\theta \tag{7-5}$$

剪切模量为：

$$G = \frac{\sigma_s}{\gamma} \tag{7-6}$$

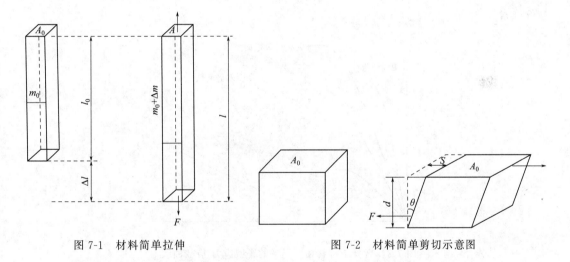

图 7-1　材料简单拉伸　　　　　　图 7-2　材料简单剪切示意图

实际情况下，材料在拉伸过程中，沿着拉伸方向长度增加，则会产生垂直于拉伸方向宽度的减小，将材料在拉伸应力作用下所产生的横向压缩应变与纵向拉伸应变的比值定义为泊松（Poisson）比 ν：

$$\nu = \frac{-\Delta m / m_0}{\Delta l / l_0} \text{（加负号是因为 } \Delta m \text{ 为负值）} \tag{7-7}$$

泊松比 ν 与拉伸模量 E 和剪切模量 G 之间存在着定量关系：

$$E = 2G(1 + \nu) \tag{7-8}$$

大多数材料的泊松比在 0.2～0.5 之间，此值越小，代表材料越硬。当材料不可压缩时，泊松比为 0.5，许多液体和橡胶的泊松比接近于此值；大多数高分子材料的泊松比在 0.3～0.4 之间。从式（7-8）还可以看出，拉伸模量通常大于剪切模量，即拉伸要比剪切困难，需要注意的是，模量的比较是以符合胡克定律为前提的应力应变行为，或者说在小形变时的能力比较，此时拉伸应变是由键长键角的变化引起的，需要较大的力，而剪切是分子间的层间错动，比较容易实现。

7.1.2 应力-应变曲线

应力和应变关系是衡量高分子力学性能最为有效的方法。对于给定尺寸的材料试样，以一定的应变速率对试样施加载荷，增至试样发生破坏为止，获得应力-应变曲线。根据应力-应变曲线就可以获得一系列表征材料力学性能的参数，包括弹性模量、断裂强度、断裂伸长率以及屈服应力、断裂功等指标。典型的高分子材料可以依据其特性与应力-应变曲线的关系分为五大类，如图 7-3 所示。其中，"软"和"硬"是由模量大小区分的，"弱"和"强"是根据断裂强度大小区分的，"脆"是指无屈服现象而且断裂伸长小，则"韧"是指其断裂伸长和断裂强度都较高的情况，即断裂功（至断裂点应力-应变曲线下的面积）较大。比如，"软而弱"的代表性材料为高分子凝胶；"硬而脆"的代表性材料有聚苯乙烯、聚甲基丙烯酸甲酯、酚醛树脂；"硬而强"的代表性材料为硬聚氯乙烯；"软而韧"的代表性材料有橡胶、增塑聚氯乙烯、聚乙烯、聚四氟乙烯；"硬而韧"的代表性材料有尼龙、聚碳酸酯、聚丙烯、醋酸纤维素。

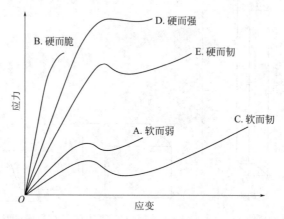

图 7-3　高分子材料在室温下的典型应力-应变曲线

上述五大类高分子材料的应力-应变曲线中，许多玻璃态和结晶态的高分子材料都表现出典型的硬而韧的特性，以此为例，对其各个阶段的应力-应变的变化现象和机理进行阐释，如图 7-4 所示，可以分为五个阶段。

① 弹性形变（elastic deformation）。应力随应变线性增加，基本符合胡克弹性体行为，若撤去应力，形变可以完全恢复。从直线斜率可以求出初始模量（弹性模量）E。从分子机理来看，这一阶段的形变主是由高分子的键长、键角变化引起的。

② 屈服点（yield point）。应力随着应变线性增大，达到极大值后应变继续增大而应力减

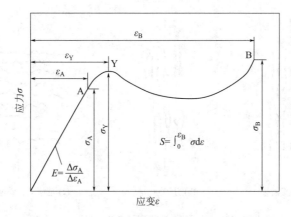

图 7-4　玻璃态聚合物拉伸时的应力-应变曲线

小，这种现象称为屈服，这一应力的极大值称为屈服应力 σ_Y。

③ 强迫高弹态（又称大形变）。过了屈服应力点之后，应变大大增加，但应力基本保持不变，且外力除去后这种大形变无法完全恢复（加热到 T_g 以上形变可恢复）。因此，这种大形变的本质是在较大的外力作用下高分子链段的运动，为了区别于普通的高弹形变，称之为强迫高弹形变（forced high-elastic deformation）。

④ 应变硬化（strain hardening）。继续拉伸时，分子链段发生取向排列，材料硬度提高，需要更大的外力才能发生应变。

⑤ 断裂（fracture，breaking）。拉伸应力增大到材料发生断裂，此时的应力通常称为断裂强度 σ_B，所对应的应变称为断裂伸长率 ε_B。根据应力-应变曲线上是否存在屈服点而分为脆性断裂和韧性断裂，在屈服之前发生的断裂称为脆性断裂，在屈服之后发生的断裂称为韧性断裂。

7.1.3　高分子材料的断裂与强度

7.1.3.1　高分子材料的断裂机理

高分子材料的宏观断裂，实际上是对应着材料的微观结构破坏。从分子结构的角度来看，高分子材料抵抗外力破坏的能力，主要靠分子内的化学键合力和分子间的范德华力或氢键。在不考虑其他各种复杂影响因素的理想情况下，高分子材料发生微观结构破坏的过程包括以下三种情况：如果高分子链的排列方向平行于受力方向，则断裂时可能是化学键的断裂 ［图 7-5（a）］或分子间的滑脱 ［图 7-5（b）］；如果高分子链的排列方向是垂直于受力方向的，则断裂时可能是范德华力或氢键的破坏 ［图 7-5（c）］。而实际的高分子材料，即使在高度取向的情况下，也达不到理想取向的程度，且分子链长度也是有限的，因此，正常断裂时，三种情况兼而有之，首先发生未取向部分的范德华力或氢键的破坏，随后应力集中到取向的分子链上，因直接承受外力的取向分子链数目有限，最终发生化学键的断裂。

7.1.3.2　高分子材料的（断裂）强度

材料受到外力作用而最终发生破坏，这种抵抗外力破坏能力的量度称为极限强度。不同

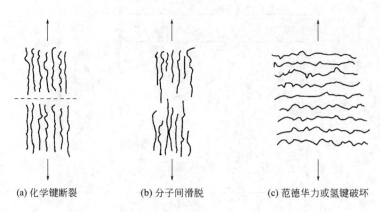

| (a) 化学键断裂 | (b) 分子间滑脱 | (c) 范德华力或氢键破坏 |

图 7-5 高分子材料断裂微观过程的三种模型

形式的破坏力对应于不同意义的强度指标。

（1）拉伸（抗张）强度（tensile strength）

在规定的试验温度、湿度和拉伸速率下，在标准试样（如哑铃形，图 7-6）上沿轴向施加载荷直到拉断为止，试样断裂前承受的最大载荷 P 与试样的横截面积 A_0 之比称为拉伸（断裂）强度（常用单位为 Pa、MPa 或 GPa）。

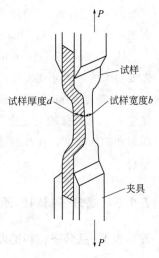

图 7-6 拉伸试验

$$\sigma_t = \frac{P}{bd} \qquad (7-9)$$

式中，P 为最大载荷，N；b 为试样宽度，mm；d 为试样厚度，mm。

（2）压缩（抗压）强度（compressive strength）

压缩强度反映材料抗压缩的能力。将标准试样放置在一个压力工具中，活塞以恒定的速率下降，记录样品断裂时的应力或者样品达到规定形变时的应力大小作为压缩强度，见图 7-7。压缩强度的计算方法参照拉伸强度。

（3）冲击强度（impact strength）

冲击强度是衡量材料韧性的一种强度指标，定义为试样受冲击载荷而折断时单位截面积所吸收的能量，即

$$\sigma_i = \frac{W}{bd} \qquad (7-10)$$

式中，W 为冲断试样所消耗的功，J；b 为试样宽度，mm；d 为试样厚度，mm。根据试样的夹持方式，通常分为简支梁（charpy）和悬臂梁（izod）两种冲击方式［如图 7-8（b）］，前者试样两端支承，摆锤冲击试样的中部；后者试样一端固定，摆锤冲击试样的自由端。

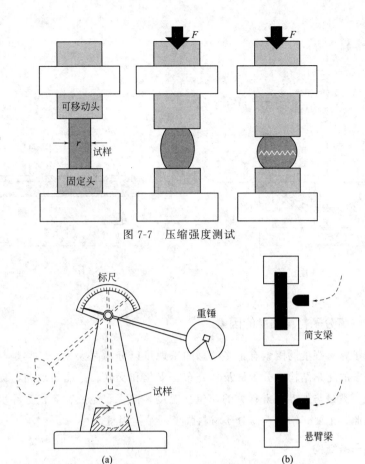

图 7-7 压缩强度测试

图 7-8 冲击强度测定

（a）冲击试验；（b）简支梁和悬臂梁

（4）硬度（hardness）

硬度是衡量材料抵抗机械压力的指标。硬度的测试方法有多种，因采用的压入头形式和压入方式不同，计算硬度的公式也不同。静态压入法是最广泛采用的硬度测量方法，如布氏硬度法采用的压入头为圆球（图 7-9），而肖氏硬度法则采用尖锐的锥形物。以布氏硬度法为例，将钢球压入试样表面并保持规定时间，计算：

$$布氏硬度 = \frac{f}{\pi D h} = \frac{2f}{\pi D\left(D - \sqrt{D^2 - d^2}\right)} \tag{7-11}$$

式中，f 为载荷，kg；D 为钢球直径，mm；h 为压痕深度，mm；d 为压痕直径，mm。

（5）弯曲强度（flexural strength）

在规定试验条件下，对试样施加静弯曲力矩直到试样折断为止。当条形样品作为横梁使用时，弯曲强度为受到垂直于长度方向的弯曲压力后所产生的最大应力（图 7-10）。

$$S = \frac{PL}{bd^2} \tag{7-12}$$

式中，P 为最大载荷，N；L 为跨距，mm；b 为试样宽度，mm；d 为试样厚度，mm。

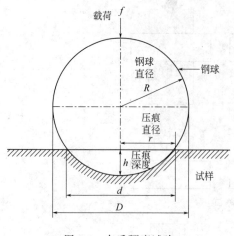

图 7-9　布氏硬度试验

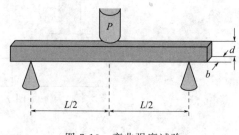

图 7-10　弯曲强度试验

7.1.3.3　影响高分子材料强度的因素

影响高分子材料强度的因素有很多，总的来说可以分为两大类：一类是与材料本身有关的，包括高分子的化学结构、分子量及其分布、支化和交联、结晶与取向、助剂与填料、结构缺陷等；另一类是与外界因素有关的，包括温度、湿度、光照、氧化等环境条件以及作用力速度等。在此，主要介绍影响高分子材料强度的结构因素。

（1）高分子链结构

根据高分子材料断裂机理，凡是能够增加主链化学键力和分子间作用力的结构都有利于提高材料的强度，所以增加高分子链的极性或产生氢键可以提高材料强度。

主链含有芳杂环的高分子，其拉伸强度和模量都比脂肪族主链的高，但过高的刚性可能会降低冲击强度。

分子链支化程度增加，分子间距离增大，分子间作用力减小，高分子材料的拉伸强度下降，但冲击强度提高。

适度的交联降低了分子链间的相对滑移，随着交联程度的增加，材料强度增大；但过度交联往往会影响高分子的结晶和取向，且脆性增加，对强度的提高反而会产生不利影响。

增大分子量，通常有利于提高拉伸强度和冲击强度，但当分子量超过一定值后，拉伸强度的变化不大，冲击强度则继续增大。在平均分子量接近的情况下，分子量分布变宽，一般拉伸强度下降，冲击强度增大。

（2）结晶和取向

结晶度增加，对提高弹性模量非常有利；然而，如果结晶度太高，则会导致冲击强度和断裂伸长率的降低，材料脆性增加。

取向可以使材料在取向方向上的强度提高几倍甚至几十倍，通常对拉伸强度和冲击强度的提高都是有利的。

（3）结构缺陷

如果材料存在结构缺陷，受力时材料内部的应力不能够得到平均分布，使缺陷附近局部范围内的应力急剧增加，远远超过应力平均值，就会发生"应力集中（stress concentration）"现象，造成材料过早发生破坏。

各种缺陷在高分子材料的加工过程中是普遍存在的，如加工过程中的微小气泡、接痕、杂质或者因冷却不均匀产生的内外层差异或银纹裂缝等，往往是造成高分子材料实际强度远低于理论强度的主要原因。

（4）增塑剂与填料

增塑剂的加入对高分子起到了稀释作用，减小了高分子链之间的作用力，因而拉伸强度降低；由于增塑剂使链段运动能力增强，故随着增塑剂含量的增加，材料的冲击强度提高。

填料的影响比较复杂，对于只起到稀释作用的填料（称为惰性填料），降低了制品的成本，但强度也随着降低；有些填料则可以提高材料强度（称为活性填料），这一部分将在第8章的橡胶、复合材料等内容中详细介绍。

7.1.4　高分子材料的力学松弛——黏弹性

根据材料形变与时间的关系，可以分为理想弹性体、理想黏性体和黏弹体。理想弹性体的形变与时间无关，形变瞬时达到、瞬时恢复；理想黏性体的形变随时间线性发展；黏弹体的形变具有时间依赖性，既表现出弹性也表现出黏性。

高分子材料表现出明显的黏弹性，通常称为力学松弛。高分子材料在固定应力或应变作用下的力学松弛称为静态力学松弛，主要表现为蠕变和应力松弛；高分子材料在交变应力或应变作用下的力学松弛称为动态力学松弛，也可以表现为蠕变和应力松弛，同时还表现出滞后和内耗。

7.1.4.1　静态力学松弛

（1）蠕变（creep）

在一定温度和较小恒定（或交变）外力下，材料形变随时间变化而逐渐增大的现象，称为蠕变；去除外力后，形变随时间慢慢回复，称为蠕变回复。静态蠕变和动态蠕变除了测试条件有所区别，其蠕变机理和蠕变参数没有本质区别，以下只以静态蠕变为例进行说明。

施加于材料发生蠕变的作用力既可以是拉伸力，也可以是压缩力或剪切力等，图 7-11 以材料的单轴拉伸为例说明蠕变产生的过程和机理。

从分子机理来讲，蠕变过程包括三种形变：

① 普弹形变。在施加应力瞬时 t_1 产生的形变 ε_1，相当于分子键长键角的变化（图7-12），形变量有限，至 t_2 时刻撤去外力，形变能够完全回复，也称为理想弹性形变，形变与时间无关。

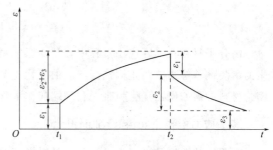

图 7-11　高分子材料的蠕变和回复曲线

$$\varepsilon_1 = \frac{\sigma}{E_1} \tag{7-13}$$

式中，σ 为应力；ε_1 为普通形变弹性模量。

② 高弹形变。当外力作用时间和链段运动所需要的松弛时间相当时，链段运动，即构象发生变化，分子链从卷曲趋向于伸展，形变增大，称为高弹形变 ε_2，去除外力，高弹形变也能够逐渐完全回复（图 7-13）。高弹形变与时间 t 成指数关系：

$$\varepsilon_2 = \frac{\sigma}{E_2}(1 - e^{-\frac{t}{\tau}}) \tag{7-14}$$

式中，E_2 为高弹形变弹性模量；τ 为松弛时间，又称推迟时间。

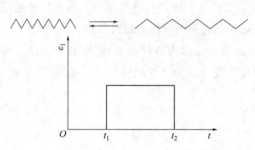

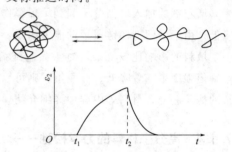

图 7-12　蠕变中的普弹形变部分　　　　　图 7-13　蠕变中的高弹形变部分

③ 黏性形变。高分子材料因分子间的滑移还会产生部分的黏性形变 ε_3，当外力去除后，这部分形变不可回复（图 7-14），也称作不可逆形变。形变符合牛顿流动定律：

$$\varepsilon_3 = \frac{\sigma}{\eta}t \tag{7-15}$$

式中，η 为高分子的黏度；σ 为应力；t 为时间。

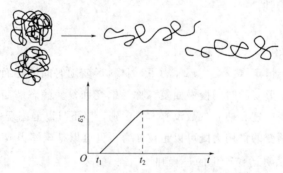

图 7-14　蠕变中的黏性形变部分

高分子材料在实际应用过程中，蠕变影响材料的尺寸稳定性。对于精密部件的变形、绳索的吊装偏差等需要防止因蠕变产生的不稳定甚至蠕变破坏造成重大事故；相反，对于用作密封材料的聚四氟乙烯生料带，利用蠕变作水管接口的密封。

（2）应力松弛（stress relaxation）

在固定的温度和形变下，高分子材料内部的应力随时间增加而逐渐衰减的现象称为应力松弛。或者说，实现同样的形变量，所需要的力变小了。在生活中，可以观察到橡皮筋开始使用时较紧，使用一段时间后变松了。

高分子材料松弛的机理可以归纳为：高分子受到外力达到一定的形变，伸直的分子链段在热运动作用下趋向于重新回到卷曲状态，但因形变固定不变，链段回缩的过程中同时发生链段间的部分滑移，应力下降，图 7-15 为典型的线型高分子应力松弛过程中的分子机理。

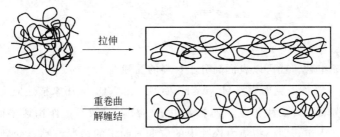

图 7-15 线型高分子应力松弛过程中的分子机理

应力松弛的程度与时间成指数关系：

$$\sigma = \sigma_0 e^{-t/\tau} \tag{7-16}$$

式中，σ 为 t 时刻的应力；σ_0 为初始应力；τ 为松弛时间。

对于线型高分子，从理论上其应力也可以完全松弛到零；但对于交联高分子，其应力不能完全松弛到零，如图 7-16 所示。

高分子材料的应力松弛，在实际生产和使用过程中同样需要重视。一方面，需要防止高分子材料使用过程中应力松弛带来的危害，如橡胶的松弛而产生的强度降低；另一方面，在加工过程中利用高分子材料的应力松弛进行退火处理，防止制品发生翘曲、开裂等现象。

（3）高分子材料的黏弹模型

高分子材料表现出的蠕变和松弛特性，可以用力学模型表示，更好地理解高分子材料的力学松弛。理想弹性可以用弹簧模型表示，理想黏性体可以用黏壶模型表示，见图 7-17。

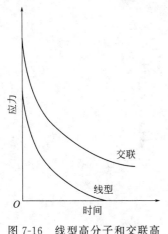

图 7-16 线型高分子和交联高
分子的应力松弛曲线

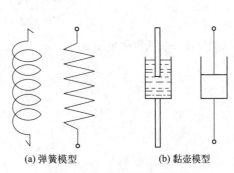

(a) 弹簧模型   (b) 黏壶模型

图 7-17 高分子材料的黏弹模型

对于理想弹性体，形变与时间无关，力学性质符合胡克定律，应力与形变成线性关系：

$$\sigma = E\varepsilon \qquad (7-17)$$

式中，σ 为应力；E 为弹簧的模量。

对于理想黏性体，应力与应变速率成正比，符合牛顿流动定律：

$$\sigma = \eta \frac{d\varepsilon}{dt} \text{ 或 } \varepsilon = \frac{\sigma}{\eta}t \qquad (7-18)$$

式中，σ 为应力；ε 为形变；η 为黏度。

将弹簧与黏壶组合，就可以表征高分子材料的黏弹性。

① 串联模型。又称麦克斯韦（Maxwell）模型（图 7-18），用来描述应力松弛过程。当模型受到外力时，弹簧瞬时发生形变，而黏壶由于黏液阻碍跟不上作用速率而暂时保持原状；若此时将模型两端固定，即模拟应力松弛中的应变 ε 固定的情况，黏壶受到弹簧回缩力的作用后克服内摩擦力而慢慢移开，应力减小，直到弹簧完全恢复原形，总应力下降为零。

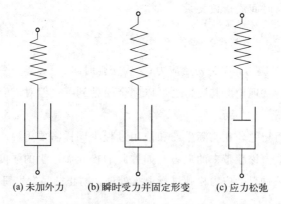

(a) 未加外力　　(b) 瞬时受力并固定形变　　(c) 应力松弛

图 7-18　麦克斯韦模型及其表示的松弛过程（形变恒定）

体系总应变是弹簧和黏壶的应变之和，即

$$\varepsilon = \varepsilon_{弹} + \varepsilon_{黏} \qquad (7-19)$$

弹簧与黏壶受的应力相同，即 $\sigma = \sigma_{弹} = \sigma_{黏}$，则

$$\frac{d\varepsilon}{dt} = \frac{d\varepsilon_{弹}}{dt} + \frac{d\varepsilon_{黏}}{dt} \qquad (7-20)$$

由胡克定律和牛顿定律可知

$$\frac{d\varepsilon_{弹}}{dt} = \frac{1}{E} \times \frac{d\sigma}{dt} \quad 和 \quad \frac{d\varepsilon_{黏}}{dt} = \frac{\sigma}{\eta} \qquad (7-21)$$

代入式（7-20）得

$$\frac{d\varepsilon}{dt} = \frac{1}{E} \times \frac{d\sigma}{dt} + \frac{\sigma}{\eta} \qquad (7-22)$$

因为应力松弛过程中总应变固定不变，即 $\dfrac{d\varepsilon}{dt} = 0$，所以

$$\frac{1}{E} \times \frac{\mathrm{d}\sigma}{\mathrm{d}t} + \frac{\sigma}{\eta} = 0 \quad \text{即} \quad \frac{\mathrm{d}\sigma}{\sigma} = -\frac{E}{\eta}\mathrm{d}t \tag{7-23}$$

当 $t=0$ 时 $\sigma=\sigma_0$，所以

$$\int_{\sigma_0}^{\sigma(t)} \frac{\mathrm{d}\sigma}{\sigma} = \int_0^t (-\frac{E}{\eta})\mathrm{d}t \tag{7-24}$$

由此，麦克斯韦模型给出的应力松弛方程为

$$\sigma(t) = \sigma_0 \mathrm{e}^{-t/\tau} \tag{7-25}$$

式中，$\tau=\eta/E$，称为松弛时间。当 $t=\tau$ 时，$\sigma(t)=\sigma_0 \mathrm{e}^{-1}$，所以 τ 表示形变固定时黏流使应力松弛到起始应力的 $1/\mathrm{e}$ 时所需的时间，微观上是一个构象变化到另一个构象所需的时间。

串联模型可以很好地描述普弹形变和黏流形变，但不能描述高弹形变。

② 并联模型。又称沃伊特（Voigt）模型，用来描述蠕变过程。当模型受到外力时，起初黏壶的黏性使并联的弹簧不能迅速被拉开；随着时间的推移，黏壶逐渐发生形变，弹簧也慢慢被拉开，最后停止在弹簧的最大形变上。除去外力，由于弹簧的回缩力，形变要复原，但由于黏壶的黏性，体系的形变不能立即消除，黏壶慢慢发生移动，最终回复到最初未加外力的状态。

并联模型如图 7-19 所示。其模拟的蠕变方程为

$$\varepsilon(t) = \varepsilon(\infty)(1 - \mathrm{e}^{-\frac{t}{\tau}}) \tag{7-26}$$

$$\varepsilon(t) = \varepsilon(\infty)\mathrm{e}^{-\frac{t}{\tau}} \tag{7-27}$$

③ 多元件模型。并联模型不能描述蠕变过程刚开始的普弹形变以及与高弹形变同时发生的黏性形变；串联模型能表现普弹形变和黏性形变，但不能表现高弹形变。为此，采取串联与并联组合的多元件模型，如图 7-20 所示的四元件模型，用式（7-28）可以描述完整的蠕变-回复过程，见图 7-21。

$$\varepsilon = \varepsilon_1 + \varepsilon_2 + \varepsilon_3 = \frac{\sigma_0}{E_1} + \frac{\sigma_0}{E_2}(1 - \mathrm{e}^{-t/\tau_2}) + \frac{\sigma_0}{\eta_3}t \tag{7-28}$$

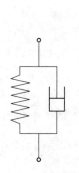

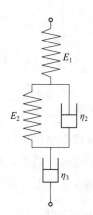

图 7-19 并联模型　　　　图 7-20 四元件模型

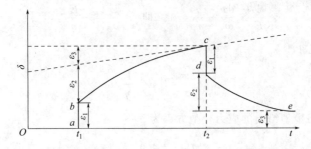

图 7-21　用四元件模型模拟的线型高分子材料的蠕变及回复曲线

上述各种模型虽然都能表现出高分子黏弹性的基本特征，但都只给出一个松弛时间，也就是说只对应一种结构单元的松弛运动。实际上高分子是由多重结构单元组成的，其运动是相当复杂的，它的力学松弛过程不止一个松弛时间，而是一个分布很宽的连续的谱，称为松弛时间谱，因此需用多元件组合模型来模拟。例如，用广义麦克斯韦模型来模拟应力松弛（图 7-22），用广义沃伊特模型来模拟蠕变（图 7-23），用不同的模量与黏度的力学元件对应不同结构单元的松弛行为。

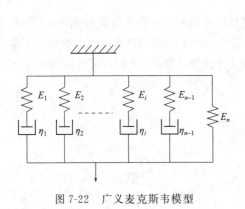

图 7-22　广义麦克斯韦模型

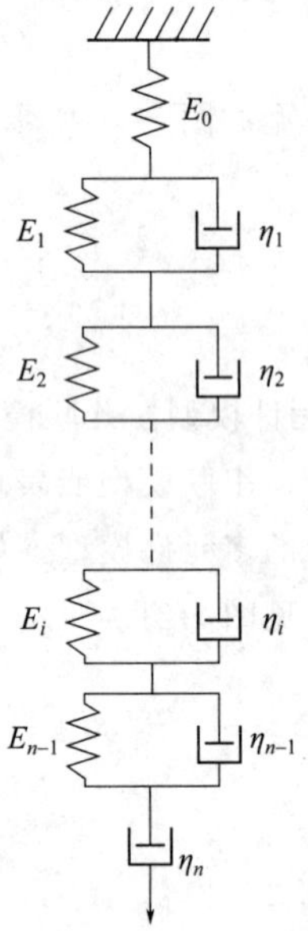

图 7-23　广义沃伊特模型

7.1.4.2　动态力学松弛

高分子材料在实际应用中，常受到周期性变化的交变应力的作用，例如滚动的轮胎、传动的皮带、吸收震动的减震材料等，材料在这种交变应力下的力学行为称为动态力学性能。高分子材料的动态黏弹性主要表现为滞后和力学损耗。

（1）滞后现象（retardation）

高分子材料受到交变应力（应力大小呈周期性变化）时，应变随时间的变化跟不上应力随时间的变化。以自行车的轮胎运动为例，自行车行驶时橡胶轮胎的某一部分一会儿着地，一会儿离地，因此受到的是一个交变力（图7-24）。在这个交变力作用下，轮胎的形变也是一会儿大一会儿小地变化。高分子材料的滞后现象同样是松弛过程。链段运动时受到内摩擦力的作用，是一个时间过程，当外力变化时，链段的运动跟不上外力的变化，形变总是落后于应力的变化（图7-25），应力和应变产生相位差δ。相位差越大，说明链段运动越困难。除了材料结构因素和温度，外力作用频率越高，链段的运动越跟不上，滞后现象就更加明显。

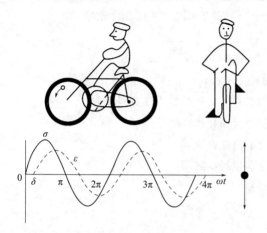

图7-24　自行车轮胎行驶时的滞后现象

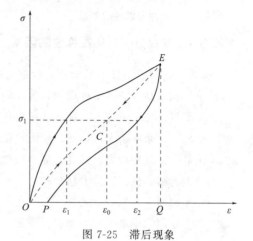

图7-25　滞后现象

（2）力学损耗

当应力和应变有相位差时，每一次循环变化过程要消耗功，称为力学损耗（也称内耗，internal friction）。应力与应变的相位差称为力学损耗角δ，通常用损耗角正切$\tan\delta$表示内耗的大小。

$$\sigma(t) = \sigma_0 \sin\overline{\omega}t \cos\delta + \sigma_0 \cos\overline{\omega}t \sin\delta \tag{7-29}$$

从而模量可以区分为储能模量E'和损耗模量E''：

$$E' = \frac{\sigma_0 \cos\delta}{\varepsilon_0} \tag{7-30}$$

$$E'' = \frac{\sigma_0 \sin\delta}{\varepsilon_0} \tag{7-31}$$

则损耗角正切定义为：

$$\tan\delta = \frac{E''}{E'} \tag{7-32}$$

力学损耗的分子机理与滞后现象一致，由分子链段运动的内摩擦引起，并且损耗能量会以热能方式释放出来。由于高分子材料一般为热的不良导体，热量不易散发出去，会导致材料本身温度升高，影响材料的使用寿命（如轮胎运行过程中的发热现象）。

损耗角正切$\tan\delta$的大小与结构、温度和频率都有关系，内阻增大，$\tan\delta$增大。T_g以下，高分子材料受外力产生的形变是普弹形变，形变速度很快，能跟得上应力的变化，所以内耗

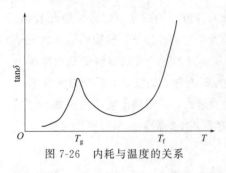

图 7-26　内耗与温度的关系

很小。T_g 附近，高分子的链段能运动，但体系的黏度还很大，链段运动时受到的摩擦阻力比较大，因此高弹形变显著落后于应力的变化，内耗也大。所以在玻璃化转变区出现一个极大值，称为内耗峰，峰值对应于 T_g（图 7-26）。当温度进一步升高，链段运动比较自由，受到的摩擦阻力小，因此内耗也小，到达黏流态时，由于分子间互相滑移，内耗急剧增加。

7.1.4.3　影响高分子材料黏弹性的因素

实际上，链段容易发生运动的因素都会增加高分子材料的黏性。

① 链结构。高分子链柔性增加，容易发生蠕变和应力松弛，力学损耗增加。

② 分子量。分子量增大，蠕变、应力松弛和力学损耗都减弱。

③ 交联。交联度增大，蠕变、应力松弛和力学损耗都减弱。

④ 结晶。结晶度增大，蠕变、应力松弛和力学损耗都减弱。

⑤ 温度升高，蠕变、应力松弛和力学损耗增加。

⑥ 作用力增大，蠕变增大。

⑦ 外力作用频率增大，力学损耗增加。

7.2　高分子材料的老化特性

7.2.1　高分子材料的老化现象与分类

材料在加工、储存和使用过程中，由于受到各种因素（热、氧、光、水、化学介质及微生物等）的综合作用，而发生化学组成、形态结构的一系列变化，以致最后丧失使用价值，这些现象和变化统称为老化（aging）。老化是一种不可逆的变化，而且特指化学变化，区别于力学松弛。

高分子材料的老化尤为明显，在外观（变色、变形、龟裂、斑点等）、物理化学性质（密度、熔点、溶解度、分子量、耐热性、耐化学腐蚀等）、力学性能（拉伸强度、冲击强度、硬度、弹性、耐磨强度等）、电性能（绝缘电阻、介电损耗、击穿电压、静电性等）、光学特性（透明度等）等方面均有所表现。

高分子材料的老化一般根据引起其老化的机理进行分类，通常分为热老化、热氧老化、光（辐射）老化、湿（水解）老化等，如图 7-27 所示，详细的化学反应机理已在高分子化学反应中有介绍。

老化试验可在真空的环境条件下进行，也可在模拟环境下进行加速老化试验，测定试验前后材料各种性能的变化，研究各种物理、化学因素的影响。

7.2.2　影响高分子材料老化的因素

① 主链结构。分子链存在键能小的弱键或键的活化能低，容易发生老化，不饱和碳链高

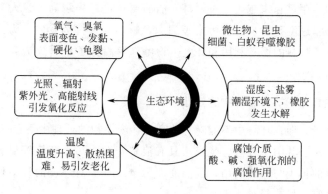

图 7-27　高分子材料的老化机理

分子比饱和碳链高分子更容易发生老化。如天然橡胶的结构单元为异戊二烯（图 7-28），存在双键及活泼氢原子（图中 *a* 位置），所以易于发生老化。

② 支化。支化的大分子比线型的大分子更容易老化。

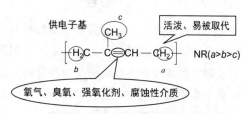

图 7-28　异戊二烯的反应活性

③ 高分子材料组成。材料中杂质常会增加老化，许多变价金属如 Ca、Fe、Co、Ni 等离子加速老化。

④ 交联。交联程度提高可减缓老化。

⑤ 结晶。结晶有助于缓解老化。

7.2.3　高分子材料的老化和防护

根据高分子的老化机理和影响因素，高分子材料的老化既有高分子本身的化学结构和物理状态等内在因素，又有来自外界条件（热、光、电、高能辐射、机械应力、氧、臭氧、水、酸、碱、微生物）的影响。那么，防老化的基本途径可以从外因和内因几方面着手。

① 采用合理的聚合工艺路线和纯度合格的单体以及辅助原料进行聚合物合成，以获得自身可能具有的高耐老化性能；或有针对性地采用共聚、共混、交联等方法，提高聚合物耐老化性能。

② 采用先进（适宜）的加工成型工艺（包括添加改善加工性能的各种助剂和热、氧稳定剂等），防止加工过程的老化，防止或尽可能减少产生新的老化诱发因素。

③ 根据具体聚合物材料的主要老化机理和制品的使用环境条件添加相应的稳定剂，如热、氧、光稳定剂和防霉剂等。

④ 采用可能的适当物理保护措施（如表面涂层、表面保护膜等），减轻老化外因影响。

7.2.4　高分子材料的可持续发展

可持续性发展是既满足当代人的需求，又不对后代人满足其需求的能力构成危害的发展。可持续发展包括三方面的内容：经济可持续发展、生态可持续发展、社会可持续发展。随着

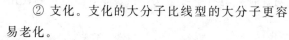

高分子材料需求和使用量越来越大，对材料性能的要求也越来越高，为人类生活带来便利的同时，也产生了资源过度开发、白色污染等问题，影响其可持续发展。为此，从资源和环保两方面考虑，高分子材料的循环利用和开发生物可降解高分子材料成为高分子绿色可持续发展的两个重要方向。

（1）环境惰性高分子材料废弃物的处理

环境惰性高分子，即在环境中不能降解的高分子废弃物的处理主要有三种方法：土埋法、焚烧法和回收再利用。其中土埋法、焚烧法具有浪费资源、污染环境等显著的缺点，并不推崇使用；废弃材料的再生与循环利用，既能变废为宝，减少对环境的污染，又能节约石油等资源。因此此法更符合材料绿色化概念。

（2）可降解高分子材料

生物降解高分子可分为生物崩解型和完全生物降解型两类：生物崩解型是塑料组成中的一部分能被生物降解而失去原来形态的塑料，这一类材料制备方法相对简单，但因不能够完全生物降解尚存在争议；完全生物降解高分子材料可由生物合成、天然高分子的改性及传统的化学合成法来制备，这一类材料从理论上对保护环境有重要意义，在实际开发生产和使用过程中还有很多现实问题需要解决。

7.3 高分子材料的燃烧特性

7.3.1 高分子材料的燃烧性

大部分高分子材料都有易于燃烧的特点，具有严重的火灾隐患。高分子材料的燃烧过程（图 7-29）实际上是剧烈的氧化自由基链式反应。燃烧过程包括：

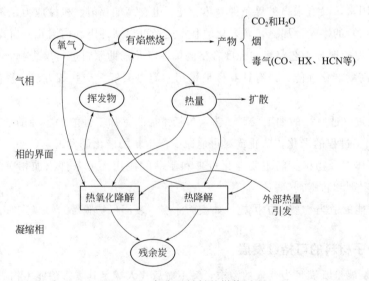

图 7-29　高分子材料的燃烧过程

① 高分子材料受热后首先发生分子链的断裂，产生气态的可燃性小分子化合物；

② 小分子化合物在高温下进一步裂解为自由基，在氧气的作用下发生自由基链式反应；

③ 链式反应放出大量的热，进一步促进燃烧的扩展。

高分子材料燃烧特点可以总结为：

① 发热量大。合成高分子燃烧发热量比大部分木材和煤高，如木材的燃烧热为 $15kJ/g$，煤为 $23kJ/g$，而 PVC 为 $18\sim28kJ/g$，PE 高达 $46kJ/g$。

② 火焰温度高。多数高分子材料燃烧时的火焰温度在 $2000℃$ 左右。

③ 燃烧速度快。影响燃烧速度的动力学因素影响很多，如风速。

④ 燃烧易释放有毒小分子，如 HCl、CO、CO_2、NO_2、NH_3、SO_2、苯、醛、甲酸等。

⑤ 燃烧时易产生材料的变形、软化或者熔融滴落等现象，易造成火势蔓延扩大。

除了根据点燃情况来判断高分子材料的燃烧性，极限氧指数（LOI）是衡量材料燃烧特性的一个基本指标，是指在规定的条件下，材料在氧氮混合气流中进行有焰燃烧所需的最低氧浓度，以氧所占体积分数来表示。根据 LOI 的大小可以区分高分子材料的燃烧性，如表 7-1 所示。

表 7-1　按极限氧指数划分的各种高分子材料的阻燃性能

阻燃性	燃烧性	LOI/%	高分子材料名称
无	易燃	<22	聚乙烯、聚丙烯、聚甲基丙烯酸甲酯、聚苯乙烯、缩醛树脂、氯化聚乙烯、环氧树脂、天然橡胶、乙丙橡胶、丁苯橡胶、硝酸纤维素、乙酸纤维素、乙烯-乙酸乙烯酯共聚物、棉、麻
好	难燃	22~27	软质聚氯乙烯、聚乙烯醇、聚酰胺、氯化聚醚、氯磺化聚乙烯、聚碳酸酯、氯丁橡胶、聚酯树脂
很好	高难燃	>27	硬质聚氯乙烯、聚偏二氯乙烯、聚偏二氟乙烯、聚四氟乙烯、氟化乙烯-丙烯共聚物、聚酰亚胺、聚苯醚、硅橡胶、氯乙烯-丙烯酸酯共聚物、氯纶、羊毛

7.3.2　高分子材料的阻燃

发生燃烧的三大因素包括热量（温度）、可燃物（分解/裂解）、氧气（气氛环境），对于高分子材料也不例外。因此，影响高分子材料燃烧的因素包括：

① 分子链热（氧）断裂或分解的能力。提高热分解温度、增加芳（杂）环，都可使燃烧性下降。

② 高分子分解生成可燃性气体的量。高分子材料中氢元素含量减少，燃烧性下降。

③ 是否含有捕捉自由基的元素或基团。如在高分子材料中增加卤素，燃烧性下降。

④ 热解产物是否能有效阻隔氧气或吸收热量。高分子材料中碳、磷和硫元素含量增加，因发生炭化或交联反应，燃烧性下降。

⑤ 材料的比表面积。氧气的通透量增加，如泡沫材料、纤维等更容易燃烧。

阻燃高分子材料包括本征阻燃高分子和添加阻燃剂的高分子两大类。

本征阻燃高分子材料，如表 7-1 所示的高难燃材料，因其特殊的化学结构而具有高的热稳定性、低的燃烧速度、高的阻止火焰传播的能力。根据高分子的燃烧机理，可以总结出一些设计本征阻燃高分子的基本思路：①在分子结构中引入卤素或磷；②增加分子结构中的碳/氢比（即减少氢含量）；③增加高分子中的氮含量；④在分子结构中引入刚性结构，包括芳环、芳杂环、梯形结构。

而大多数常用的高分子材料并不具备上述的结构特征，为提高这些材料的阻燃性，通常采取添加阻燃剂的技术手段来实现。同样根据高分子材料的燃烧机理，阻燃剂可以分为几大类：①吸收热量型。如 $Al(OH)_3$，在燃烧初期，阻燃剂先于高分子而自身发生分解，吸收热量，降低高分子材料表面温度。②气体阻隔型。阻燃剂在高温下形成玻璃状或稳定发泡覆盖层，阻隔热、氧和可燃气体向外逸出，阻止高分子进一步热解，如有机磷化合物。③抑制链式反应型。阻燃剂作用于气相的燃烧区，捕捉燃烧反应中的自由基，从而阻止火焰的传播，使燃烧区的自由基浓度下降，最终使燃烧反应速率下降直到终止，如卤素。④可燃气体稀释型。阻燃剂受热分解出不燃气体，如 CO_2、H_2O、HCl 等，将高分子热解出的可燃气体浓度稀释到燃烧下限以下，同时对燃烧区氧的浓度也有稀释作用。

7.4 高分子材料的电学性质

众所周知，金属具有很好的导电性，一些非金属具有半导体的特性，而大多数高分子是优良的电绝缘材料，广泛作为电子、电工领域的绝缘材料使用。随着高分子制备技术的发展，有较高电导率的半导体和导体高分子也相继成功开发。高分子材料的电学性质显然与其形态结构密切相关，学习和研究高分子材料的电学性质，可以为不同应用领域选用恰当的高分子材料提供理论支撑，同时高分子电学性质的测定和分析也是研究分子结构的重要方法之一。

高分子材料的电学性质是指在外加电场作用下所做出的各种响应，包括在静电场和交变电场中的介电性、在弱电场中的导电性、在强电场中的电击穿现象以及材料表面的静电现象。

7.4.1 介电性

介电性是指电介质在电场作用下表现出对静电能的储存和损耗的性质。从物理学中可以知道，把电介质引入真空电容器，会导致极板上电荷量的增加，电容增大，这是由于在电场作用下，电介质中的电荷发生了再分布，靠近极板的介质表面上产生表面束缚电荷，结果使介质出现宏观偶极现象，即电介质的极化。

同样，高分子材料产生介电性的原因，也是在外电场作用下产生的极化，即材料中的带电粒子在电场作用下发生微小的相对位移，例如电子和原子极化、偶极子（极性分子或基团）发生取向、自由电子迁移到材料的表面或界面。

表征材料介电性的主要参数是介电常数（ε）和介电损耗因子（tanδ）。

7.4.1.1 介电常数（dielectric constant）

介电常数 ε 反映的是材料储存电能的能力，定义为含有介电材料的平行板电容器的电容 C_p 与同一真空电容器的电容 C_0 之比值，即 $\varepsilon = C_p/C_0$，介电常数越小，电介质的绝缘性越好。而介电常数的大小与外电场作用下的高分子材料的极化率 α_T 有关，包括：

① 电子极化（α_e）。原子中的电子（或电子云）相对于原子核发生位移，响应频率 $10^{-15} \sim 10^{-13}$ s。

② 原子极化（α_a）。分子或基团中的各原子核彼此间发生相对位移，响应频率 $> 10^{-13}$ s。

③ 取向极化（α_o）。具有固定偶极矩的极性分子或基团沿外电场方向发生取向，也称偶极极化，响应频率 $> 10^{-9}$ s。

④ 界面极化。在不连续的两相界面上，由于电子或离子的聚集所引起的极化。

对于均相体系，总的极化率可表示为：

$$\alpha_T = \alpha_e + \alpha_a + \alpha_o \tag{7-33}$$

在平衡条件下，极化率与介电常数符合德拜（Debye）关系式：

$$\frac{\varepsilon_0 - 1}{\varepsilon_0 + 1} = \frac{\pi}{3} \times \frac{\rho N_A}{M}(\alpha_e + \alpha_a + \alpha_o) \tag{7-34}$$

式中，ε 为材料的平衡介电常数；ρ 为材料密度；M 为材料分子量；N_A 为 Avogadro 常数。

由此可以看出，高分子材料的极化程度越大，介电常数越大。因此，影响聚合物介电常数的因素可以概括为以下几个方面。

① 分子极性。一般来说，分子极性越大，介电常数越大。非极性高分子只有电子极化和原子极化，ε 较小；极性分子除了上述两种极化之外，还有偶极极化，ε 较大。

② 极性基团在分子链上的位置。主链上的极性基团活动能力小，ε 较小；侧链的影响则相反。

③ 分子结构对称性。对称性高的分子链，极性会相互抵消或部分抵消，ε 较小。

④ 分子间作用力。交联、取向、结晶等使分子间作用力增大，ε 增大；而支化结构、增塑剂或其他杂质导致分子间作用力减小的因素，都会使 ε 减小。

根据高分子介电常数的大小，可以大致区分其极性的大小：非极性（$\varepsilon = 2.0 \sim 2.5$）、弱极性（$\varepsilon = 2.5 \sim 3.0$）、极性（$\varepsilon = 3.0 \sim 4.0$）和强极性（$\varepsilon = 4.0 \sim 7.0$）。

⑤ 物理状态（或外界条件）。高弹态比玻璃态的活动能力强，ε 较大，实际这也是温度和电场作用频率对介电常数的影响，温度升高，ε 变大，电场作用频率增大，ε 减小，如图 7-30 和图 7-31 所示。

7.4.1.2　介电损耗

高分子在交变电场中发生取向极化时，伴随着能量损耗，使介质本身发热，这种现象称为介电损耗（dielectric loss），通常将介电损耗角正切（$\tan\delta$）定义为介电损耗因子。因为介电损耗主要是取向极化引起的，所以通常使介电常数 ε 增大的因素也会使介电损耗增大，如极性高分子的介电常数和介电损耗都较大；然而，当极性基团位于聚合物的 β 位上或柔性侧基的末端时，由于其取向极化的过程是一个相对独立的过程，引起的介电损耗相对较小，但仍能对介电常数有较大贡献，这就使我们有可能得到一种介电常数大而介电损耗不太大的高分子材料。另外，从理论上讲，非极性高分子没有取向极化，应当没有介电损耗，但实际上总是有杂质（如水、增塑剂等）存在，会引起漏导电流，使部分电能转化为热能，这部分称为电导损耗。

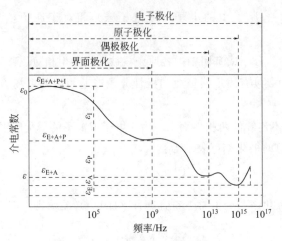

图 7-30　介电常数与频率的关系

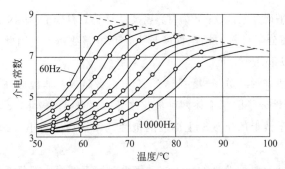

图 7-31　聚醋酸乙烯酯的介电常数与温度及频率的关系

介电损耗有明显的温度和频率依赖性（图 7-32），损耗因子呈现多重损耗吸收峰，对应着高分子链的复杂结构及运动单元的多重性、结晶和取向的变化、链段和侧基的运动，称为介电松弛谱（温度谱或频率谱），像力学松弛谱一样，用于研究高分子的玻璃化转变和次级转变。

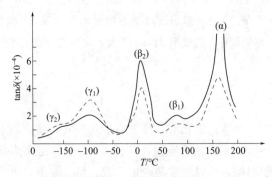

图 7-32　两种聚四氟乙烯试样的介电损耗的温度谱（1kHz）
（结晶度：实线为 90%，虚线为 40%）

根据使用场合，对高分子材料的介电性有不同的要求。当高分子用作绝缘材料或电容器材料时，要求介电常数大而介电损耗小为好，以免发热消耗电能、引起老化。高分子用于介质加热、高频焊接时，希望有较大的介电损耗。高分子用作雷达天线罩的透波材料，要求极低的介电常数和极低的介电损耗。

7.4.1.3 驻极体与热释电流

① 驻极体。在一定温度下将高分子电介质置于强电场下极化，随后降低温度，这时极化电荷发生所谓的冻结现象，即此时撤离强电场，高分子电介质仍能保持原来的静电极化状态，这种被冻结的相对长寿命的非平衡电极矩的电介质统称为驻极体。

高分子驻极体主要有两种类型。一种是高绝缘性材料，如聚四氟乙烯、氟乙烯与丙烯的共聚物，它们具有相当好的保持注入电荷的能力。另一种是可极化聚合物，如聚偏氟乙烯、聚对苯二甲酸乙二醇酯、聚丙烯、聚碳酸酯、聚甲基丙烯酸甲酯等，分子内存在永久偶极矩，这种材料极化后，在一定温度范围内可以保持其偶极子的指向性。

高分子驻极体常常表现出压电和热电性质，已广泛应用于传声器、水声探测器、无电源电话的传声隔膜，并在计算机存储、爆炸起爆器方面得到应用；在医学方面，驻极体在血液凝固加速、促进骨折愈合等方面得到了应用。利用高分子驻极体的静电性，近年来在空气过滤器方面得到了快速发展。利用聚丙烯制备的微细纤维如熔喷法无纺布，纤维直径和微孔在 $0.5\mu m$ 以上，这样并不能有效过滤直径小于 $0.1\mu m$ 的尘埃、病毒等，对聚丙烯纤维或无纺布进行电晕法充电，形成驻极体，依靠静电吸附小直径的尘埃、病毒，用作高效空气净化器、口罩的原料。

② 热释电流。当高分子驻极体升温时，由于链段运动的加剧以及偶极基团的解取向，极化电荷被释放出来，用微电流计可以记录退极化电流，这就是驻极体的热释电流（TSC）。热释电流同样可用于研究高分子的多重运动与结构。

7.4.2 电击穿

高分子材料处于强电场中，材料可以从介电状态转变为导电状态，这时材料局部被烧毁，这种现象被称为电击穿，见图 7-33。

介电强度 E_b（单位：MV/m 或 kV/mm）是材料电绝缘性的一个重要指标，指的是击穿电压 V_b 与材料厚度 h 的比值：

$$E_b = V_b/h \qquad (7-35)$$

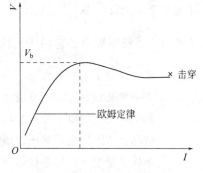

图 7-33　介质的电压-电流关系

7.4.3 高分子材料的导电性

高分子材料的导电性是指载流子（电子、空穴或正负离子）在外加电场的作用下，在材料内部做定向运动形成电流，产生高分子材料表面和内部的导电性，分别用表面电阻率 ρ_S 和体积电阻率 ρ_V 来表示（电阻率的倒数为电导率）（图 7-34）。

按体积电阻率（比体积电阻）ρ_V 大小将高分子材料分为三大类：体积电阻率 $<10^3\Omega\cdot cm$ 的材料称为导体；体积电阻率 $10^3 \sim 10^8\Omega\cdot cm$ 的材料称为半导体；体积电阻率 $>10^8\Omega\cdot cm$ 的材料称为绝缘体。

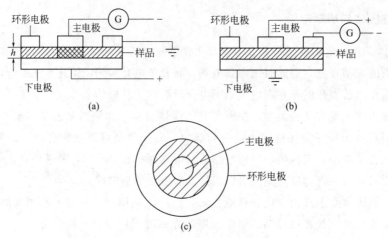

图 7-34　三电极测定装置

(a) ρ_V 测定方式；(b) ρ_s 测定方式；(c) 俯视图

7.4.3.1　高分子材料的导电机理

高分子材料的导电机理分为电子（电子-空穴）导电和离子（正、负离子）导电。一般极性高分子的导电机理为离子导电，即强极性的高分子材料在电场作用下发生本征离解而产生导电离子；非极性高分子理论上不导电，推算的体积电阻率达到 $10^{25}\,\Omega\cdot cm$，但实际上因杂质（未反应单体、催化剂、助剂、水分等）的存在，在电场下离解为导电的载流子，体积电阻率下降几个数量级。

7.4.3.2　影响高分子材料导电性的因素

① 极性高分子的导电性好于非极性高分子；

② 主链的共轭性增加，导电性增强；

③ 分子量增大使电子导电性增强，但离子导电性减弱；

④ 结晶度增大使电子导电性增强，但离子导电性减弱；

⑤ 杂质含量增加，导电性增强；

⑥ 温度升高，导电性增强。

7.4.3.3　导电高分子

导电高分子可以分为结构型导电高分子材料和复合型导电高分子材料两大类。

（1）结构型导电高分子材料

结构型导电高分子的发现，是高分子科学的重要成就之一。

1974 年日本白川英树等偶然发现一种制备聚乙炔自支撑膜的方法，得到的聚乙炔薄膜不仅力学性能优良，且有明亮金属光泽。而后 MacDiarmid、Heeger、白川英树等合作发现聚乙炔膜经过 AsF_5、I_2 等掺杂后电导率提高 13 个数量级，达到 $10^3\,S/cm$，成为导电材料。这一结果突破了认为高分子材料只是良好绝缘体的传统认识，引起广泛关注。

实际上真正纯净的高分子材料，包括无缺陷的共轭结构高分子本身并不导电，要使它导电必须使其共轭结构产生某种"缺陷"。掺杂（doping）是最常用的产生缺陷和激发的化学方法。通过掺杂使带有离域 π-电子的分子链氧化（失去电子）或还原（得到电子），使分子链具有导电结构（产生导电节流子）。

（2）复合型导电高分子材料

在本身并不具备导电性的高分子材料中，添加导电性物质如导电碳材料（炭黑、碳纳米管、石墨、石墨烯、碳纤维等）、金属粉体等而获得导电复合材料，这种方法简单、实用性强。但其电导率有限，实质上是一种高分子复合材料，其制备方法和原理将在第 8 章的高分子复合材料部分介绍。

7.4.4 静电性

7.4.4.1 静电现象

任何两种固体，不论化学组成是否相同，只要物理状态不同，其内部电荷载体的能量分布也就不同。当这两种物体相互接触时，因存在接触电位差而在界面层发生电荷转移达到新的动态平衡；当这两个物体重新分离以后，每个物体都带有比接触前过量的正（或负）电荷，这种现象称为接触带电或静电。

7.4.4.2 静电的产生

高分子材料静电现象主要是由接触和摩擦引起的，包括聚合物固体和固体的摩擦，固体和液体或气体的摩擦。

高分子材料是优良的电绝缘体，表面电阻率和体积电阻率很高，所带静电荷不易泄漏，因此静电现象特别严重，所带静电可高达数万伏，且电荷衰减很慢，可达数月，甚至数年之久。

一般认为高分子材料摩擦时，介电常数 ε 大的带正电，ε 小则带负电。下面序列中的差距越大，摩擦产生的电量越多。

7.4.4.3 静电的危害和利用

静电在生产和应用过程中既有危害，也有利用的价值。静电的产生，可能会妨害正常的加工工艺、损坏产品质量、产生静电火花危及人身和设备安全；利用静电而产生了静电复印技术和静电吸附技术。

思考题

7-1 描述高分子材料力学性能的基本物理量：应力、应变、弹性模量、泊松比。

7-2 以玻璃态聚合物的应力-应变曲线为例，说明应力-应变各个阶段的特征和机理。

7-3 说明材料的强弱、软硬、脆韧与力学性能基本物理量的关系。

7-4 说明高分子材料断裂的分子机理和实际断裂的发生。

7-5 理解高分子材料力学松弛的几种现象和特征：蠕变、力学松弛、滞后、力学损耗。

7-6 从高分子材料黏弹模型的角度理解高分子材料的力学松弛原理。

7-7 高分子材料老化的概念和特征。

7-8 影响高分子材料老化的因素和防老化方法。

7-9 高分子材料的燃烧过程，LOI 的含义。

7-10 本征阻燃高分子材料的结构特点。

7-11 高分子材料介电常数、介电损耗的含义及其影响因素。

7-12 驻极体、热释电流、电击穿的概念。

7-13 高分子的导电机理，影响高分子电阻率的因素，导电高分子类型。

7-14 高分子材料产生静电的原因、现象。

第 8 章

高分子材料分类简介

在前面高分子合成方法、高分子结构性能学习的基础上，以高分子材料的"结构-性能-应用"为线索，对主要的高分子材料分类学习，通过高分子材料实例，进一步理解高分子科学中的相关知识点，并做到举一反三。

8.1 常见合成高分子材料

通过聚合反应制备的高分子，具有一定的化学结构和构型、分子量和分子量分布，由其链结构决定了形成聚集态结构的能力并表现出一定的热力学特征、溶解性等；而作为材料，最终的力学性能和使用性能除了与上述链结构有关外，还取决于因成型加工方法和工艺所导致的形态结构，从而在性能和应用领域上也表现出很大差别。为此，我们按照通常的归类方法，将高分子材料按最终的形态归为塑料、橡胶、纤维、黏结剂、涂料等几大类；而塑料、橡胶、纤维又是常见的三大合成材料，在此分类介绍。

8.1.1 塑料

塑料通常是以高分子为主要成分，与各种添加剂在一定条件（温度、压力等）下可塑成一定形状并在通常条件下能保持其形状不变的材料，可以说是一类具有可塑性高分子材料的总称。

8.1.1.1 塑料的特性和分类

作为塑料主要组分的高分子，不仅决定了塑料的类型，而且决定着塑料的主要性能。一般而言，塑料用高分子的内聚能介于纤维与橡胶之间，使用温度范围在其脆化温度（T_b）和玻璃化转变温度（T_g）之间。应当注意的是，同一种单体制备的高分子，由于合成方法、合成条件以及加工方法和工艺不同，常常既可以作为塑料使用，也可以作为纤维或橡胶的原料，当然获得的制品性能也会显著不同。

与金属和陶瓷相比，塑料通常具有质轻、电绝缘、易成型加工等特点，应用领域广泛。塑料有不同的分类方法。按使用范围塑料可以分为通用塑料和工程塑料两大类：通用塑料是指产量大、用途广、价格低、力学性能一般的品种，如聚乙烯、聚丙烯、聚苯乙烯、聚氯乙烯等，主要作为非结构材料使用；工程塑料是指具有优异的力学性能、耐温、耐腐蚀性能和良好尺寸稳定性的塑料，通常能经受较宽温度变化范围和较苛刻环境条件，如聚酰胺、聚碳酸酯、聚甲醛、聚砜、聚醚砜、聚醚酮等，可代替金属等作为结构材料使用。而实际上这两大类塑料之间并无严格界限。根据受热后形状和性能表现的不同，可分为热塑性（thermoplastic）塑料和热固性（thermosetting）塑料两大类。热塑性塑料的主要组分是线型结构的高分子，受热能软化或熔化，具有可塑性，这类塑料一般韧性较好，但刚性、耐热性和尺寸稳定性较差。热固性塑料是体型结构的高分子，受热直至分解也不会软化，这类塑料刚性强、耐热性好、耐腐蚀、不易变形。

8.1.1.2 塑料中的添加剂

在塑料制品中，单纯以高分子为原料制备的并不多，一般都会以高分子为基体，添加一些有机或无机化合物组成复合物，再进行成型加工，这类添加物统称为高分子材料的添加剂或助剂。塑料制品中高分子的含量一般为 $40\% \sim 100\%$，添加剂在塑料制品中起着十分重要的作用，有时甚至是决定其是否具有使用价值的关键。通常重要的添加剂可以分为四种类型：①有助于加工的润滑剂、增塑剂和稳定剂（如热稳定剂、抗氧剂、抗水解剂等）；②改进材料力学性能的填料（还可降低制品成本）、增强剂、增韧剂等；③功能添加剂，如赋予塑料制品外观形态和色泽的着色剂，提高制品功能的阻燃剂、抗静电剂等；④提高使用性能、延长使用寿命的抗老化剂（如光稳定剂、抗菌剂等）。

8.1.1.3 塑料的成型加工

塑料制品通常是由高分子或高分子与添加剂，在一定条件下塑化制成一定形状，并经定型、修整而成，这一过程就是塑料的成型加工。根据高分子材料性质和制品的形状、性能要求，塑料的成型方法有很多种，结合具体的成型设备可分为挤出、注射、压延、吹塑、模压等，其中前四种方法是热塑性塑料的主要成型加工方法，而热固性塑料则主要采用模压、铸塑和传递模塑等方法制备。

（1）挤出成型

挤出成型（extrusion molding）又称挤压模塑（简称挤塑），是热塑性塑料最主要的成型方法。借助螺杆的挤压使受热熔融的高分子物料在压力推动下强制通过口模而成为具有恒定截面积连续型材的成型方法，能生产管、棒、板、薄膜、异形材、电线电缆包覆和涂层制品等。这种方法的特点是效率高、设备成本低、适应性强，适用于绝大多数热塑性塑料和部分热固性塑料。

挤出成型的流程包括加料、塑化、成型和定型四个过程，图 8-1 所示是典型的塑料管材挤出成型过程。螺杆起到喂料、推进输送、加热熔融的多重作用，物料从玻璃态或晶态转变为黏流态，当物料被挤出到机头的口模后，从黏流态冷却为玻璃态或晶态，并按管材的几何形状、尺寸要求使其冷却成型，然后进入冷却水槽进一步冷却定型。

除了像管材这样的挤出拉伸成型，为了获得设定的形状或尺寸可以在挤出过程中或挤出之后增加辅助成型设备和工艺，如挤出吹塑、挤出拉伸薄膜也都属于挤出成型的范畴。饮料瓶的制备就是典型的挤出吹塑工艺，见图 8-2，熔体经一个模具挤出形成管状，立即被移向另

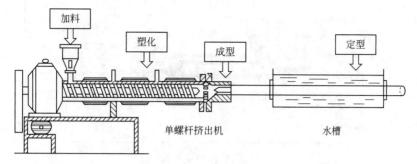

图 8-1　以塑料管材为代表的挤出成型工艺流程

一个模具并切断，经闭模、吹塑、卸压和冷却定型后，即获得中空产品。图 8-3 是吹塑薄膜装置示意图，从熔体挤出的机头中心吹入压缩空气，把膜管吹胀成直径较大的泡管状薄膜，冷却后卷取，用此法可生产厚度为 0.008～0.30mm 的薄膜。

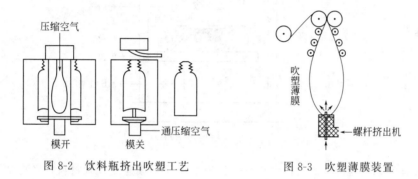

图 8-2　饮料瓶挤出吹塑工艺　　　　图 8-3　吹塑薄膜装置

（2）注射成型

注射成型（injection molding，简称注塑）是指物料加入注射机料筒中，加热熔融到黏流态，借助于注射机的柱塞或螺杆用机械力将流动的物料通过一个很小的喷嘴快速压入模具中，然后冷却、脱模得到制品（图 8-4）。它广泛用于热塑性塑料的成型，也用于某些热固性塑料（如酚醛塑料、氨基塑料）的成型，汽车零部件、塑料拉链等都是注塑产品。注射成型是间歇工艺过程，每一个周期由塑化、注射、保压、冷却和脱模组成。注射成型的优点是能一次成型外观复杂、尺寸精确、带有金属或非金属嵌件的塑料模制品；关键技术在于模具的设计和制造，对于小批量定制产品生产成本增加。

（3）模压成型

模压成型（molding）是指将计量好的物料加入闭合的模具内，借助加热、加压使物料熔融、流动并充满模腔，然后固化（凝固或交联）而形成制品的成型方法，如图 8-5 所示。这种工艺多用于热固性塑料的成型，成型和交联同时进行，物料的流动性与温度、保压时间密切相关。这种成型方法特别适合于添加大量无机或有机填料的高分子体系，如玻璃纤维、碳纤维等增强的环氧树脂。

（4）压延成型

压延成型（calendering）是制备厚的塑料膜和片材的主要方法，此法将熔融塑化的原料，

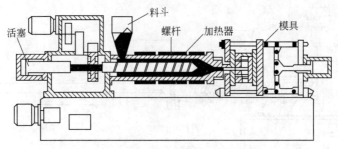

图 8-4 注射成型机

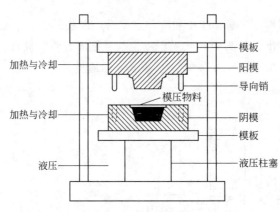

图 8-5 模压成型机

通过几对相向转动的辊筒间隙，使物料发生挤压变形而形成连续片状材料，经冷却辊筒后定型，成为具有一定厚度的薄层制品，如图 8-6。压延成型主要用于生产压延薄膜、薄板、人造革、墙纸、印花刻花或复合片材等，产品厚度一般为 0.05～0.5mm，最厚可达 5mm。

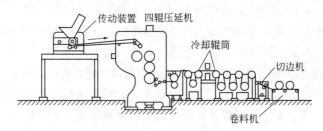

图 8-6 压延成型机

（5）其他成型方法

其他成型方法还有热成型、发泡成型、浇铸成型等。

热成型又分为真空成型（vacuum molding）和加压成型两种。真空成型的方法是将片材夹在框架上，用加热器加热，利用真空作用把软化的片材吸入模具中紧贴在模具表面成型。这种方法又称为吸塑，是热成型方法的一种。另一种是从片材顶部通入压缩空气，将加热软化的片材压入模具的方法，称为加压成型。热成型主要用于塑料泡壳、有花纹的片材（如塑料天花板等）的成型。

发泡成型（foam molding）是通过机械、化学或物理等方法使塑料内部形成大量微孔，并固化形成固定微孔结构的泡沫塑料的成型方法，常用于聚苯乙烯（PS）、聚氨酯、聚乙烯（PE）和聚氯乙烯（PVC）等泡沫塑料的生产。

浇铸（casting）成型则是将单体、引发剂等混合加入模具中，控制模具的温度、压力等条件，在聚合反应完成后固化成型。浇铸成型机见图8-7。

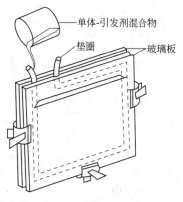

图 8-7　浇铸成型机

8.1.1.4　热塑性塑料

热塑性塑料受热能软化或熔化，冷却后又变硬，称作（热）可塑性，这种可塑性可重复、循环，因此可反复成型，这对塑料制品的回收再利用很有意义，这类塑料占塑料总产量的70％以上，如聚乙烯、聚丙烯、聚氯乙烯、聚苯乙烯等大多数通用塑料以及聚酰胺、聚碳酸酯等工程塑料都是热塑性塑料。下面举几个典型的例子，从结构、制备方法、性能和用途的角度介绍热塑性塑料。

（1）聚乙烯塑料

聚乙烯（polyethylene，PE），结构式为$\text{+CH}_2\text{—CH}_2\text{+}_n$，是世界上产量最大的塑料品种，尽管其化学结构通式是所有聚合物中最简单的一个，但实际商品的品种繁多。

聚乙烯柔而韧（线型 PE 的 T_g 在 $-50℃$ 以下），具有优良的耐低温性，密度比水小，无毒，具有突出的电绝缘性（体积电阻率 $\geq 10^{16}\Omega\cdot cm$）和介电性能（10Hz 时的介电常数为 $2.20\sim 2.35$），常用作电器零部件、电线及电缆护套。聚乙烯易燃烧（LOI＝17.5％），且离火后继续燃烧，火焰上端呈黄色而下端为蓝色，燃烧的同时产生熔融滴落。

常温下聚乙烯不溶于任何溶剂中［溶度参数为 16.3（J/cm^3）$^{1/2}$］，在矿物油、凡士林、植物油、脂肪等中可以发生溶胀；70℃以上可少量溶解于甲苯、乙酸乙酯、三氯乙烯、松节油、氯代烃、四氢化萘、石油醚及石蜡中；超过其熔点，可溶于十氢萘、白油等溶剂中，作为聚乙烯溶液加工的溶剂。

聚乙烯有优异的化学稳定性，耐碱和稀酸，但不耐浓酸，特别是在 90℃ 以上时，硫酸和硝酸可迅速破坏聚乙烯。

聚乙烯容易发生光氧化、热氧化、臭氧分解，在紫外线作用下容易发生光降解，但在电子辐射或γ射线辐射条件下主要发生交联作用。

聚乙烯因合成方法不同，在性能上有显著不同，如表 8-1 所示，这是由大分子的支化程度以及分子量大小不同造成的。高压法合成的低密度聚乙烯（low density polyethylene，LDPE），支化度较大，密度较低，结晶度较低；低压法合成的高密度聚乙烯（high density polyethylene，HDPE），支化程度很小，密度较大，结晶度高；同样采用低压法，控制工艺条件，可以获得重均分子量超过150万的超高分子量聚乙烯（UHMWPE）；线型低密度聚乙烯（linear low density polyethylene，LLDPE）采用低压配位共聚合的方法制备，引入短支链结构，密度比 HDPE 略低，弹性和柔韧性增加。

表 8-1　聚乙烯塑料

项目	LDPE	LLDPE	HDPE	UHMWPE
形态	无规长支链结构	从空间拓扑结构上把共聚烯烃作为短支链结构	线型结构	线型结构
合成方法	高压自由基聚合	低压配位共聚合	低压配位聚合	低压配位聚合
反应条件	压力 100 ～ 350MPa，温度 160 ～ 270℃，氧气或有机过氧化物等为引发剂	在 PE 聚合中引入 α-烯烃（如 1-丁烯、1-己烯、1-辛烯等），采用铬和钛氟化物催化剂附着于硅胶载体上组成催化体系，以 H_2 为分子量调节剂，于压力 0.71～12.1MPa 和温度 85～95℃ 条件下进行配位共聚	以齐格勒纳塔引发剂进行阴离子型配位聚合反应，以 H_2 为分子量调节剂，溶剂为汽油，温度 60～70℃	以齐格勒纳塔引发剂进行阴离子型配位聚合反应，溶剂为汽油，温度 60～70℃
密度/(g/cm^3)	0.910～0.925	0.910～0.920	0.940～0.965	0.920～0.940
结晶度/%	50～70	50～55	80～95	75～80
透明性	透明	半透明	不透明	不透明
熔点/℃	105～126	115～125	126～136	135～137
热变形温度/℃	38～49	—	60～88	95
分子量	1 万～10 万			超过 10 万
硬度	软，韧性好	中等，良好的弹性和柔韧性	硬，韧性差	非常硬，韧性较好，自润滑、耐磨
拉伸强度/MPa	4.1～16	33	21～38	—
拉伸模量/GPa	0.10～0.26	0.45	0.41～1.24	—
断裂伸长率/%	90～800	400	20～130	—
缺口冲击强度/(kJ/m^2)	80～90	＞70	40～70	＞100
成型方法	挤出、注射、吹塑等			粉末冷压成型后再烧结
主要用途	薄膜、管材、电线包覆层	薄膜、管材、电线电缆包覆层、日常用品	中空容器、管材、包装用压延带、绳缆、渔网、编织用纤维等	工程塑料

（2）聚氯乙烯塑料

聚氯乙烯（polyvinyl chloride，PVC）是氯乙烯的均聚物，其产量仅次于 PE，排在通用塑料的第二位。

PVC 是以氯乙烯为原料，通过自由基聚合反应制备的，单体分子以头-尾方式键接为主，数均分子量在 5 万～12 万之间，其聚合反应方法可以是悬浮聚合、乳液聚合或本体聚合，其中悬浮聚合生产的 PVC 树脂占总产量的 80%～85%，因 PVC 不溶于单体氯乙烯中，悬浮聚合法制备的 PVC 颗粒大小、孔隙率等都会影响塑料制品的加工和性能，如薄膜制品中会出现不易着色的亮点（俗称"鱼眼"），这可能是分子量过高的 PVC 造成的。

与 PE 相比，PVC 在结构上有一个电负性较强的氯原子侧基，因而性能上有很大差异：①链的柔顺性降低，T_g 超过 68℃（具体数值与聚合条件有关），由于 T_g 较高，低温脆性较大，硬制品（增塑剂含量少）耐寒性不佳。②PVC 流动温度 T_f 为 165～190℃，但分解温度 T_d 仅为 140℃（决定了使用温度范围）。因此，为了使 PVC 有实用价值，通常加入增塑剂 DEHP［邻苯二甲酸二(2-乙基己基)酯］、稳定剂、润滑剂、填料等，在 120～150℃时塑化，采用挤出、注射、压延等方法成型。需要注意的是，PVC 树脂本身是无毒的，添加剂（如增塑剂、稳定剂等）能造成一些毒害作用，因此 PVC 食品容器不宜盛装脂肪类食品，也不宜加热，用于食品和医药包装的 PVC 应不含重金属稳定剂。③PVC 本身具有阻燃性，离开火焰自熄，无熔滴现象（阻燃机理在第 7 章中有介绍）；PVC 在火焰中燃烧，上端呈黄色，下端呈绿色，燃烧时有黑烟，这是含氯原子所特有的燃烧特征，可用于鉴别塑料的种类。但 PVC 废弃物的燃烧，会产生世界公认的最毒的致癌物二噁英，都市固态废弃物中的氯有 38%～66% 来自 PVC，因此可以认为 PVC 是现今二噁英产生的最大来源。④不对称取代的结果使 PVC 的结晶度只有 5% 左右。由于结晶度较低，透明性优于 PE 和 PP。⑤PVC 溶于四氢呋喃和环己酮，耐浓盐酸、90%硫酸、60%硝酸和 30%氢氧化钠。⑥PVC 结构中的 C-Cl 键使材料表现出明显的极性，导致电绝缘性比 PE 有所降低。⑦PVC 耐老化性差，温度超过 170℃或受光作用，会脱去 HCl 形成共轭键而发生变色。

PVC 用途极广，主要有：①软制品，如农用薄膜、保鲜膜、人造革、啤酒瓶盖内垫以及输液管、血浆袋、呼吸管等医疗用具；②硬制品，如工业防腐材料和结构材料、建材等；③电线电缆绝缘包层；④日用品，如鞋类、文具、箱包、托盘、瓶、玩具等。

（3）聚酰胺

脂肪族的聚酰胺（PA）俗称尼龙（nylon），是主链上含有酰胺基团（$\overset{\text{O}}{\underset{}{-\text{C}}}-\text{NH}_2$）的高分子，可由二元酸和二元胺缩聚而得，也可由 ω-氨基酸或内酰胺开环聚合而得。尼龙是最早开发的工程塑料，约为工程塑料总产量的 1/3。产量最大的品种是尼龙 66，其次是尼龙 6，再次是尼龙 610 和尼龙 1010。其性质见表 8-2。

表 8-2　聚酰胺塑料性质

指标	尼龙 6	尼龙 66	尼龙 610	尼龙 1010
密度/(g/cm³)	1.14	1.14	1.07	1.04
熔点/℃	215～221	260～265	215	200～205
T_g/℃	50	50	50	
热变形温度/℃	65	75	65	55
分子量	2万～3万	1.5万～2.0万		

指标	尼龙 6	尼龙 66	尼龙 610	尼龙 1010
吸水率（水中，24h，23℃）/%	1.8	1.3	0.5	—
拉伸强度/MPa	75	8	60	49～59
断裂伸长率/%	150	60	200	340
弯曲强度/MPa	110	120	67～88	76～80
缺口冲击强度/(J/m)	70	45	56	52
介电常数/×10^{6}Hz	3.7	3.4	3.6	3.6
体积电阻率/Ω·cm	10^{12}	10^{13}	10^{14}	10^{15}

尼龙是结晶性高分子，酰胺基团之间存在牢固的氢键，在晶体中分子链呈平面锯齿形规整排列，因而具有良好的力学性能。如果考虑到密度的因素，比抗张强度高于金属材料，比抗压强度与金属相近，因此在很多场合下可代替金属使用。当然还存在刚度不足的问题，在脂肪族结构中引入芳环，可大大提高聚酰胺的刚度；另外，尼龙因酰胺基团而易于吸湿，吸湿后屈服强度下降、屈服伸长率增大；尼龙的 LOI 在 21%～28% 之间，全芳香族的聚酰胺则具有阻燃性。为改善尼龙作为工程塑料的不足，通常采用增强相复合制备结构复合材料。

尼龙的玻璃化转变温度、熔点等随着单体种类而变化，见表 8-2。显著的变化规律是，随着单体脂肪链的增长，密度、熔点、热变形温度、玻璃化转变温度都有所下降，这与链的柔顺性增大有直接关系，其中尼龙 6 与尼龙 66 的区别，除了与结构单元的不同有关之外，还与分子链间氢键的形式和数目有很大关系。

尼龙可用多种方法成型，如注射、挤出、模压、吹塑、浇铸以及烧结等，其中以注射成型为主。由于尼龙具有优异的力学性能、耐磨等，因此广泛用于制造各种机械、电气部件，如轴承、齿轮、辊轴、滑轮、风扇叶片、垫片等。

8.1.1.5　热固性塑料

热固性塑料的基本组分是体型结构的高分子，所以一般都是刚性的，而且大都含有填料。工业上重要的品种有酚醛塑料、氨基塑料、环氧塑料、不饱和聚酯塑料及有机硅塑料等。

热固性塑料成型加工的共同特点是，原料为分子量较低的液态黏稠液、脆性固态的预聚体或中间阶段的缩聚体，并含有反应活性基团，为线型或支链结构，在成型的过程中同时发生反应而固化，由线型或支链低聚物转变成体型高分子。需要说明的是，这类高分子不仅可用来制造热固性塑料制品，还可制备黏合剂或涂料。热固性塑料常用的成型方法包括模压、层压、浇铸，有时也可采用注射成型。

热固性高分子的固化反应可分为两种基本类型：一是固化过程是由缩合反应进行的，反应过程中有小分子如 NH_3 或 H_2O 析出，这种情况下需要控制反应条件，使小分子及时逸出而不会形成气孔，避免造成制品缺陷，如采取高压、低温、慢速等固化工艺；二是固化过程依据自由基聚合机理进行，无小分子析出。

以酚醛塑料和环氧塑料为例，介绍一下热固性塑料的加工、结构、性能和应用。

（1）酚醛塑料

以酚类化合物与醛类化合物缩聚而得的树脂称为酚醛树脂，其中主要是苯酚与甲醛缩聚物（PF）。酚醛树脂的合成，根据催化剂是酸性或碱性的不同以及苯酚/甲醛的比例不同，可生成热塑性树脂或热固性树脂。以碱为催化剂，不管酚/醛的比例如何，都生成热固性酚醛树脂；在甲醛过量的情况下，无论是酸还是碱催化剂，生成的线型预聚物容易被甲醛交联而生成热固性酚醛树脂。

热固性酚醛树脂，可以根据反应推进的程度，将其分为三个阶段：a.甲阶树脂，即线型预聚物，能溶于乙醇、丙酮及碱的水溶液中，加热后可转变成乙阶和丙阶树脂；b.乙阶树脂，即高度交联聚合物，不溶于碱液但可全部或部分地溶于乙醇及丙酮中，加热后转变为丙阶；c.丙阶树脂为不溶不熔的体型聚合物。

酚醛塑料则是以酚醛树脂为基本组分，加入填料、润滑剂、着色剂等添加剂制备的塑料。按成型加工方法，酚醛塑料可分为酚醛层压塑料、酚醛模压塑料、酚醛泡沫塑料等不同制品。酚醛塑料的主要特点是价格便宜、尺寸稳定性好、耐热、电阻率高，根据不同的性能要求可选用不同的填料和配方以满足不同用途的需求。酚醛塑料主要用作电绝缘材料，故有"电木"之称；在宇航中可作为烧蚀材料以隔绝热量防止金属壳层熔化。

（2）环氧塑料

分子中含有环氧基团（$H_2C\overset{O}{\overline{\diagup\diagdown}}CH-R$）的聚合物称为环氧树脂（EP）。环氧树脂种类很多，通用的是双酚 A 型环氧树脂，产量占比 90％以上。由双酚 A 和环氧氯丙烷反应生成的环氧树脂结构式为：

$$H_2C\overset{O}{\overline{\diagup\diagdown}}CH-CH_2-O-\underset{\underset{CH_3}{|}}{\overset{\overset{CH_3}{|}}{C}}-O-CH_2-\underset{\underset{OH}{|}}{CH}-CH_2-\underset{\underset{CH_3}{|}}{\overset{\overset{CH_3}{|}}{C}}\cdots_n$$

在固化剂作用下，这种线型结构环氧树脂的环氧基打开相互交联而固化。环氧树脂固化后具有坚韧、收缩率小、耐水、耐化学腐蚀性和优异的介电性能。

线型环氧树脂按其平均聚合度 n 的大小可分为三种：$n<2$ 的称为低分子量环氧树脂，其软化点在 50℃以下；$n=2\sim5$ 的为中等分子量环氧树脂，软化点在 50～90℃；$n>5$ 的称为高分子量环氧树脂，软化点在 100℃以上。不同种类其性能及应用情况亦有所不同。

环氧树脂的固化有两种情况：a.通过与固化剂产生化学反应而交联为体型结构，所用固化剂有多元脂肪胺、多乙烯多胺、多元芳胺、多元酸酐等。b.在催化剂作用下环氧基发生反应而自交联，催化剂不参与反应，所用催化剂有叔胺、路易氏酸等。

环氧塑料的组成除环氧树脂基本组分之外，还含有固化剂、增韧剂、稀释剂、填充剂。固化剂的类型及作用如上所述。增韧剂的加入是为提高其抗冲击强度。增韧剂有非活性增韧剂和活性增韧剂之分：非活性增韧剂即一般的增塑剂如邻苯二甲酸二丁酯等，用量为环氧树脂的 5％～10％；活性增韧剂带有活性基团，参与固化反应，增韧效果明显，常用的有环氧化植物油及多官能团的热塑性聚酰胺树脂等，用量为环氧树脂的 40％～80％。加入稀释剂是为降低加工时的黏度，用量为环氧树脂质量的 5%～20%。填充剂是为改进性能和降低成本。常用的填充剂有石棉、玻璃纤维、云母、石英粉等，其加入量一般为 30% 以下，但某些密度大的填料如铝粉、铁粉及铜粉等，可加入 150% 以上。

环氧塑料有增强塑料、泡沫塑料、浇铸塑料之分：增强塑料主要是用玻璃纤维增强，俗称环氧玻璃钢，是一种性能优异的工程材料；环氧泡沫塑料用于绝热、防震、吸音等方面；环氧浇铸塑料则主要用于电气方面。

8.1.2　橡胶

橡胶是指在较低的应力下可发生较大可逆形变（如超过 500%）的一类高分子材料，当外力被解除后能迅速恢复其原有形状，即在相当宽的温度范围内（－50～150℃）呈现高弹态。橡胶这一概念，最早是因为原料来源于橡胶树的汁；实际上，随着合成高分子材料的发展，这类材料已超出了原天然橡胶的范围，发展成为弹性体。

8.1.2.1　橡胶的特性和分类

作为橡胶，其结构应满足以下要求。

① 高分子链有足够的柔性，分子间作用力弱，分子链段内旋转位垒较小，易改变构象。

② 通常橡胶的 T_g 应比室温低得多，T_g 是橡胶的使用上限温度，在常温下呈现高弹态。

③ 在使用条件下不结晶或结晶度很小。最理想的情况是在拉伸时可结晶，由于熔点远低于室温，解除负荷后结晶又熔化。结晶相当于起到物理交联的作用，提高了模量和强度，去载荷后结晶消失而不影响弹性恢复。天然橡胶就是如此而产生所谓"自补强"作用。

④ 拉伸时，无分子链间的相对滑移，外力去除后应变能发生可逆回复。一般情况下，大分子链上存在可供交联的位置进行化学交联，以提供可恢复的弹性；也可以利用硬段的玻璃态（如 SBS）或结晶态（如聚氨酯）实现物理交联。

⑤ 橡胶的分子量分布一般较宽，其中高分子量部分提供强度，而低分子量部分起到增塑剂的作用，可提高橡胶成型过程中的流动性。

橡胶按其来源可分为天然橡胶和合成橡胶。天然橡胶是由橡胶树流出的乳液（主要成分是顺式 1,4-聚异戊二烯）经后加工固化制得；合成橡胶则是用人工合成的高分子加工而成。合成橡胶按其性能和用途又分为通用合成橡胶和特种合成橡胶。凡性能与天然橡胶接近，广泛用于制造轮胎及其他制品的称为通用合成橡胶，如丁苯橡胶、顺丁橡胶、丁基橡胶、合成异戊二烯橡胶、乙丙橡胶等。凡具有特殊性能（如耐候、耐热、耐油、耐臭氧等），并用于制造在特定条件下使用的橡胶制品的称为特种合成橡胶，如丁腈橡胶、硅橡胶、聚氨酯橡胶等。

8.1.2.2　橡胶的添加剂（配合剂）

橡胶制品的主要原材料是生胶，但纯生胶的物理机械性能并不好，特别是缺乏必要的强度和弹性，价格也比较贵，因此必须在原料中添加各种化学物质，以改善性能、降低成本，这些化学物质在橡胶行业中习惯称为配合剂（相当于塑料中的添加剂）。橡胶配合剂种类繁多，根据在橡胶中的作用不同，主要分为以下几类。

（1）硫化剂

在一定条件下能使橡胶发生交联的物质统称硫化剂（又称交联剂），因早期都是采用硫黄进行交联，所以习惯称为硫化剂。除硫黄之外，目前硫化剂有碲、硒、含硫化合物、过氧化物、醌类化合物、胺类化合物等。

（2）硫化促进剂

凡是能加快硫化反应速率、缩短硫化时间、降低硫化温度、减少硫化剂用量，并能改善或提高硫化胶物理性质、力学性能的物质统称为硫化促进剂。早期使用的氧化镁、氧化铝等无机促进剂因促进效果小、硫化胶性能差而已被有机促进剂替代，其作用原理通常是促使橡胶形成自由基。常用的促进剂包括噻唑类、秋兰姆类、亚磺酸胺类等。

（3）防老化剂

凡是能够防止和延缓橡胶老化的添加剂都称为防老化剂，包括抗氧化剂、抗臭氧剂、有害金属离子作用抑制剂、抗紫外剂、抗辐射剂等。

（4）补强剂和填充剂

补强剂和填充剂之间没有明显界限，目的是提高橡胶力学性能，又称活性填充剂，主要有炭黑、白炭黑（$SiO_2 \cdot nH_2O$），而其他矿物填料如陶土、$CaCO_3$、$MgCO_3$、$BaSO_4$、滑石粉等也有一定补强效果，但主要用于降低成本。

此外，配合剂还有着色剂、发泡剂、阻燃剂等，它们的作用与塑料添加剂相似。

8.1.2.3 橡胶的成型加工

橡胶的成型加工是将生胶与各种配合剂经过一系列化学和物理作用制成橡胶制品的过程。其工艺过程包括塑炼、混炼、压延或压出成型和硫化等工序，见图8-8。

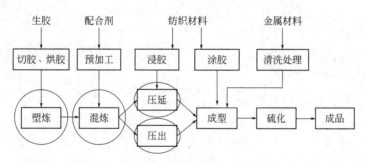

图8-8 橡胶加工基本工艺流程

（1）塑炼

把生胶（线型或带支链的高分子）在不加入配合剂的情况下，通过机械剪切和热作用或者同时利用氧化作用，使其分子量降低，达到适当的可塑性。低温塑炼时，主要是强烈的机械剪切作用导致大分子链断裂；高温塑炼时，热氧化降解作用占主导。塑炼可采取机械法或化学法，实际生产过程中往往是两种方法兼用。

（2）混炼

混炼是通过机械剪切力和挤压作用，使塑炼胶与各种配合剂均匀混合而分散的过程，目的是提高橡胶产品的使用性能、改善橡胶加工性能、降低生产成本。

（3）成型

成型是将混炼胶通过压延机、挤出机等制成一定截面的半成品，然后将半成品按制品的形状组合起来，或在成型机上定型，得到成型品。

压延是通过压延机辊筒对胶料的延展变薄作用，制备出具有一定厚度和宽度的胶片或织物涂胶层的工艺过程，主要用于胶料的压片、压型、贴胶和贴合等方面。压出工艺是胶料在压出机筒和螺杆间的挤压作用下，连续通过一定形状的口模，制成各种复杂断面形状半成品的工艺过程，用压出工艺可以制造轮胎胎面胶条、内胎胎筒、纯胶管、门窗胶条等。

（4）硫化

硫化是将成型品置于硫化设备中，在一定的温度、压力下，通过硫化剂使橡胶发生交联反应，形成网状分子结构，获得符合实用强度和弹性制品的过程。

硫化是天然橡胶和大多数合成橡胶重要的工序，反应机理已在 5.4.1.1 节进行了介绍，硫化过程对橡胶的结构性能有很大影响。硫化前，橡胶为线型结构高分子，分子间以范德华力相互作用为主，高分子可塑性大，伸长率高，具有可溶性；硫化过程中，大分子在引发剂作用下发生化学交联反应；硫化后，转变为网状结构，分子间主要以化学键合为主，可溶性大大降低，伸长率降低，耐热性、耐磨性、抗溶剂性等稳定性提高。主要性能的影响如图 8-9 所示。在一定硫化时间内，橡胶的抗张强度、定伸强度、弹性等性能逐渐提高，伸长率、永久形变减小。但是，如图 8-10，在正硫化阶段，胶料的综合性能达到最佳值；硫化时间过长（过硫化），性能则出现下降。

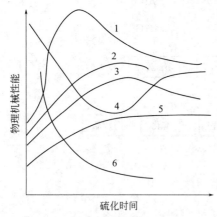

图 8-9　硫化过程胶料性能的变化
1—抗张强度；2—定伸强度；3—弹性；
4—伸长率；5—硬度；6—永久变形

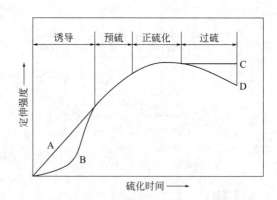

图 8-10　硫化过程的各阶段
A—起硫快速的胶料；B—有迟延特性的胶料；
C—过硫后定伸强度继续上升的胶料；D—具有复原性的胶料

8.1.2.4 天然橡胶

天然橡胶的主要成分是橡胶烃，是由异戊二烯链节组成的天然高分子化合物，其结构式为

$$\left[CH_2-\overset{\overset{\displaystyle CH_3}{|}}{C}=CH-CH_2\right]_n$$

橡胶树的种类不同，大分子的立构结构也不同，如巴西橡胶含 97% 以上的顺式-1,4 加成结构，在室温下具有弹性和柔软性；而古塔波胶是反式-1,4 加成结构，室温下呈硬固状态。

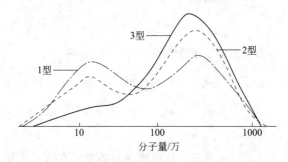

顺-1,4-加成结构　　　　反-1,4-加成结构

天然橡胶的聚合度 n 值可达 10000 左右，数均分子量为 3 万～3000 万（图 8-11），多分散指数为 2.8～10，并具有双峰分布规律。从表 8-3 中可以看出天然橡胶从生胶形成硫化胶后的性质变化，其中断裂伸长率增加最为突出。

图 8-11　天然橡胶分子量分布曲线类型

表 8-3　天然橡胶硫化前后的性质变化

特性	生胶	纯胶硫化胶
密度/(g/cm³)	0.906～0.916	0.920～1.000
热导率/[W/(m·K)]	0.134	0.153
玻璃化转变温度/K	201	220
熔融温度/K	301	—
介电常数（1kHz）	2.37～2.45	2.5～3.0
电导率/(×10⁻¹² S/m)	2～57	2～100
弹性模量/MPa	1.94	1.95
断裂伸长率/%	75～77	750～850

天然橡胶硫化后具有良好的弹性、较高的机械强度，耐挠疲劳性能好，滞后损失小，此外还有良好的耐寒性、优良的气密性、防水性和电绝缘性、绝热性，大量用于制造轮胎、胶管、胶带等。

8.1.2.5 合成橡胶

合成橡胶种类很多，根据结构可分为二烯类橡胶、丁基橡胶、乙基橡胶、聚氨酯橡胶、硅橡胶等，每一类橡胶又有很多品种和牌号，在此不一一详述，仅列举几个代表性产品进行说明。

（1）聚丁二烯橡胶

聚丁二烯橡胶是以 1,3-丁二烯为单体聚合而成的顺式含量较高的合成橡胶，在世界合成橡胶中的产量和消耗量仅次于丁苯橡胶。根据聚合实施方法和原理的不同，可以合成顺式含量不同的聚丁二烯，其中最重要的产品是溶液聚合法合成的高顺式聚丁二烯橡胶，其特点是：弹性高，是当前橡胶中弹性最高的一种；耐低温性好（$T_g = -105℃$），是通用橡胶中耐低温性能最好的一种；耐磨性优异；滞后损失小，生热性低；耐挠曲性好；与其他橡胶的相容性好。但其缺点是：抗张强度和抗撕裂强度均低于天然橡胶和丁苯橡胶；用于轮胎抗湿滑性能不良；工艺加工性能和黏着性能较差，不易包辊。

因高顺式聚丁二烯橡胶具有优异的高弹性、耐寒性和耐磨性，主要用于制造轮胎，也用于制造胶鞋、胶带、胶辊等耐磨性制品。

（2）丁苯橡胶

丁苯橡胶是以丁二烯和苯乙烯为单体共聚而得，其结构式为：

$$+(CH_2-CH=CH-CH_2)_x(CH_2-CH)_y(CH_2-CH)_z$$

丁苯橡胶是最早工业化的合成橡胶，目前产量和消耗量在合成橡胶中占第一位。在聚丁二烯中引入苯乙烯共聚单体，从结构上进行比较，结构中双键数量减少，且引入较大侧基苯环结构，链的柔顺性下降，T_g 升高（视共聚组成而定），耐热性提高，弹性相对降低，滞后损失增大，生热性增大；因双键数量减少，硫化速率减慢，不易发生焦化和过硫化现象。

丁苯橡胶作为一种共聚物，其性能可以根据共聚组成以及共聚方法而进行调节，其中产量最大的是自由基低温乳液共聚法制备的低温丁苯橡胶，苯乙烯含量为 23.5% 时，其综合性能最好。丁苯橡胶用于制造各种轮胎及其他工业橡胶制品，如胶带、胶管、胶鞋等。

（3）丁基橡胶

以异丁烯为单体通过阴离子均聚或共聚反应制备的弹性体，其均聚物聚异丁烯具有高度饱和结构，T_g 为 $-70℃$，分解温度高达 $300℃$，所以耐热性、耐老化性和耐化学腐蚀性好，同时耐寒性也好，$-50℃$ 下仍能保持弹性，还有优异的介电性和防水性、气密性，但因分子链中没有双键，不能用硫黄硫化，不耐油，易发生冷流性，所以通常与天然橡胶或其他合成橡胶并用，利用其防水气密性制作防水布、防腐器材、耐酸软管、输送带等。

为进一步提升聚异丁烯的应用特性，采用异丁烯与少量异戊二烯共聚的方法，制备的橡胶通称为丁基橡胶，综合了聚异丁烯耐热、耐候、耐化学腐蚀、防水气密等优点，且可以进行缓慢硫化，成为透气性最好的橡胶，主要用于气密性制品，如汽车内胎、无内胎轮胎的气密层等，也广泛应用于蒸汽软管、耐热输送带、化工设备衬里、各种耐热耐水密封垫片、防震缓冲器材等。

（4）乙丙橡胶

聚乙烯分子链柔顺性大，T_g 低，但由于链规整性好而容易结晶，在常温下并不呈现高弹态。而在聚乙烯分子链中引入其他原子或基团，可以抑制结晶，从而获得橡胶态的特性。其中乙丙橡胶就是典型的弹性材料。

以乙烯、丙烯或者再加入少量非共轭双烯单体，在立构催化剂作用下进行配位聚合获得无规共聚物，根据共聚组分为二元乙丙橡胶和三元乙丙橡胶两大类。乙丙橡胶密度只有 $0.86 \mathrm{g/cm^3}$，是橡胶中最低的；乙丙橡胶基本上是饱和橡胶，因此具有很好的抗老化性，具有突出的耐臭氧性，使用温度范围从 $-50 \sim 120\,℃$；吸水性低，耐化学腐蚀性好，但耐油性和气密性差限制了其应用。乙丙橡胶主要用于汽车零件、电气制品、建筑材料等。

（5）聚氨酯橡胶

聚氨酯（PU）橡胶的全称是聚氨基甲酸酯橡胶，是由聚酯或聚醚与异氰酸酯反应制备的嵌段共聚物，其结构特点是以 T_g 较低的脂肪族聚酯或聚醚作为软段，提供高弹形变，而异氰酸酯段可以结晶形成硬段，作为物理交联点，限制冷流发生。因此，聚氨酯橡胶的加工不需要硫化的工序。聚氨酯橡胶的最大特点是耐磨性好，因此主要用于耐磨制品，如鞋底等。聚氨酯结构如下：

$$\sim\sim R^e-O-\underset{O}{\overset{H}{C}}-\underset{H}{\overset{}{N}}-R^1-\underset{H}{\overset{}{N}}-\underset{O}{\overset{}{C}}-\underset{H}{\overset{}{N}}-R^2-\underset{H}{\overset{}{N}}-\underset{O}{\overset{}{C}}-\underset{H}{\overset{}{N}}-R^1-\underset{H}{\overset{}{N}}-\underset{O}{\overset{}{C}}-O-R^e\sim\sim$$

式中　R^e——脂肪族聚醚二醇或聚酯二醇基；

$\quad\quad R^1$——亚脂肪族基，如 $-CH_2-CH_2-$；

$\quad\quad R^2$——亚芳香族基。

（6）硅橡胶

硅橡胶是由环状有机硅氧烷开环聚合或以不同硅氧烷进行共聚而成的弹性聚合物。分子主链含有硅氧结构 $\left(\underset{R}{\overset{R}{+}}\underset{}{Si}-O\underset{}{\overset{}{]_m}}\underset{R'}{\overset{R'}{}}\underset{}{Si}-O\underset{}{\overset{}{]_n}}\right)$，键长和键角大，链柔顺性好，分子间作用力小，$T_g$ 一般为 $-70 \sim -50\,℃$，可以采用挤出、压延、涂覆等多种方法进行加工。硅橡胶的最大特点是使用温度范围宽（$-100 \sim 300\,℃$），且有良好的电绝缘性和耐候性、耐臭氧性，无味、无毒，因此可用于制造耐高温、耐低温橡胶制品，如各种垫圈、密封件、高温电线，以及人造心脏、人造血管等医疗器材。其缺点是抗张强度和撕裂强度低、耐酸碱性差、加工性差，因而限制了其应用。

8.1.3　纤维

纤维是指具有一定长度和柔性的细条状物质，长度与直径之比一般大于 1000（有例外，如印度棉的长度和直径之比为 850：1）。用作纺织材料的纤维，应有一定的强度、韧性和尺寸稳定性等。典型的纺织纤维直径为几到几十微米，纳米纤维的出现已打破传统的纤维细度概念。

纤维可分为天然纤维和化学纤维两大类。天然纤维直接从自然界得到，化学纤维包括再生纤维和合成纤维两类。再生纤维是由天然的高分子如纤维素经过再加工制成，如黏胶纤维、醋酸纤维和 Lyocell 纤维等。合成纤维是由小分子物质通过聚合反应合成高分子，然后加工成纤维。按来源、化学结构等对纤维进行分类，如图 8-12 所示。

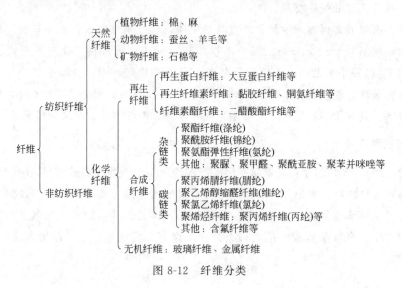

图 8-12　纤维分类

8.1.3.1　成纤高分子的特点

能够制备纤维的高分子通常需要满足以下条件：

① 一般是线型高分子，在拉伸作用下，分子链有利于沿纤维轴向取向，具有较高的拉伸强度。

② 有一定的分子量，且分子量分布较窄，分子量低于某个临界值，将不能成纤或强度很差，而分子量高到一定数值之后再增大对力学性能影响不大，而给纺丝液的黏度、流动性带来不利影响，一般希望分子量在某个适当的值。总的来说，多数情况下，化学纤维的分子量比橡胶和塑料小。

③ 成纤高分子应具有可溶性或可熔性。

实际上，同种结构的高分子能够用来制备纤维的，也能作为塑料使用，只不过纤维和塑料对分子量的要求不同。例如，PET 主要用于制备纤维，也可以用作塑料。

8.1.3.2　纤维成型加工方法

纤维成型，是将具有一定黏度的流体（熔体或溶液）通过挤出或喷射等方式形成液态细流，再在气体或特定的凝固浴中固化而成为纤维的过程，纤维成型亦称作纺丝（spinning）。与塑料和橡胶相比，除了功能化产品，纤维的纯净度较高，也就是说添加剂较少或者不添加，因此，纤维的加工过程主要包括纺丝流体的制备、挤出、凝固成型以及初生纤维的后加工。

除了天然纤维，无论是以天然高分子为原料还是以合成高分子为原料，根据纺丝流体的制备方法，化学纤维主要的成型方法有两大类，即熔融纺丝（melt spinning）和溶液纺丝（solution spinning）。

（1）熔融纺丝

高分子熔体经过喷丝板微孔挤出后冷却、拉伸、热定型等过程得到有一定断裂强度和断裂伸长率的纤维。熔融纺丝不需要溶剂，是多种合成纤维常用的制备方法。

图 8-13 所示的熔融纺丝工艺流程，包括了聚合物熔体直接纺丝法（熔体直纺）和聚合物切片熔融纺丝法（切片纺）。熔体直纺是将聚合得到的熔体经输送、过滤、挤出成型直接进行纺丝。其优点是工序少、流程简化、设备投资减少、成本降低、效率提高，适合于单线产能大的品种；缺点是生产不够灵活，且并不适合所有熔体纺丝体系，如尼龙 6、丙纶等不能进行熔体直纺。切片纺是将聚合得到的熔体经铸带、切粒等工序制成切片，然后经切片输送、干燥及再熔融成熔体后进行纺丝。其优点是生产相对灵活，适合于小品种、差异化产品的制备；缺点是工序多、流程长、成本高、产率相对较低。

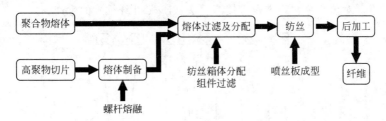

图 8-13　熔融纺丝工艺流程

能加热熔融而不发生显著分解的高分子（如聚酯、聚酰胺、聚丙烯、聚乙烯等）均可进行熔融纺丝，典型的熔融纺丝设备示意图如图 8-14 所示。纺丝熔体经管道输送进入纺丝组件、过滤、经喷丝孔挤出（典型的微孔直径在 0.3mm 左右）形成液体细流，继而在纺丝甬道中被空气冷却而固化成初生纤维（as spun yarn）。

（2）溶液纺丝

溶液纺丝是将高分子溶解在溶剂中形成溶液，经过喷丝板微孔挤出后，溶剂通过挥发（干法）或在凝固浴中发生相分离（湿法或干喷湿纺）后成型、

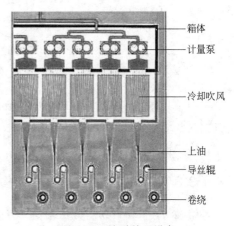

图 8-14　熔融纺丝设备

拉伸、水洗、干燥、热定型等过程得到有一定断裂强度和断裂伸长率的纤维，其简化的工艺流程如图 8-15 所示。溶液纺丝需要用到溶剂，必须进行溶剂的回收处理，因此，与熔融纺丝相比，溶液纺丝工艺流程相对冗长、工序较多，适合于熔点高于分解温度或者熔点之上难以流动的聚合物，这类聚合物在结构上往往是分子内和分子间作用力强，如聚丙烯腈、纤维素、聚乙烯醇等。溶液纺丝是很多高性能纤维的制备方法，如芳纶、聚酰亚胺纤维、高强高模聚乙烯纤维等。

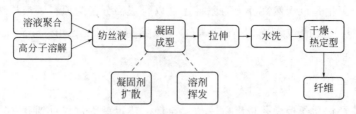

图 8-15　溶液纺丝工艺流程

溶液纺丝根据凝固方式又可分为干法纺丝、湿法纺丝、干喷湿纺，如图 8-16。干法纺丝的凝固浴是热空气（或其他惰性气体），使溶剂蒸发而凝固成丝，适合于溶剂易挥发、聚合物有足够耐热性的情况，目前已用于氨纶、腈纶、聚酰亚胺纤维的生产；湿法纺丝的凝固浴是凝固剂和溶剂的混合溶液，喷丝头浸在凝固浴中，细流中的溶剂和凝固浴中的凝固剂通过双扩散完成丝条的固化，广泛应用于黏胶纤维、腈纶、间位芳纶等的生产；而干喷湿纺结合了干法和湿法的特点，在纺丝液挤出喷丝孔后进入空气段，而后再进入凝固浴，避免湿法纺丝细流出喷丝孔后的迅速相分离，有利于提高喷头拉伸比，常用于高性能纤维的制备，如高强高模聚乙烯纤维、对位芳纶、纤维素直接溶解法（Lyocell 纤维）的生产。

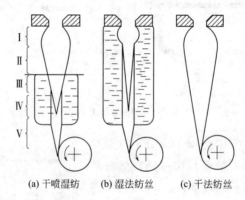

(a) 干喷湿纺　　(b) 湿法纺丝　　(c) 干法纺丝

图 8-16　溶液纺丝分类

涉及具体的纤维品种，还会提到液晶纺丝、冻胶纺丝、静电纺丝、反应法纺丝等概念，其实这些纺丝方法也都可以归结到熔融纺丝和溶液纺丝的范畴，具体概念将在典型纺丝实例中进一步说明。

8.1.3.3　纤维成型过程中的形态结构变化

熔融纺丝和溶液纺丝方法均由纺丝、拉伸和热定型几个基本步骤构成，经过上述步骤，纤维形成最终的宏观结构和微观结构，才能获得必要的性能，因此，纤维成型过程中的结构控制对最终性能的形成至关重要。

纺丝过程发生的结构变化包括几个方面：一是几何形态的变化。纺丝流体挤出后转变为具有一定断面形状、长径比趋于无限大的连续丝条。二是化学结构的变化。反应纺丝过程中的化学结构非常重要，当然所有的纺丝过程都不可避免会涉及降解、氧化等副反应发生，在不影响成型和纤维性能的情况下通常可以忽略。三是物理状态的变化。整个纺丝过程涉及聚合物的溶解和熔化，纺丝流体的流动和形变，丝条固化过程中的胶凝、结晶、二次转变和拉伸流动中的大分子取向等微观结构的变化。以上三类变化相互交叉、彼此影响，构成了纺丝过程固有的复杂性，这些都是纺丝成型理论的核心问题。

（1）纺丝成型过程中的结构变化

纺丝流体（溶液或熔体）在喷丝微孔（毛细孔）中流动，受到剪切作用而发生流动取向，出喷丝孔后，因内应力松弛一些分子链段发生解取向而发生出口胀大现象，同时从喷丝孔中的剪切流动转化为纺丝线上的拉伸流动，丝条宏观上变细，分子链段进一步发生取向，对于易于结晶的聚合物也可能同时发生结晶。从图 8-17 的示意图中可以观察到丝条从宏观到微观的结构变化。

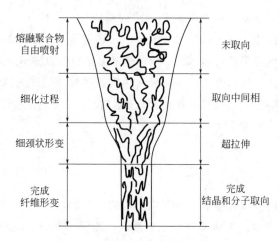

图 8-17　以熔融纺丝为例，挤出成型过程中形态结构的变化

对于熔融纺丝，通常喷丝微孔直径在 0.3mm 左右，纺丝流体的挤出速度在每分钟几至几十米，而拉伸速度一般都超过 1000m/min，意味着在凝固过程中经历几十倍甚至上百倍的拉伸，直径则大大减小。

干法纺丝过程中，除了溶剂挥发之外，丝条的宏观和微观变化机理与熔融纺丝相近。湿法纺丝过程中，主要发生溶剂和凝固剂的双扩散而导致的聚合物凝固，因丝条含有大量溶剂和凝固剂而难以承受外力，经常采取较低的纺丝速度和很小的甚至是负的喷头拉伸比，因此初生纤维的取向程度较低，而结晶程度则取决于聚合物本身的结晶能力。干喷湿纺过程比湿纺增加了一段空气层，大大提高了喷头拉伸比，相对而言，初生纤维的取向度有较大幅度提高。当然溶液纺丝过程中，因涉及溶剂去除的动力学问题，除了关注微观的取向和结晶结构变化，宏观上的皮芯结构、表面和截面形态都会因溶剂扩散速度的不同而有较大差异，这将在实例部分说明。

（2）后拉伸过程中的结构变化

凝固成型后获得的初生纤维，在细度、结晶度和取向度方面往往还不能达到使用的要求，因此需要进一步的后拉伸。熔融纺丝的后拉伸一般采用高于玻璃化转变温度而低于熔点的热拉伸工艺，溶液纺丝的初生纤维通常包括水浴拉伸和热拉伸等不同的步骤，视纤维品种和成型方法而定，其中的热拉伸也是在高于玻璃化转变温度而低于分解温度的条件下进行。

后拉伸过程中，取向是一个必然的结构变化过程，发生取向的结构单元可以是分子链、大分子链、已经结晶的晶粒等，而结晶的变化因初生纤维的结晶情况有所不同：①拉伸过程中相态结构不发生变化，即非晶态的初生纤维拉伸后仍保持非晶态（如玻璃纤维），结晶的初生纤维拉伸后结晶度不变（如凝固后的再生纤维素纤维在塑化浴中拉伸时只发生晶粒的转动和取向，结晶度不变）；②拉伸过程中，原有的结构发生破坏，结晶度降低，如聚丙烯纤维冷拉时，经常观察到结晶度降低的现象；③拉伸过程中发生进一步结晶，结晶度有所增大，大多数初生纤维为非晶或结晶度较低，热拉伸时发生取向并诱导结晶。

（3）热定型过程中的结构变化

经纺丝和后拉伸后所得到的纤维的超分子结构尚不完善，也不够稳定，在性能上表现为伸长率大、易发生热收缩和沸水收缩等现象。因此需要进一步的热处理促进内应力的松弛，得到更为完整和稳定的结构，这一过程称为热定型，热定型同样是在聚合物的玻璃化转变温度之上、熔融或分解温度之下进行的。热定型过程根据施加张力的不同，分为松弛（无张力）热定型和紧张（定长）热定型，由此可以判断在热定型过程中的取向结构变化，松弛过程取向度降低，紧张过程中取向度不变或略有增大。大多数情况下，热定型过程中结晶度会有所增大。

8.1.3.4　纤维产品举例

（1）聚酯纤维

聚酯是指大分子主链中含有酯基（—COO—）的聚合物，以此为原料制备的纤维统称聚酯纤维。聚酯纤维品种很多，包括聚对苯二甲酸乙二醇酯（PET）、聚对苯二甲酸丙二醇酯（PTT）、聚对苯二甲酸丁二醇酯（PBT）、聚丁二酸丁二醇酯（PBS）等，通常是以二元酸和二元醇为单体进行熔融缩聚获得的聚合物。其中以 PET 纤维产能最大，俗称涤纶，也是合成纤维中产量最大的品种。

PET 分子结构中含有刚性的苯环和柔性结构，因此作为纤维具有刚柔并济的特点。PET 的 T_g 约为 80℃，熔点 256℃，结晶温度在 120～200℃，热分解温度超过 350℃。这些热力学特点，使得 PET 可以在超过熔点 20℃以上、低于分解温度的条件下进行熔融纺丝，并在高于 T_g、低于熔点，特别是在结晶温度区间内进行热拉伸和热定型，获得结晶度较高、尺寸稳定的纤维。用于制备纤维的 PET 数均分子量一般在 2 万左右，用于制备高强丝的 PET 数均分子量在 3 万左右。

PET 纤维吸湿性小，回潮率仅为 0.4%，电阻率高，易发生静电；纤维强度较高，湿态下强度不变；弹性模量高，尺寸稳定性好；PET 纤维耐酸性较好，但耐碱性较差。PET 因稳定的化学结构、较高的结晶度、缺少活性基团而染色性较差，通常需要在高温高压的条件下进行分散染料染色。

其他聚酯纤维，也都是采用熔融纺丝的方法制备，但因化学结构不同，在加工工艺、使用性能上有一定的区别。

（2）聚丙烯腈纤维

聚丙烯腈纤维是以丙烯腈为单体通过自由基聚合获得聚合物，并通过溶液纺丝获得的纤维。实际上，丙烯腈的均聚物因分子间作用力强，溶解困难，通常用于纤维制备的聚丙烯腈，一般为丙烯腈的二元或三元共聚物，引入第二单体，如丙烯酸甲酯、醋酸乙烯等，可以降低大分子间相互作用，提高溶解性和链的柔顺性；另外，还经常引入第三单体如丙烯磺酸钠、衣康酸等，改善纤维的染色性。通常将丙烯腈含量超过85％的均聚物或共聚物，统称聚丙烯腈（PAN），由此制备的纤维俗称腈纶。

PAN 的 T_g 为85℃，而熔点高达317℃，在熔融之前就容易发生氧化、环化等反应，因而不能采用熔融纺丝的方法来制备。聚丙烯腈的溶度参数为 $28.7(J/cm^3)^{1/2}$，可溶解于极性较强的二甲基甲酰胺（DMF）、二甲基乙酰胺（DMAc）、二甲基亚砜（DMSO）以及硫氰酸钠水溶液、浓硝酸等溶剂中。PAN 溶液既可以进行湿法纺丝，也可以进行干法纺丝和干喷湿纺，并且这些纺丝方法都有工业化应用。

PAN 纤维在外观或手感上很像羊毛，蓬松而有弹性，有"合成羊毛"之称，热导率为 $0.051W/(m·K)$，保暖性好。作为民用丝，常用来替代羊毛，或与羊毛混纺，制成毛织物；PAN 纤维的耐候性极佳，对耐候要求高的户外帐篷、大型太阳伞、帆布等产品来说是首选纤维材料；PAN 纤维因可以在升高温度的情况下发生氧化、环化、交联等反应，并进一步炭化，甚至石墨化，是目前制备碳纤维的主要原料。

（3）液晶纺丝

液晶纺丝是利用溶致液晶或热致液晶高分子，在一定浓度或温度以及剪切作用下，呈伸直棒状形态的刚性链大分子有序排列，纺丝流体黏度降低，在较低速度下就能够获得高取向度的纤维。液晶纺丝解决了通常情况下难以解决的高浓度必然伴随高黏度的问题，同时由于液晶分子的取向特性，纤维可以在较低的拉伸倍率下获得较高的取向度，避免纤维在高拉伸倍率下产生内应力和损伤纤维，从而可以获得高强度、高模量、综合性能好的纤维。

1972年，DuPont 公司首次通过液晶纺丝制备了聚对苯二甲酰对苯二胺（PPTA）纤维。PPTA 溶解于硫酸中，温度90℃，PPTA 浓度18％～22％时，形成具有液晶特性的纺丝液，在喷丝孔中受到剪切作用，大分子发生取向，出喷丝孔后因出口胀大效应使少部分大分子产生解取向，但在拉伸力的作用下，丝条变细，分子链进一步沿拉伸轴向取向并在凝固浴中得以固定，见图8-18。通常凝固浴的温度为0～5℃，空气层间隙可使高温纺丝喷丝头和低温凝固浴保持温差，同时在空气层中进行适宜的喷头拉伸，增加取向度，纺丝速度可达2000m/min。

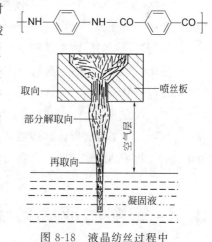

图 8-18　液晶纺丝过程中分子链结构演变

PPTA 纤维具有优异的力学性能和稳定性：

① 力学性能　拉伸断裂强度超过 2.0GPa，初始模量超过 65GPa。

② 纤维密度　$1.43～1.45g/cm^3$。

③ 热学性质　热稳定性远高于其他纤维，玻璃化转变温度高达345℃，分解温度为550℃，在150℃下的收缩率为0，长期的最高使用温度为230℃。

④ 化学性能　具有良好的耐碱性，耐酸性好于锦纶，耐有机溶剂、漂白剂以及抗虫蛀、霉变，对橡胶具有良好的黏附性。

（4）冻胶纺丝

基于高分子伸直链结晶的理论，1979 年荷兰 DSM 公司发明了超高分子量聚乙烯冻胶纺丝的方法，以超高分子量聚乙烯（UHMWPE）为原料，减少了分子链末端的缺陷效应，将 UHMWPE 溶解于非极性溶剂中，制备半稀溶液，以减少大分子链的缠结，提高纺丝原液的流动性，出喷丝孔的丝条经冷却固化后，再通过萃取（湿法）或挥发（干法）的方法去除溶剂，然后进行超倍热拉伸，原来形成的折叠链片晶熔融后重新排列形成伸直链结晶结构，见图 8-19。

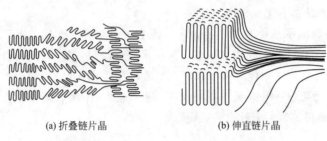

(a) 折叠链片晶   (b) 伸直链片晶

图 8-19　冻胶纺丝过程中伸直链结晶的形成

由冻胶纺丝法制备的超高分子量聚乙烯纤维，具有高强高模的特性：

a. 纤维密度小，仅有 $0.97\sim0.98g/cm^3$，可浮于水面。

b. 具有高比强度、高比模量的特点，断裂强度达到 3.5GPa，比强度是同等截面钢丝的十多倍，比模量仅次于特级碳纤维。

c. 断裂伸长低（3%～6%）、断裂功大，具有很强的吸收能量的能力，因而具有突出的抗冲击性和抗切割性。

d. 抗紫外线辐射，防中子和 γ 射线，比能量吸收高，介电常数低，电磁波透射率高。

e. 耐化学腐蚀、耐磨，有较长的挠曲寿命。其缺点是易发生蠕变。

由于超高分子量聚乙烯纤维的耐冲击性能好，比能量吸收大，可以制成防护衣料、头盔、防弹材料，如直升机、坦克和舰船的装甲防护板，雷达的防护外壳罩，导弹罩，防弹衣，防刺衣，盾牌，防割手套等，其中以防弹衣的应用最为引人注目。也可以取代传统的钢缆绳，用作航天飞机着陆的减速降落伞和飞机上悬吊重物的绳索等。

8.2　生物合成高分子材料

生物合成高分子材料，也称天然高分子材料，作为植物、动物体的重要组成，如纤维素、淀粉、蛋白质、核酸等，这类高分子材料不仅对生命体起到重要作用，而且因毒性低、易生物降解、环境适应性好等优点，很多天然高分子材料都得到了广泛应用。

天然高分子的合成，完全不同于人工合成高分子材料，生物合成机理复杂，还有很多人类并未解密的信息，在此并不详细介绍生物高分子的合成，只介绍天然高分子的来源、多级结构、特性、高分子反应性和应用，并以多糖类和蛋白质类高分子作为重点。

8.2.1 纤维素

纤维素（cellulose）的主要来源是自然界的植物，通过光合作用地球上每年可产生几千亿吨的纤维素；除了植物，还发现一些被囊纲海洋生物的外膜中含有动物纤维素（tunicin），另外通过木醋杆菌（acctobacier xylium）发酵可以合成100％的纯纤维素，称之为细菌纤维素（bacterial cellulose）。

8.2.1.1 纤维素的结构形态

纤维素是 D-葡萄糖酐通过 β-1,4-糖苷键连接而成的线型高分子，化学通式为 $(C_6H_{10}O_5)_n$（n 为聚合度）；实际上，考虑到两个葡萄糖键接的构型，纤维素的重复单元是稳定的反式构型，即 β-纤维素二糖（cellobiosc）（区别于 α 构型），所以，纤维素的结构式可表示为如图8-20所示，而其构象，则为能量较低的椅式构象，各碳原子上的羟基都是平伏键。

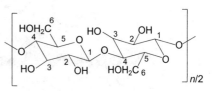

图 8-20 纤维素结构式
（n 为葡萄糖酐的数目，即聚合度）

由于纤维素是通过生物合成，因此不同来源或不同生长阶段的纤维素在分子量和分子量分布上有很大区别，大部分天然纤维素的平均聚合度都很高，如单球法囊藻为 26500～44000，棉花纤维的次生壁为 13000～14000，韧皮纤维为 7000～15000，木浆纤维素为 7000～10000，细菌纤维素为 2000～3700。

纤维素分子上有很多羟基，羟基之间容易形成氢键，在分子内和分子间氢键作用下分子链段容易聚集在一起形成结晶结构。研究发现，天然纤维素和经过不同条件处理之后的纤维素，可以形成不同的结晶结构，其中以天然纤维素的Ⅰ型和溶解再生后的Ⅱ型为主。Ⅰ型结晶结构中，纤维素分子链在晶胞中平行堆砌，中心链与角链有相同的方向，纤维素链上所有的羟基都处于氢键中，分别在分子链方向（c 轴）和垂直于分子链方向（a 轴）的（020）晶面上形成氢键，而在 b 轴方向和晶胞对角线方向上则无氢键存在，晶胞结构的稳定依靠范德华力维持，见图8-21；纤维素Ⅱ型晶胞中，存在着两条反平行排列的链，角链和中心链反方向排列，所形成的氢键网更为复杂、堆砌更为紧密，角链上存着分子内氢键，且沿 a 轴方向与相邻的角链以及中心链形成分子间氢键，处于（020）晶面内，沿（110）面晶胞对角线方向上，角链与相邻的中心链间形成分子间氢键起到稳固分子链片的作用，见图8-22。当然，大多数纤维素材料也并不是100％的结晶结构，也包含着一定量的无定形区。

8.2.1.2 纤维素的性质

（1）热性能

纤维素由于主链上的环状结构以及大量的分子内和分子间氢键作用，在固态下呈现出刚性链特征，对纤维素加热到150℃时会由于脱水而逐渐焦化，并没有观察到纤维素的玻璃化转变温度和熔融温度，所以纤维素不能采用熔融法进行再加工，且热处理和使用温度尽量不要超过150℃。

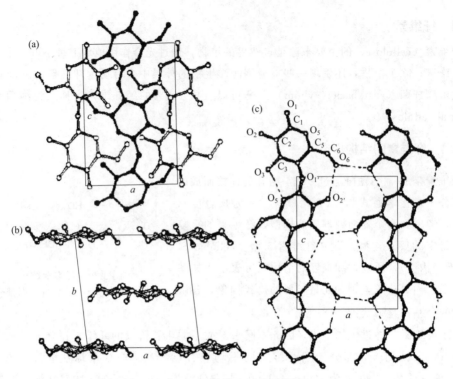

图 8-21 纤维素 Ⅰ 型晶胞结构

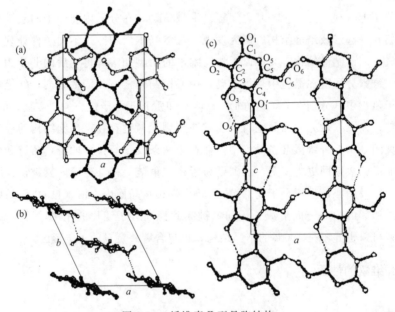

图 8-22 纤维素 Ⅱ 型晶胞结构

（2）吸湿性

　　纤维素的分子链有很多羟基，且并不是所有的羟基都参与形成了氢键，因此，纤维素具有很好的吸湿性和吸水性，平衡回潮率超过 7%，而吸水量则可达到其自身质量的几十倍。

纤维素类材料因良好的吸湿性，因此不易发生静电现象；纤维素吸湿性带来的问题是材料湿态强度和模量降低，且易滋生细菌、霉菌等，当然这也成为纤维素类产品弃后易降解的优点。

（3）燃烧性

纤维素由碳、氢、氧组成，含碳 44.44％，含氢 6.17％，含氧 49.39％，分子结构中没有起阻燃作用的基团，十分容易燃烧，在空气中受热无熔滴现象，但很容易发生热裂解。一般纤维素的热解温度为 280～340℃，自燃温度 400℃，最高燃烧温度 850℃，燃烧产热为 18.8kJ/g，纤维素纤维的极限氧指数为 19.7％，属于易燃纤维。

（4）溶解性

因纤维素分子内和分子间存在大量氢键，特别是纤维素二糖含有分子内氢键（O3—H···O5′）和（O2′—H···O6），所以除了伯醇基可绕 C_5-C_6 键旋转外，在固态下，这一结构是刚性的。同时，纤维素分子链长，形成的结晶结构稳定，因而纤维素不溶于水和一般的有机溶剂，但可以溶解在一些强极性溶剂中。纤维素可溶解在无机酸中，但溶解的同时伴随着水解反应而容易发生降解；纤维素还可以溶解在一些络合物溶剂中，如铜氨、铜乙二胺、锌乙二胺、镉乙二胺溶液；纤维素还可少量溶解于多聚甲醛（PF）/二甲基亚砜（DMSO）、DMSO/LiCl等有机溶剂中；纤维素还溶解在有机碱类溶剂中，最为典型就是 N-甲基-吗啉-N-氧化物（NMMO）水溶液，并从 20 世纪 70 年代发展成为工业化的再生纤维素的生产技术；21 世纪初，研究发现了可以溶解纤维素的离子液体，直接溶解法制备再生纤维素的技术又迈进了一步。

（5）反应性

纤维素除了容易发生水解、氧化等降解反应之外，纤维素的结构单元上有三个活泼的羟基，是一种多元醇化合物，可以进行酯化和醚化反应生成纤维素的衍生物。如图 8-21 所示，纤维素 C2 和 C3 位上仲羟基和 C6 位上的伯羟基反应活性和能力不同，C6 位上的伯羟基酯化反应速率比其他两个位上的仲羟基约快 10 倍，C2 位上的仲羟基的醚化反应速率比 C3 位的羟基快两倍左右。根据纤维素上羟基被取代的数目来定，取代度在 0～3 之间，也可以不是整数。典型的纤维素衍生物包括纤维素硝酸酯、纤维素醋酸酯、羧甲基纤维、羧乙基纤维等，反应机理见 5.3.2.1 节。纤维素衍生物因破坏了大分子之间的氢键作用，溶解性提高，如纤维素醋酸酯可溶解在丙酮、氯仿等有机溶剂中，很多纤维素醚类衍生物可溶解在水中。

8.2.1.3　纤维素的加工和应用

作为天然来源的纤维素材料，如棉花作为纺织原料、细菌纤维素作为食品添加剂等直接使用，在很多情况下，因纤维素与木质素、半纤维素等牢固结合在一起，需要经过分离再加工方可使用。

（1）造纸

造纸的基本原料就是纤维素，造纸技术包括两个基本过程：制浆和成型。首先是制浆，即由化学或机械法（或化学与机械法的组合）从木头和其他纤维素原料制得纤维状材料，然后分散在水中，形成一定浓度的纸浆，经过滤、压榨脱水、烘干形成纸页。

纸的形式越来越多样化，包括文化用纸、生活用纸、包装用纸等，在生活中极其常见，在此不再详述。

（2）黏胶法制备纤维和膜

黏胶技术实际上是以天然纤维素（浆粕）为基本原料，经酯化反应生成纤维素黄酸酯溶解在碱溶液中，然后在酸浴中进行湿法成型，制备再生纤维素纤维或膜。这一过程充分利用了纤维素衍生化后破坏分子间氢键的原理，整个制备技术非常复杂，制备过程中涉及大量碱、酸和二硫化碳的应用，所产生的废气、废水和废固都需要进行回收处理，被诟病为污染性产业，因此在新的技术产生之后，黏胶技术有被替代的可能性。

黏胶法制备的再生纤维素纤维除了纤维素纤维共有的吸湿、抗静电、弃后可降解的优点之外，还具有模量低、手感柔软的特点，是家纺、贴身衣物以及无纺布常用的纤维原料。而黏胶法制备的再生纤维素膜，因其高透明性而被称为玻璃纸，常用作香烟纸盒、鞭炮等的包装材料。

（3）直接溶解法制备纤维和膜

在纤维素不多见的非衍生化溶剂中，目前已经工业化的技术被称为 Lyocell，是以质量分数为 13% 左右的 NMMO 水溶液为溶剂，制备纤维素含量在 10% 左右的浓溶液，然后进行干喷湿纺，以水为凝固剂实现纤维的再生，制成的再生纤维素纤维称之为 Lyocell 纤维。相比黏胶技术而言，Lyocell 纤维的制备工艺流程大大缩短，NMMO 在生产过程中不挥发，腐蚀性小，溶剂回收利用率高，所制备的纤维具有结晶和取向度高、断裂强度高，特别是湿态强度和模量高等特点，被誉为 21 世纪最有前途的绿色生产技术，大有取代黏胶纤维的趋势。

（4）醋酯纤维

通常取代度为 2.0～2.4 的二醋酯纤维素，能溶解于丙酮中；取代度为 2.4～3.0 的三醋酯纤维素则不溶于丙酮，但能溶于三氯甲烷或二氯甲烷。利用溶剂易挥发的特点，可以通过干法纺丝制备醋酯纤维。

与黏胶纤维有所不同，在醋酯纤维中，纤维素环上的羟基大部分或全部被乙酰化，分子间作用力大大减弱，醋酯纤维的结晶度低、断裂强度小；但醋酯纤维依然有较高的平衡回潮率（6%～7%），穿着舒适。利用醋酯纤维干法纺丝的特点，可制得三叶型截面结构的纤维，结合其适宜的吸湿性，作为香烟过滤嘴材料，滤阻小且可以很好地过滤烟雾、焦油和悬浮粒子。

8.2.2 淀粉

淀粉（starch）是高等植物储存能量的一种高分子碳水化合物，存在于许多植物的种子、茎和块根中，其中薯类、谷类和豆类作物是淀粉的主要原料，比如木薯、玉米、马铃薯、山药、小麦、绿豆等。

8.2.2.1 淀粉的结构和性质

组成淀粉的基本结构单元也是 D-葡萄糖酐，但不同于纤维素的是，淀粉中两个葡萄糖的

键接方式是 α-1,4-糖苷键，且分为直链淀粉和支链淀粉两类，如图 8-23。天然淀粉中直链淀粉的比例占 20%～26%，其中豆类淀粉中直链淀粉含量最高。淀粉的聚合度（n 为 200～300）比纤维素（$n>1500$）小得多。

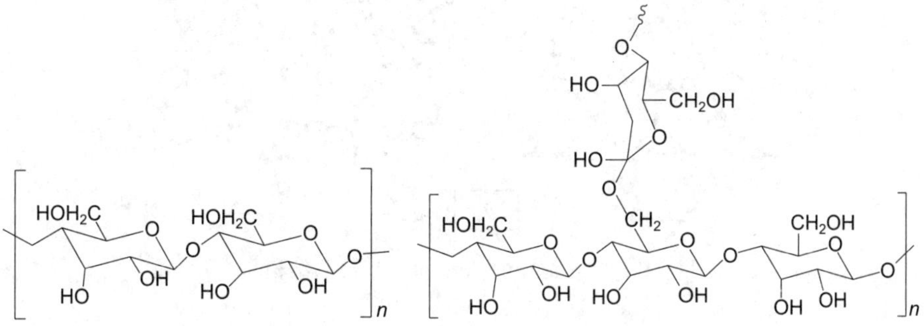

图 8-23　淀粉的结构式

(a) 直链淀粉　　　(b) 支链淀粉

直链淀粉是一种线型多糖聚合物，由于分子内氢键的作用，分子链呈螺旋状，通常 6～8 个结构单元为一个螺旋。直链淀粉分子结构相对规整，水分子很难进入螺旋内，因而是不溶于冷水的，但可以溶于热水，通常碘分子能和螺旋的分子以范德华力结合（吸碘量约 20%），结合之后呈现深蓝色，故可用于鉴别直链淀粉。

而支链淀粉主链以 α-1,4-糖苷键连接而成，支链则通过 α-1,6-糖苷键与主链相连，支链淀粉的分子量远大于直链淀粉，因为分支较短，与碘分子配位数目较少（吸碘量约 1%），其遇碘呈紫红色。纯支链淀粉不溶于水，但能均匀分散于水中形成悬浮液，并发生溶胀。

将淀粉悬浮液进行加热，淀粉颗粒开始吸水膨胀，达到一定温度后，淀粉颗粒突然迅速膨胀，继续升温，体积可达原来的几十倍甚至数百倍，悬浮液变成半透明的黏稠状胶体（俗称"糨糊"），这种现象称为淀粉的糊化。

淀粉大多情况下呈现无定形态，但无论是直链淀粉还是支链淀粉，实际也具备结晶的能力，相对结晶度在 15%～45% 之间。淀粉分子链通常以双螺旋结构（如图 8-24）排列形成结晶结构，形成的晶胞尺寸较大，相对"疏松"（如图 8-25），这种形态结构"留出"了小分子进入的空间，因此，自然界的淀粉通常与水分子或者各种脂肪酸小分子物质共同构成不同的结晶复合体，如来源于谷类的 A 型，来源于根茎和果实的 B 型，来源于豆类的复合 C 型则包含了 A 型和 B 型两种结晶结构，如图 8-25 所示，B 型结晶结构通常在低温水中形成，为单斜晶系，结构相对松散，在湿度 20%～35% 的条件加热 B 型结构可以转化为结构更为紧密的 A 型结构（正交晶系）。

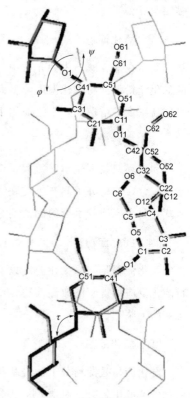

图 8-24　淀粉分子链的双螺旋结构

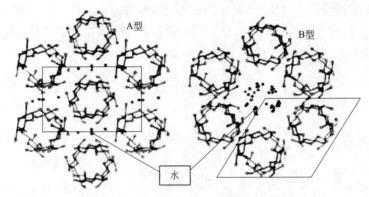

图 8-25　淀粉的 A 型和 B 型结晶结构

8.2.2.2　淀粉的改性和应用

含有淀粉的植物为我们提供了丰富的食物资源，其实，淀粉除了食用也可用于其他各个领域，但通常需要对天然淀粉进行纯化和改性，以下根据改性淀粉的种类介绍其应用。

（1）预糊化淀粉

利用糊化工艺得到的淀粉，应用时只要用冷水调成糊，作为医药、食品、化妆品的添加剂，也可用作石油钻井的降滤失剂、金属铸造的黏结剂、纺织品的上浆剂、造纸的施胶剂、黏结剂等。

（2）氧化淀粉

淀粉在酸、碱、中性介质中与次氯酸盐、过氧化氢或高锰酸钾等氧化剂发生反应，生成的氧化淀粉使淀粉糊化温度降低而热稳定性增加，糊糊透明，成膜性好，抗冻融性好，是低黏度高浓度的增稠剂，广泛应用于纺织、造纸、食品等精细化工行业。

（3）交联淀粉

利用环氧氯丙烷、三氯氧化磷和三偏磷酸钠等双官能团和多官能团交联剂与淀粉发生交联反应，在淀粉分子间产生交联结构，用于食品工业的增稠剂及赋形剂、纺织工业的上浆剂、医疗外科手术橡胶手套的润滑剂等。

（4）酯化淀粉

酯化淀粉是指在糊化温度以下淀粉与有机酸酐（醋酸酐、丁二酸酐等）在一定条件下进行酯化反应而得到的改性淀粉，作为食品工业的增稠剂和乳化剂、造纸工业的施胶料、纺织工业的上浆剂。

（5）醚化淀粉

醚化淀粉是淀粉分子的羟基与烃化合物中的羟基通过氧原子连接起来的淀粉衍生物。工业化生产的主要有三种类型，即羧甲基淀粉、羟烷基淀粉和阳离子淀粉。淀粉醚化改性后，可提高黏度的稳定性，特别是在高 pH 条件下，醚化淀粉较前面提到的氧化淀粉和酯化淀粉性能更加稳定，作为食品工业的增稠剂，医药工业的药片的黏合剂和崩解剂，石油钻井的降滤失剂，日化工业中肥皂、家用洗涤剂的抗污垢再沉淀剂，同样可应用于纺织工业和造纸工业。

（6）淀粉基塑料

淀粉具有极好的生物可降解性，从理论上讲可以制备生物可降解的塑料、膜等制品；然而即使利用淀粉的酯化、醚化等反应提高了淀粉的成型性和制品的力学性能，从成本和使用性能上来讲还不具备竞争优势，因此多数淀粉塑料的制备技术都是将淀粉与其他高分子材料共混或接枝共聚，制备复合高分子材料制品，提高制品弃后降解的速率。

8.2.3 甲壳素

甲壳素（chitin），化学名称是（1,4)-2-乙酰氨基-2-脱氧-β-D-葡萄聚糖，广泛存在于甲壳类动物（如虾、蟹）的外壳、昆虫的角质层、软体动物的壳和骨骼以及真菌、酵母和绿藻的细胞壁，在自然界中的储量仅次于纤维素，每年的生物合成量可达到 100 亿吨。甲壳素除了直接作为饲料、堆肥等利用之外，其脱乙酰基的产物——壳聚糖（chitosan），因良好的加工性而得到更精细化的利用。甲壳素的脱乙酰化反应见图 8-26。

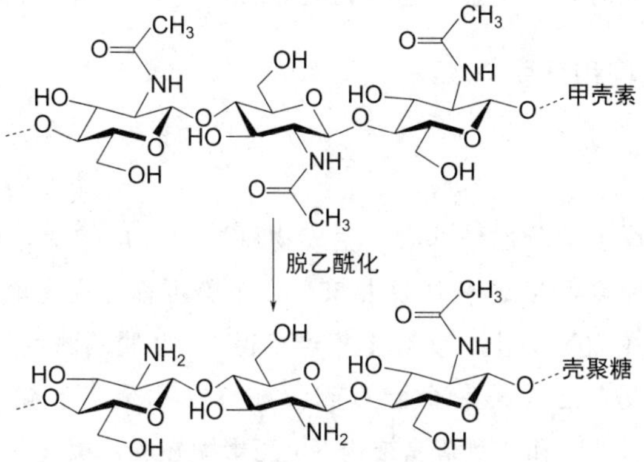

图 8-26　甲壳素的脱乙酰化反应

8.2.3.1 甲壳素的结构和性质

（1）甲壳素的结构

甲壳素在结构上与纤维素相似，只要将纤维素上 C2 位的羟基替换成乙酰氨基便可成为甲壳素的分子链，结构式如图 8-27 所示，结构单元为 N-乙酰-2-氨基-2-脱氧-D-葡萄糖（简称 N-乙酰氨基葡萄糖），通过 β-(1→4) 糖苷键连接而成，聚合度 n 通常在 300～3000 之间，而考虑到构型（反式）在内的重复单元也是甲壳二糖，糖残基的吡喃环同样采取能量较低的椅式构象。

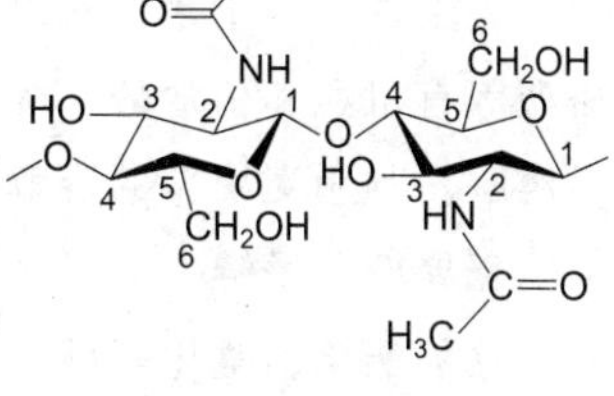

甲壳素分子链上除了羟基，还有乙酰氨基，可以形成各种

图 8-27　甲壳素的结构式

分子内和分子间氢键，影响邻近糖环之间的内旋转，分子链呈现出一定的刚性结构。甲壳素的线型结构也容易规整排列而结晶，甲壳素的结晶结构由于氢键类型不同而有 α、β 和 γ 三种晶体，α-甲壳素晶体是由两条反向平行的糖链组成，为结构稳定的正交晶系，主要存在于节肢动物的角质层和某些真菌中，与蛋白质和无机物结合形成高硬度的部位；β-甲壳素晶体是由两条同向平行的糖链组成，为单斜晶系，可从海洋鱼类中得到，β-甲壳素晶体在一定浓度的酸溶液中可转变成 α-甲壳素晶体；γ-甲壳素晶体则是由三条糖链组成，其中两条同向，一条反向。

（2）甲壳素的性质

像纤维素一样，在分解之前并没有观察到玻璃化转变温度和熔点，可以观察到的热分解温度超过 300℃。

甲壳素结构单元中的分子内、分子间氢键相互作用较强，所以甲壳素不溶于一般有机溶剂、水、稀酸或稀碱，在浓盐酸、磷酸、硫酸等强酸中能够溶解但同时发生剧烈的降解，用于甲壳素溶解的溶剂通常为乙酸、六氟异丙醇、六氟丙酮、甲酸-二氯乙酸、三氯乙酸、二甲基乙酰胺/氯化锂等。

甲壳素在结构上与纤维素相似，结构单元上有两个活性羟基，因此可以发生类似于纤维素的酯化和醚化反应，同时，甲壳素结构单元上的乙酰氨基在适当的条件下也能发生反应。

8.2.3.2　壳聚糖的结构和性质

（1）壳聚糖的结构

甲壳素在碱溶液中脱去部分乙酰基后，生成物可溶于有机酸中，这种甲壳素脱乙酰基的产物称为壳聚糖。一般而言，N-乙酰基脱去 55% 以上就可称之为壳聚糖，有实用价值的工业品壳聚糖一般脱乙酰度在 70% 以上，实际上很难获得 100% 脱乙酰度的壳聚糖。

壳聚糖的分子链上既有乙酰氨基葡萄糖链节，也有氨基葡萄糖链节，所以其结晶结构在形式上与甲壳素相似，包括 α 和 β 型结晶结构。α-壳聚糖在脱乙酰化过程中，结晶结构随着脱乙酰化程度的增加而改变，由起初的 α-壳聚糖逐渐转变为 β-壳聚糖，但壳聚糖的 α 和 β 结晶结构在晶胞参数上不同于甲壳素的 α 和 β 结晶结构，β-壳聚糖脱乙酰化一般只形成无定形结构。

（2）壳聚糖的性质

壳聚糖没有明显的玻璃化转变温度和熔点，加热到 200℃ 就会产生侧基的分解，超过 300℃ 则会发生主链的降解。

壳聚糖不溶于水、碱以及一般有机溶剂，可以溶解在甲酸、乙酸、乳酸、苹果酸、抗坏血酸等有机酸和稀盐酸、稀硝酸中。壳聚糖的溶解性与脱乙酰度有关，脱乙酰度越高，越容易溶解。利用壳聚糖的溶解性制备溶液，然后通过湿法成型制成膜、纤维、无纺布等产品。

壳聚糖分子链上的羟基、氨基以及乙酰氨基同样可以发生各种化学反应，生成新的衍生物，除了酯化、醚化等反应，利用氨基和羟基的供电效应，可以与多价金属离子螯合形成配合物。

8.2.3.3 甲壳素和壳聚糖的应用

甲壳素和壳聚糖都具有生物相容性、抗菌性及多种生物活性、吸附功能和生物可降解性等特点，广泛应用于食品、生物医用、农业、纺织、环保等领域。利用甲壳素和壳聚糖的絮凝作用，可用作食品、环保等领域的澄清剂；利用壳聚糖的抑菌作用，可用于食品保鲜；利用壳聚糖制备的纤维和无纺布，用作伤口敷料，在抑制细菌生长、创面止痛、促进创面皮肤愈合方面具有较好的效果。

8.2.4 蛋白质

蛋白质（protein）是由多种氨基酸（amino acids）通过肽键（peptide bond）相连而形成的高分子，这个词是由希腊语 proteios 一词派生而来，意思是"最重要的部分"，是植物和动物、微生物等生命体的基本组分。

8.2.4.1 蛋白质的结构形态

通常蛋白质由甘氨酸、丙氨酸等 20 种基本 α-氨基酸按一定顺序排列组成，通式如图 8-28 所示。除甘氨酸外，所有氨基酸都含不对称碳原子，呈现 L-构型。

蛋白质是含氮的有机高分子，生命体内的含氮物质主要为蛋白质，因此氮元素是蛋白质区别于糖、脂肪的特征性元素，含量一般在 15%～19% 之间（平均为 16%），除此之外，蛋白质分子中碳平均含量约为 53%，氢含量约为 7%，氧含量约为 22%，硫含量约为 2%，有些蛋白质中还含有少量磷、硒或金属元素铁、铜、锌等。其中氮含量较为稳定，因此 GB 5009.5—2016《食品安全国家标准 食品中蛋白质的测定》中以氮含量为标准测定蛋白质含量。组成蛋白质的结构单元往往是多种氨基酸的组合，也就是说，同一条蛋白质分子链中，其结构单元的化学组成往往是不同的，如图 8-29 为牛胰岛素的组成。

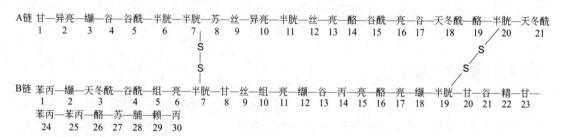

图 8-29　牛胰岛素的组成

蛋白质的结构从小到大可以分为一次结构、二次结构和三次结构等。一次结构是指分子链内氨基酸的排列，每一种生物蛋白质分子中的氨基酸都有严格的序列排布方式，且分子链有均一的长度，这是蛋白质区分于其他分子量多分散的高分子的特征，如烟草花叶病毒蛋白质，每个分子由 2130 条肽链组成，每条肽链的数均分子量达到 1.75×10^4。二次结构是指由分子内或分子间的氢键、离子键等而形成的分子链在近程空间的规则结构，如图 8-30（a）所

示的 α 螺旋结构，NH 基与 CO 基间形成分子内氢键，而图 8-30（b）所示的为 β 平面结构，NH 基与 CO 基间形成分子间氢键使两条链平行或反平行排列。三次结构，是指一条完整的多肽链在空间进一步弯曲盘旋或折叠所形成的立体结构，即在二次结构基础上，局部是 α 螺旋结构或 β 片状结构，进一步排列组合成球状或纤维状蛋白质。如图 8-31 所示，这是一种肌动朊球状蛋白质，共有 153 个氨基酸，由 8 段 α 螺旋结构折叠而成。

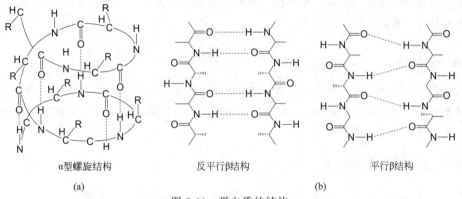

<table>
<tr><td>α型螺旋结构</td><td>反平行β结构</td><td>平行β结构</td></tr>
<tr><td>(a)</td><td></td><td>(b)</td></tr>
</table>

图 8-30　蛋白质的结构
（a）α 型螺旋结构；（b）β 型片状结构

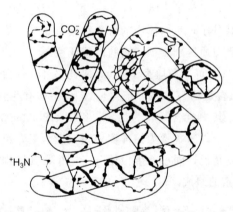

图 8-31　肌动朊分子的三次结构

8.2.4.2　蛋白质的性质

氨基酸是蛋白质大分子的基本结构单元，蛋白质的理化性质与氨基酸在等电点、两性电离、成盐反应、呈色反应等方面相似，又在变性、胶体性、分子量等方面与氨基酸存在显著差异。

天然蛋白质在某些物理因素（加热、加压、脱水、搅拌、振荡、紫外线照射、超声波的作用等）或化学因素［强酸、强碱、尿素、重金属盐、十二烷基磺酸钠（SDS）等］作用下，其空间结构被破坏，从而理化性质改变、失去生物学活性，这种现象称为蛋白质的变性。变性的蛋白质分子量不变。蛋白质变性是破坏了分子中的次级键——二硫键，引起蛋白质空间构象变化。当变性程度较轻时，如去除变性因素，有的蛋白质仍能恢复或部分恢复原有功能及空间构象，如果蛋白质变性后，性质不能恢复，这样的过程称为不可逆性变性。

8.2.4.3　蛋白质的应用

蛋白质作为生命体的重要组成部分，在生物医药、食品方面的应用相当广泛；除此以外，各种动物的毛、蚕丝等是很好的纺织品原料，可以直接作为纺织服装的原料。实际上，还可以对天然的蛋白材料进行精细化加工，作为蛋白助剂用作纺织品的涂饰剂、胶黏剂、表面活性剂、染色助剂等；在污水处理中，可以利用废弃的蛋白原料，制成环保型生物脱色剂、重金属吸附剂等用于废水净化。另外，可以利用蛋白的亲肤性以及合成高分子良好的力学性能，两者共混后制备纤维等产品，大豆蛋白复合纤维就是利用大豆蛋白与聚乙烯醇共混制备的纤维，蚕蛹蛋白纤维则是利用蛋白质与黏胶共混制备的复合纤维；而利用蛋白质分子结构中—NH_2等基团的反应性，可以进行接枝共聚反应，生成新的接枝聚合物进行加工利用，如"牛奶"纤维就是蛋白接枝丙烯腈的产物。

8.3　高分子复合材料

为满足加工或使用的要求，实际应用的材料很少有单一组分的情况，而总是由多种不同物质共同构成，可以统称复合材料（composite materials），按照国际标准化组织（International Organixation for Standardization，ISO）的定义，复合材料是指由两种或两种以上物理化学性质不同并以一定程度上的相分离形式混合在一起的多相固体材料。从狭义上讲，高分子复合材料是指高分子与另外不同组成、不同形状、不同性质的物质复合而成的多相材料，大致可以分为结构复合材料和功能复合材料两种。广义而言，高分子复合材料还包含了高分子共混体系，也称"高分子合金"。

研究和开发多相高分子材料具有如下重要的价值和意义。

① 多相高分子材料的总体性能会优于各单组分材料，或在某些方面可能具有独特性能。

② 多相高分子材料不但使各组分性能互补，还可以根据实际需要对其进行组分、相态设计，以期得到性能更加优异的新材料。

③ 由于不需要新的单体或工艺合成新的材料，多相高分子材料是实现材料高性能化、精细化、功能化以及开发新品种的重要途径。

无论是狭义的高分子复合材料还是广义的高分子复合材料，一般都是存在一种组分为连续相（continuous phase），另一种组分为分散相（dispersed phase）。为此，我们将广义的高分子复合材料统称为多相（"相"指的是物理化学性质均匀的部分）高分子材料，以区别于狭义的高分子复合材料。根据多相高分子材料形态特征的基本区别（图8-32），分为三大类进行简要介绍。

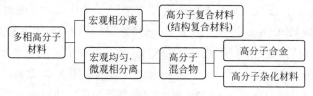

图 8-32　多相高分子材料分类

8.3.1　高分子合金

合金原指由两种或两种以上的金属与金属或非金属经一定方法所合成的具有金属特性的物质，一般通过熔合形成均匀液体后再凝固而得，一般达到分子水平混合的合金才有价值。高分子合金借用"合金"的概念，一般指的是两种或两种以上化学结构不同的高分子混合物（polymer blend），在表观上是均一的，通常也会将一些存在微相分离的接枝共聚物和嵌段共聚物纳入高分子合金（polymer alloy）的范畴。

8.3.1.1　高分子合金的形态特征

高分子合金的形态通常取决于两组分的相容性。从理论上讲，相容性好（miscible）的两个组分能够在分子水平上互相混合形成均相（homogeneous）体系；相容性不好（immiscible）的两个组分不能达到分子水平混合，各自成一相，形成非均相体系（heterogeneous）。

大多数高分子合金很难达到分子水平的均匀混合，也就是说在热力学上是不相容的非稳态结构，容易发生进一步的相分离。但是，由于高分子混合物的分子量很大、黏度很大，分子或链段的运动实际上处于一种冻结状态，即在宏观上仍可处在一种动力学上的准稳定状态。通常宏观均匀、微观相分离的高分子合金才有实用价值。高分子合金形态见图 8-33。

(a) 均匀的高分子共混材料　　　　(b) 相分离的高分子共混材料

图 8-33　高分子合金形态

高分子合金的相形态，根据相筹尺寸的大小，可以利用形态学的方法如显微镜、电镜等方法进行观察；除此以外，还可以从合金材料分子运动学的角度，通过特性的变化推测其相容性。

（1）形态学方法

对于非结晶的高分子合金，在经验上可以通过观察透明程度来判断两相的相容性，透明度越高，意味着两组分的相容性越好。

电镜法是常见的高分子合金形态结构的表征方法，不仅可以观察两组分的相容性，还可以定量判断分散相的尺寸以及分布（distribution）情况。图 8-34 是高密度聚乙烯（HDPE）与尼龙 6（PA6）共混物的扫描电子显微镜（SEM）照片，球形是尼龙 6，作为分散相分布在连续相 HDPE 中，分散相尺寸较大且两相有明显的相界面。图 8-35 则是乙丙橡胶（EPR）和聚丙烯（PP）共混物的透射电镜（TEM）照片，两组分的相容性较好，形成了接近于两组分连续分布的相形态。

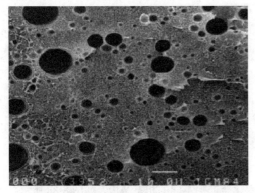

图 8-34 高密度聚乙烯（HDPE）与
尼龙 6（PA6）共混物的扫描电子显微镜（SEM）

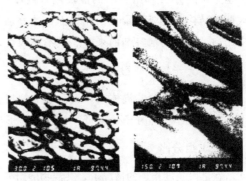

图 8-35 乙丙橡胶（EPR）和
聚丙烯（PP）共混物的透射电镜（TEM）照片

（2）分子运动学方法

高分子的形态变化与高分子运动密切相关，因此热转变、力学松弛、介电松弛等特征参数的变化除了可以表征单一高分子的形态外，也可以用来表征高分子形态的相容性。以高分子共混物的玻璃化转变温度（T_g）为例，若共混物只有一个 T_g，可以认为两组分达到了分子水平相容；若共混物有两个 T_g 且向中间靠拢，则认为两组分部分相容；若共混物有两个 T_g 且大小不变，则认为两组分完全不相容，如图 8-36 所示。

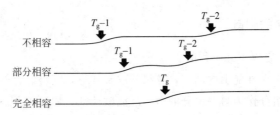

图 8-36 利用高分子的玻璃化转变温度判断两组分的相容性

8.3.1.2 影响高分子合金相形态的结构因素

（1）链结构

高分子的相容性类似于高分子的溶解，适用于热力学第二定律，当 Gibbs 自由能 $\Delta G < 0$ 时意味着两组分在热力学相容，在此不再赘述。同样，根据"相似相溶、溶度参数相近"的原则可以判断两组分的相容性，即极性和结构相似、溶度参数 δ_1 与 δ_2 越接近相容性越好。

为提高两种溶度参数相差较大的高分子的相容性，添加增容剂是一种常用的方法。增容剂的主要作用包括：①降低相间的界面能；②提高分散相的分散度；③改善界面黏合力；④使共混体系更稳定，防止进一步的相分离。作为增容剂，首先是具有界面活性，必须能很好地聚集在共混体系的界面，如图 8-37 所示为比较理想的情况，可以看出，

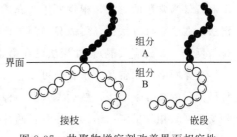

图 8-37 共聚物增容剂改善界面相容性

若是采用组分 A 和组分 B 的嵌段或者接枝共聚物作为增容剂，就可以利用共聚物本身可以形成两相结构的趋势而聚集于相界面，并分别与共混组分有很好的相容性。当然在实际生产和应用中，考虑到增容剂的来源、成本等因素，多数情况下采用的是小分子增容剂，如偶联剂。

（2）分子量（或者黏度）

在热学相容的共混体系，动力学上的相容性与分子量有密切关系。在组分比相近的情况下，黏度较小（即分子量偏低）的组分易形成连续相。

（3）组分比

在链段长度相近的情况下，共混物随组分比的变化会产生不同的相态结构，如图 8-38 所示。

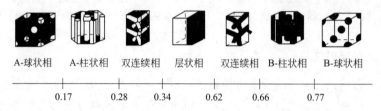

| A-球状相 | A-柱状相 | 双连续相 | 层状相 | 双连续相 | B-柱状相 | B-球状相 |

0.17　　　0.28　　0.34　　　　0.62　　　0.66　　　0.77

图 8-38　嵌段共聚物 PS-*b*-PI 不同类型微相分离示意图（数字为 PS 的体积分数）

另外，温度，外界作用力大小、速度也会影响高分子合金的相形态，但其影响规律与合金本身的组成和结构有关，在此不展开详述。

8.3.1.3　高分子合金的制备

制备高分子合金，有以下几个目的。

① 改善单一高分子在性能上的弱点，各组分取长补短，获得综合性能较为理想的材料。

② 使用少量某一组分作为另一组分的力学性能改性剂，如用 $10\% \sim 20\%$ 的橡胶类高分子改性聚苯乙烯、聚氯乙烯等脆性材料。

③ 将流动性好的高分子作为改性剂，改善另一高分子的加工性能，不影响其他性能的前提下降低加工温度。

④ 制备一系列具有崭新性能的新型高分子材料，如 ABS 与聚氯乙烯共混可制得耐燃高分子材料。

⑤ 对某些性能卓越但价格昂贵的工程塑料，在不影响使用要求的前提下利用共混降低成本。

高分子合金的制备方法有几种（图 8-39），其中物理共混法比较容易理解，也是高分子合金制备最为常用的方法，根据所用的介质不同，可以分为熔融共混法、溶液共混法、乳液共混法。在这三种方法中，可以只是简单地物理混合，也可能在混合过程中发生高分子之间的化学反应（如反应共混）。共聚法已在第 3 章有过介绍，在此简单介绍一下互穿网络法。

互穿网络法制备高分子合金可以分为两类（示意图如图 8-40）。一类是分步交联法：将一种已交联的高分子溶胀，然后浸入另一种单体中，第二种单体发生聚合和交联，形成与第一种交联网络相互贯穿的结构（注意：两种高分子间没有交联或接枝）。另一类是同步交联法：两种线型高分子混合，加入交联剂各自发生交联形成相互贯穿的网络结构。

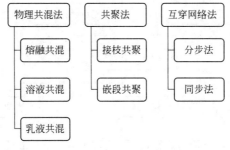

图 8-39　高分子合金制备方法分类

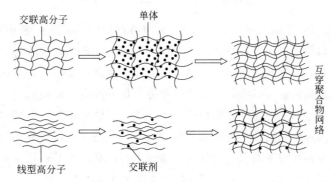

图 8-40　互穿聚合物网络的制备

8.3.2　高分子结构复合材料

高分子结构复合材料指的是连续相为高分子，分散相具有增强增韧、承受应力的作用，区别于高分子功能复合材料。因此，高分子结构复合材料由基体相（matrix）和增强相（reinforcement）组成，两相虽保持其相对独立性，但复合材料的性能却不是两组分材料的简单加和。高分子结构复合材料应用非常广泛，在日常生活中常见的有玻璃钢、汽车轮胎、家用电器外壳等。

8.3.2.1　高分子结构复合材料分类

高分子结构复合材料分类方法一般有两种，见图8-41。

根据基体相高分子加工特性分为热塑性（thermoplastic）复合材料和热固性（thermosetting）复合材料。热塑性复合材料的基体一般为线型高分子，具有可熔融加工的特性，其特点是：①熔体黏度大，分散相的浸渍、浸润困难，成型性差，需要在较高温度或压力下成型；②基体一般为线型高分子，复合材料容易发生蠕变，尺寸稳定性差，但韧性较好；③成型过程一般为物理过程，伴随着结晶、取向等聚集态结构的变化。热固性复合材料的基体多为交联高分子，其特点是：①热固性基体的初始原料为单体或者预聚体，体系黏度低，分散相易于浸渍、浸润，成型性好；②基体交联固化后成网状结构，尺寸稳定性好、耐热性好，但一般情况下材料脆性较大；③成型过程伴随着复杂的化学反应过程。

而根据增强相的形态则分为纤维增强、粒子增强（任意形状，包括微球、棍状、颗粒

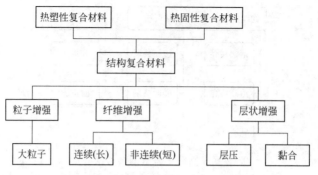

图 8-41　高分子结构复合材料分类

等)、层状增强复合材料,增强相大多为刚性、强度高的材料,承受主要的应力。①纤维是最为常见的增强相,包括玻璃纤维、碳纤维、芳纶、高强高模聚乙烯纤维等,纤维起到增强作用,承受大部分载荷,使材料显示出较高的抗张强度和刚度,基体与纤维通过界面联结在一起,基体将载荷经界面传递给纤维,不仅能够充分发挥纤维高强高模的优异特性,还能起到使载荷均匀分布和保护纤维免遭外界损伤的作用。②粒子增强复合材料是将一定尺寸的粒子均匀分布在高分子基体中,因粒子没有明显的方向性,复合材料也呈现各向同性的特点,不同于纤维增强复合材料,粒子增强复合材料中载荷主要由基体承受,粒子相(与基体有可以辨别的相界面,不同于纳米杂化材料)可以阻碍基体中导致塑性形变的分子链段运动。其中,炭黑增强橡胶是典型的粒子增强高分子复合材料。③层状增强复合材料是指在高分子基体中含有多层片状增强相的复合材料,一般是层内为平面二维同性、层间各向异性的高分子复合材料,这类高分子复合材料通常首先以纤维或织物作为增强相与树脂复合形成预浸料,然后层层复合形成层状复合材料。

8.3.2.2　高分子结构复合材料的复合效果

以纤维增强复合材料为例,高分子结构复合材料的增强机理,是利用增强材料本身高强度、高模量的力学性能特点,高分子基体可以将被施加的力有效地转移并分配到增强材料上。由连续相与分散相组成的复合材料,最终性能由三种效果决定:组分效果、结构效果和界面效果。

(1)组分效果

组分效果是在已知组分的物理性质情况下,不考虑组分形状、尺寸、取向等变量的影响,只考虑组分组成(即质量分数或体积分数)的变化对所产生效果的影响。一般而言,复合材料的力学性能随增强相分数的增多呈现先增大后减小的趋势。

(2)结构效果

结构效果是考虑组分连续相和分散相的结构形态、取向和尺寸因素等,复合材料总体性能一般取决于连续相,而增强相的形态起到重要作用,以纤维增强复合材料为例,纤维的取向方向和尺寸产生的影响就是一种结构效果。

(3)界面效果

界面效果是复合效果的主要部分,界面可视为在组成和性能上有别于分散相与连续相并存在于两相之间的第三相（图 8-42），界面区越大，即相容区域越大，性能加和效果越明显。因此，界面是复合材料研究的重要内容。

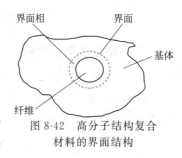

图 8-42　高分子结构复合
材料的界面结构

8.3.2.3　高分子结构复合材料的界面

复合材料的界面是由基体与增强相互扩散形成的，是指基体与增强相之间化学成分有显著变化、构成彼此结合、能够起到载荷传递作用的微小区域，界面虽然很小，但它是有尺寸的，在纳米到微米的尺度范围，是一个区域或一个带、一个层，厚度并不一定是均匀的。

（1）界面的形成

界面的形成大体分为两个阶段。第一阶段是基体与增强材料的接触与浸润过程。由于增强材料对于基体分子的各种基团或基体中各组分的吸附能力不同，它总是要吸附那些能降低其表面能的物质，并优先吸附那些能较多降低其表面能的物质，因此界面层中的高分子在结构上与基体中的高分子存在微量差异。第二阶段是高分子的固化过程，在此过程中基体通过化学或物理作用发生固化，形成固定的界面。

以增强热固性树脂为例，在树脂本体固化过程中，通常以固化剂（可反应官能团）为中心向四周辐射延伸，结果会形成中心密度大（称为胶束）、边缘密度小（称为胶絮）的非均匀固化结构；那么，在增强相存在的情况下，上述的微胶束在增强相表面排列得更为有序，这就形成了界面，与树脂本体有很大差别。

（2）界面的功能

界面及其附近区域的性能、结构都不同于组分本身，因而构成了界面区。也就是说，界面区是指由基体和增强相的界面加上基体和增强相表面的薄层构成。界面在复合材料中的功能可以概括为以下几个方面。

a. 传递应力。通过界面区使基体与增强相形成一个整体，并通过它传递应力。若基体与增强相的润湿性不好，胶接面不完全，那么应力的传递面仅为增强相总面积的一部分。所以为使复合材料内部能均匀地传递应力，要求复合材料的制备过程中形成一个完整的界面区，最大限度地起到传递应力作用。

b. 界面破坏。界面的存在有阻止裂纹扩展和减缓应力集中的作用，但在某些情况下（界面不完整）又可引发应力集中。另外，界面结合强度影响复合材料的破坏形式，界面强度高有利于提高复合材料界面断裂强度，但不是愈高愈好；界面结合适度，界面破坏形式越丰富，能量耗散越多。高的界面结合强度，不一定带来材料整体的高强度和高韧性。例如，在脆性纤维-脆性基体复合材料中，强的界面结合往往导致各相中及相间的应力集中而产生脆性断裂，破坏形式单一，不涉及界面破坏，其能量耗散仅限于产生新的断裂表面，这样的复合材料易突然失效或发生灾难性破坏。弱的界面结合强度有时能带来材料整体高的力学强度和韧性，因为弱的界面结合可以发生多种界面破坏形式（如纤维拔出、脱黏、应力再分配等），从而消耗大量的外界功，提高材料的强度和韧性，避免脆性断裂或灾难性破坏。

因此，需要对高分子结构复合材料界面进行设计和控制，要求界面有适宜的黏结强度、最佳的界面结构和形态，达到理想状态的与界面相关的微观破坏机制。

8.3.3　高分子杂化材料

20 世纪 80 年代初，日本理部化学研究所山田瑛、雀部博之等科学家首次提出"杂化材料"的概念，即把两种以上不同种类的有机、无机材料在微米级、纳米级或原子级、分子级尺寸上杂化，产生具有新型原子、分子集合体结构的材料，这种材料具有许多新的性能和用途。特别是纳米材料的兴起，区别于有明显界面相的结构复合材料，高分子杂化材料是以高分子材料为连续相基体，以纳米尺寸的无机粒子、纤维、碳材料等作为分散相，通过适当的方法将纳米单元均匀地分散在基体材料中。高分子杂化材料在纳米尺度上杂化，分散相与基体相之间通过化学作用和物理作用结合在一起，有机相和无机相界面面积大、相互作用强，该类材料综合了无机材料高折射率、高硬度及有机高分子材料高韧性、易加工成型等优良性质，同时具备微米或纳米粒子一些特殊的性质，使其在光电磁、催化、生物、制药等领域应用广泛。

8.3.3.1　高分子杂化材料的分类

纳米材料是指在三维空间中至少有一维处于纳米尺寸（1～100nm，也有几百纳米的情况，习惯称为亚微米）或由它们作为基本单元构成的材料，这大约相当于 10～1000 个原子紧密排列在一起的尺度。根据纳米分散相的形态通常分为零维、一维和二维材料。

① 零维纳米材料指空间三维尺度均在纳米尺度以内的材料，如纳米粒子、原子团簇等。

② 一维纳米材料指有一维处于纳米尺度的材料，如纳米线、纳米管。

③ 二维纳米材料指在三维空间有二维纳米尺度的材料，如纳米片。

用于高分子杂化的典型纳米材料如表 8-4 所示，不同纳米材料因功能和性能不同，应用领域也有所不同。

表 8-4　用于高分子杂化的典型纳米材料的性能与应用

纳米材料	功能	应用领域
纳米黏土	阻燃性、阻隔性、相容性	包装、建筑、电子
碳纳米管	导电性、电荷转移	电力、电子、光电转换、智能传感
石墨烯	导电性、阻隔性、电荷转移	电力、电子、智能传感
纳米 TiO_2	高折射率、紫外反射	消光、防紫外

8.3.3.2　高分子杂化材料的制备

高分子杂化材料中的分散相少量分散在高分子基体中，通常对高分子的流动和加工性不会产生本质的影响，其制备方法与高分子材料的加工成型方法没有本质区别。因此，高分子材料制备的关键在于纳米单元的分散性（dispersibility）：纳米单元保持自身的纳米尺寸而不发生聚集以及纳米单元均匀分散在高分子基体中。根据纳米单元的添加方式，高分子杂化材料的制备方法如下。

（1）纳米单元与高分子共混

这是高分子杂化材料最常用的制备方法。根据高分子本身的成型方法，分为熔融共混法、溶液共混法、乳液共混法和悬浮液共混法。因高分子的分子量较大、流体黏度大，特别是熔体的黏度更大，这就增加了纳米单元在高分子基体中的分散难度。提高纳米单元在基体中的分散性，根本原理在于增加纳米单元与高分子之间的相互作用、减弱纳米单元之间的相互作用。对纳米单元通过物理或化学的方法进行表面改性，采用表面活性剂、偶联剂或者表面接枝聚合的方法在纳米单元表面增加羟基、羧基、氨基等得到改性纳米单元。以纳米碳材料为例，通过硫酸、硝酸等强氧化性酸将表面碳原子氧化为羧基，提高纳米碳材料在极性高分子中的分散性。

（2）高分子原位聚合法

将纳米单元与单体等反应物混合后，单体发生聚合反应，原位（in-situ）生成高分子纳米复合材料。优点是聚合之前体系黏度低，利于纳米单元的分散，关键是保持聚合反应之前纳米单元分散的稳定性，使之不易发生团聚。这是很多功能高分子材料常用的制备方法。

（3）在高分子基体中原位生成纳米单元

利用高分子特有官能团的络合吸附及基体对反应物运动的空间位阻，或基体提供了纳米级的空间限制，从而原位反应生成纳米复合材料，常用于制备金属、硫化物和氧化物等纳米单元的功能高分子复合材料。例如：纳米二氧化钛、纳米氧化锆在纤维素纤维中的原位生成。

（4）高分子与纳米单元同时生成

典型的为插层聚合制备的高分子纳米复合材料，利用单体体积小而扩散进入层状硅酸盐的层间，发生聚合反应后体积增大，发生层状材料的剥离。

思考题

8-1　聚氯乙烯塑料成型中为什么要添加增塑剂？

8-2　简述橡胶硫化前后的形态结构和性能变化。

8-3　以熔融纺丝为例，说明成型过程的主要工序以及成型过程中纤维结构的变化。

8-4　从天然高分子的结构角度，说明纤维素、蛋白质、甲壳素不能进行熔融加工的原因。

8-5　为什么要制备多相高分子材料？

8-6　简述表征高分子合金相形态的方法及其影响因素。

8-7　简述聚合物互穿网络的制备方法。

8-8　简述高分子基复合材料界面的功能。

8-9　简述提高纳米单元与高分子基体相容性的方法。

参考文献

[1] 董炎明. 高分子科学简明教程. 2版. 北京：科学出版社，2014.

[2] 潘祖仁. 高分子化学. 5版. 北京：化学工业出版社，2011.

[3] 王槐三，王亚宁，寇晓康. 高分子化学教程. 3版. 北京：科学出版社，2011.

[4] 王国建. 高分子合成新技术. 北京：化学工业出版社，2004.

[5] 梁晖，卢江. 高分子科学基础. 北京：化学工业出版社，2006.

[6] 赵俊会. 高分子化学与物理. 北京：中国轻工业出版社，2010.

[7] 潘才元. 高分子化学. 2版. 合肥：中国科学技术大学出版社，2012.

[8] 张德庆，张东兴，刘立柱. 高分子材料科学导论. 哈尔滨：哈尔滨工业大学出版社，1999.

[9] 王玉忠，陈思翀，袁立华. 高分子科学导论. 北京：科学出版社，2010.

[10] 何曼君，张红东，陈维孝，等. 高分子物理. 3版. 上海：复旦大学出版社，2007.

[11] 韩哲文. 高分子科学教程. 上海：华东理工大学出版社，2011.

[12] 张俐娜. 天然高分子科学与材料. 北京：科学出版社，2007.